I0504416

Léon Metchnikoff

La Civilisation et les grands fleuves historiques

essai

Le code de la propriété intellectuelle du 1er juillet 1992 interdit en effet expressément la photocopie à usage collectif sans autorisation des ayants droit. Or, cette pratique s'est généralisée dans les établissements d'enseignement supérieur, provoquant une baisse brutale des achats de livres et de revues, au point que la possibilité même pour les auteurs de créer des œuvres nouvelles et de les faire éditer correctement est aujourd'hui menacée. En application de la loi du 11 mars 1957, il est interdit de reproduire intégralement ou partiellement le présent ouvrage, sur quelque support que ce soit, sans autorisation de l'Éditeur ou du Centre Français d'Exploitation du Droit de Copie , 20, rue Grands Augustins, 75006 Paris.

ISBN : 978-1539807629

10 9 8 7 6 5 4 3 2 1

Léon Metchnikoff

La Civilisation et les grands fleuves historiques

essai

Table de Matières

PRÉFACE

Quelque temps avant sa mort, Léon Metchnikoff me confia le manuscrit de cet ouvrage, en me priant d'en revoir le texte et d'en surveiller l'impression. J'acceptai, d'autant plus désireux d'accomplir cette tâche que je connaissais la haute valeur du livre de mon ami. J'espérais pouvoir ainsi réparer dans la mesure de mes forces les torts de la destinée, car elle fut injuste envers Metchnikoff, comme elle l'est d'ailleurs presque toujours envers ceux qui ne demandent pas le succès à l'intrigue. Ils n'ont qu'une joie — il est vrai que c'est la plus haute — celle de suivre le droit chemin.

Quoique né à Pétersbourg, au mois de mai 1838, Léon Metchnikoff était d'origine méridionale. Son père, propriétaire dans le gouvernement de Kharkoff, et sa mère, de naissance israélite, appartenaient à des familles petites-russiennes ; celle du père faisait même remonter sa généalogie jusqu'aux Roumains Spadarenko ou « Porte glaive », appellation de fière résonance que traduit exactement le nom russe de Metchnikoff. Malade dès sa première enfance, Léon ne put supporter le rude climat du nord, et en 1851 ses parents durent le mener à Kharkoff pour lui faire continuer ses études en de meilleures conditions. Il se rétablit en effet, et le premier usage qu'il voulut faire de ses forces, à l'âge de seize ans, fut de s'échapper pour aller en Crimée prendre part à la défense de Sébastopol ; toutefois, arrêté en route, il fut reconduit de force à son collège. Bientôt après, il entrait à l'Université comme étudiant en médecine ; mais, à cette époque, les grandes écoles russes étaient aussi des champs de bataille entre des agents despotiques et tracassiers et les étudiants avides de liberté. Sept mois ne s'étaient pas encore écoulés que Leon Metchnikoff était expulsé de l'Université de Kharkoff. Il retourna à Pétersbourg et fréquenta l'Académie de médecine, puis les cours de la Faculté de physique et de mathématiques, ceux de l'Académie des arts et enfin l'institut des langues orientales. Ainsi, en très peu d'années, Leon Metchnikoff se livra successivement aux études les plus diverses. L'esprit de révolte centre un régime universitaire oppressif et mesquin eut peut-être une certaine part dans ces divers changements ; mais le principal mobile chez ce jeune homme ardent, doue d'une imagination et d'une mémoire des plus heureuses, c'était l'avidité de voir et de

Léon Metchnikoff

savoir.

Puis vinrent l'ère des voyages et la lutte pour l'existence. En 1858, il avait à peine atteint sa vingtième année qu'il fut choisi comme interprète de la mission diplomatique envoyée aux lieux saints sous la direction de Mansouroff. Il visita Constantinople, le mont Athos, Jérusalem ; mais bientôt, à la suite d'un duel et d'une conduite peu respectueuse envers ses chefs, il dut quitter son poste d'interprète ; il entra comme agent dans une société de navigation et de commerce. Après avoir séjourné d'abord à Beïrout, il se rendit à Galatz, mais il ne resta que peu de temps dans cette ville d'affaires, où tout contrariait sa nature, et sans passeport, presque sans ressources, il partit pour Venise afin de continuer ses études de peinture, celles que pendant toute sa vie il poursuivit avec le plus de passion, avec des enthousiasmes mêlés de désespoir. Là encore, son impétueux caractère, prompt au sacrifice, ne lui permit pas de rester. L'expédition des Mille se préparait : comment n'aurait-il pas essayé de prendre part à l'émancipation de l'Italie et de s'associer avec d'autres jeunes hommes, amoureux de liberté, pour aller rejoindre l'armée de Garibaldi ? Soupçonné, puis traqué par la police autrichienne, il réussit à la dépister et s'enfuit pour Livourne, où il entra dans le détachement de Milbitz. Après de nombreuses péripéties, il atteignait enfin l'Italie méridionale et combattait dans les Calabres, puis sur le Vulturne, où il fut grièvement blessé par l'explosion d'une mine. Couvert de contusions et de plaies, au côté droit, aux poumons, aux jambes, il fut emporté à l'hôpital de Naples où des camarades dévoués, entre autres le bon et grand Alexandre Dumas, le soignèrent avec dévouement et l'arrachèrent à la mort.

Les années suivantes, à Naples, à Livourne, à Florence, à Genève, furent en grande partie consacrées par Léon Melchnikoff à la propagande politique et sociale. Grâce à ses connaissances variées et surtout à sa pratique des dix principales langues de l'Europe, il était devenu l'intermédiaire naturel entre les hommes éminents des partis révolutionnaires, patriotes ou socialistes, tels que Garibaldi, Herzen, Bakounine ; il eut à remplir des missions périlleuses en Italie et en Espagne : lorsqu'on faisait appel à son dévouement, il était toujours prêt. Malgré la maladie, il semblait ne pas connaître la fatigue : la fièvre même l'aidait à travailler davantage ; discours, conférences, lettres, articles de journaux et de revues en diverses langues, son œuvre de propagande était incessante. Il fut surtout le collaborateur zélé des deux fameux journaux de la Russie, le *Kolokol* (*Cloche*) de Herzen et le *Sovréménik* (*Actualité*) de Tchernichevsky. En même temps, il fallait vivre, et il subvenait à son existence par des articles que publiaient les revues russes sur divers sujets scientifiques.

Mais les ciseaux de la censure guettaient tous les articles publiés, sous son nom ou sous des pseudonymes. Un travail était-il supprimé, il en envoyait aussitôt un autre. Telle était sa puissance de travail que, ayant à écrire un mémoire en trois parties, il dut envoyer successivement plusieurs articles pour remplacer ceux qui furent supprimés par la censure, et pourtant aucun arrêt n'eut lieu dans la publication.

Malgré ce labeur acharné, il lui était devenu graduellement impossible de lutter contre la misère. Il prit une résolution prompte, celle d'étudier le chinois et le japonais pour aller professer dans une grande école de l'Extrême-Orient. C'était en 1873, et dès le commencement de l'année 1874, il partait pour Yeddo, invité par le ministre de l'Instruction publique à réorganiser une école russe fondée pour les étudiants japonais. L'institution prospéra à souhait, les élèves accoururent en grand nombre pour s'initier aux méthodes scientifiques de l'Occident dans leur propre langue. La part de Metchnikoff fut une des plus grandes dans le travail de cette pléiade d'instituteurs qui vinrent d'Europe et d'Amérique et qui, grâce à la solidarité de plus en plus intense des intérêts, ont accompli une œuvre prodigieuse, unique jusqu'ici dans l'histoire de l'humanité ; ils ont annexé toute une nation de quarante millions d'hommes à une civilisation nouvelle, et cela non par la conquête, mais par le simple enseignement, par l'éclat de la vérité démontrée sur les livres et le tableau noir. Metchnikoff se dévouait avec enthousiasme à cette propagande admirable, l'un des événements capitaux de notre siècle ; mais l'anémie, la maladie japonaise par excellence, ne lui permit plus de continuer son œuvre, et il dut retourner en Europe. Il revint par la voie des îles Sandwich, de San Francisco et de New York, apportant avec lui le manuscrit de son beau livre, *l'Empire japonais,* illustré de ses propres dessins originaux et bizarres, bien conçus dans le génie de la nation qu'il décrivait.

Léon Metchnikoff

C'est peu de temps après son retour du Japon que j'eus le bonheur de faire la connaissance de Léon Metchnikoff et qu'il voulut bien accepter de me prêter son appui, surtout en me fournissant de précieux documents sur la Chine et le Japon, contrées dont je tentais alors la description dans ma *Nouvelle Géographie universelle*. Les années suivantes, il continua de me seconder par des recherches dans les ouvrages dont la langue m'était inconnue, par la rédaction de notes et de mémoires sur des questions spéciales qui l'intéressaient, enfin par la lecture et l'annotation des épreuves et la manutention des livres et manuscrits.

En 1883, le conseil d'État de Neuchâtel lui offrit à l'académie la place de professeur de statistique et de géographie comparée qu'il accepta et qu'il remplit avec l'enthousiasme pour la science apporté par lui à tous ses travaux. Dans cette nouvelle situation, il ne fut pas difficile à un homme de sa valeur morale de conquérir la cordiale sympathie de ses collègues et des étudiants.

Mais c'est aux dépens de sa vie qu'il menait de front deux séries d'études avec le même élan fiévreux, avec le même mépris des aises et de la santé. La maladie fit des progrès rapides. Un congé pris pendant l'hiver de 1887 ne fut guère pour lui qu'une occasion de donner une autre forme à son labeur de recherches et de collaboration ; lorsqu'il revint à Clarens, les médecins avaient perdu l'espoir de le sauver, et il s'éteignit le 30 juin 1888, après de longues souffrances, interrompues par les révoltes de ce zèle dévorant pour le travail qu'il n'avait jamais pu satisfaire.

La mort de mon ami ne m'a point séparé de lui. C'est par l'affection non interrompue, par la solidarité qui s'étend d'une existence à l'autre que se fait la continuité de la vie par-delà le tombeau. Les morts n'ont pas cessé de vivre quand des amis ont gardé leur mémoire toujours présente et suivent les entretiens commencés. Toujours sous le charme du regard et du sourire que l'on dit éteints désormais tout en en jouissant encore, les vivants ont en eux plus que l'image du mort et l'écho de sa parole ; ils ont hérité d'une étincelle de cette vie qui semblait achevée et mêlent à leur propre intelligence quelque chose de la pensée de celui qui n'est plus. L'existence continue ainsi d'évoluer, d'un homme à tous les autres hommes, par l'intermédiaire de ceux qui l'ont aimé.

La part d'héritage qui me revient personnellement me crée des devoirs spéciaux et m'oblige à me presser centre le mort, pour ainsi dire, et à l'interroger pour savoir si, dans la publication de cet ouvrage, dont quelques parties ont dû être légèrement remaniées, je suis toujours resté fidèle à la pensée de l'auteur. Ai-je toujours bien compris les passages douteux et modifié d'une touche assez délicate les phrases du manuscrit qu'il était nécessaire de changer ? Si mon ami revenait maintenant, me donnerait-il le témoignage d'avoir été fidèle ? J'ai, du moins, fait mon labour avec conscience, comme si mon ami eut toujours été présent à mes cotes, et pénètre du sentiment que je travaille aussi pour les hommes d'étude. Je sais que l'ouvrage de Léon Metchnikoff n'est pas de ceux qui saisiront d'emblée l'attention du public ; je sais qu'il n'aura point le succès d'un conte drolatique ou d'un roman, mais je sais aussi que ce livre marque une date dans l'histoire de la science et qu'il restera.

La vie de Metchnikoff, si agitée par les événements et si bien remplie par le travail, l'avait préparé à des œuvres qui malheureusement durent s'achever d'une manière partielle et fragmentaire. Par ses études de toute espèce, par ses expériences et ses observations poursuivies en tant de pays divers, par son extraordinaire puissance de labeur, par l'âpre et fiévreuse ténacité du vouloir qu'il apportait à sa besogne, il avait amassé d'énormes matériaux que la lutte journalière de l'existence ne lui permit pas d'élaborer en entier. C'est ainsi que l'ouvrage auquel je mets pieusement la dernière main constituait dans la pensée de l'auteur un simple chapitre d'une grande synthèse de philosophie sociale, Bien qu'il offre, sous un faible volume, un tout aux proportions pondérées, cependant il devait faire partie d'un ensemble plus vaste où les questions d'avenir auraient été traitées après celles de la race, du milieu et des progrès accomplis par les nations. Dans les rares moments d'abandon et de douce sérénité que lui laissa la maladie, derniers et charmants rayons du jour qui s'éteignait, il nous entretenait du livre qui s'écrivait alors dans les lobes de son cerveau, sur le *But de l'Existence*. Il sentait la mort l'envahir et cependant sa pensée embrassait toujours le grand problème de la vie.

« Que faire, disait-il, pour triompher de tous les éléments hostiles qui nous entourent et pour voir couler nos jours en

Léon Metchnikoff

toute sérénité ? La foi enfantine en une providence tutélaire étant écartée, la croyance naïve en une nature clémente qui nous caresse ayant disparu, comment arriverons-nous à fonder une vraie morale scientifique, dont l'accomplissement nous donne toutes les joies compatibles avec notre nature ? La seule voie qui nous soit ouverte est de nous associer pour discipliner toutes les forces sauvages, cruelles, contradictoires de la nature brute, et les mettre au service d'un monde nouveau d'utilité commune, d'équité et de bonté mutuelle. » En attendant ce livre, qui répondrait à tant d'interrogations anxieuses sur le sens de la destinée humaine, c'est déjà beaucoup que des écrivains cherchent à mettre leurs œuvres d'accord avec cet idéal grandiose d'une morale de solidarité.

L'ouvrage de Metchnikoff est un de ceux qu'inspirait cette préoccupation d'un avenir de justice ; mais il discute en outre des questions scientifiques d'une portée considérable. La partie du livre qui me paraît avoir le plus d'importance dans l'histoire de la pensée humaine, est le chapitre relatif à l'influence des milieux sur les races, et je ne doute point que dans l'avenir les conclusions de l'auteur ne soient considérées comme définitives. Il fut un temps où les historiens daignaient à peine s'occuper de cette question, qu'ils considéraient comme attentatoire à la dignité de l'homme. La nature — s'ils condescendaient à en parler dans leurs ouvrages — n'était pour eux que le théâtre où devait s'accomplir un drame préparé d'avance ; les fontaines et les rivières, les bosquets, les rochers et les montagnes avaient été créés pour l'usage et l'agrément des habitants du pays, de même que les allées d'un parc sont tracées pour les pas d'un maître. Il est vrai que, depuis Montesquieu, nul écrivain n'oserait nier l'action du milieu sur les races, mais on se demande quelle en est la part exacte et s'il est possible d'en faire la théorie précise. Carl Ritter, le Leibnitz de la géographie, tenta d'échapper à la difficulté en admettant entre l'homme et la Terre une sorte d'harmonie préétablie, analogue à celle que Leibnitz imaginait pour l'âme et le corps. D'après le grand géographe, qui était aussi un grand poète, tout relief planétaire, tout le corps terrestre lui-même avec son « ossature » et sa « membrure » concorderait exactement par son action avec le génie des peuples qui devaient l'habiter : les influences mutuelles agiraient incessamment de la Terre à ses peuples et de ceux-ci à leur

Terre, et par ce jeu alternatif d'actions et de réactions, les destinées de l'humanité s'accompliraient conformément au plan divin.

Il n'est guère d'anthropologistes et de géographes qui oseraient maintenir plus longtemps cette théorie, mais ils ne l'ont point remplacée. Même la plupart de ceux qui démontrent triomphalement l'absurdité des conceptions d'un Bossuet prenant une petite ville de Judée pour le centre de l'histoire universelle, en sont restes à un point de départ analogue. S'ils n'admettent plus l'existence d'un « peuple élu », du moins parlent-ils d'une « race élue », qui, seule, serait à même, par son génie propre, d'utiliser toutes les ressources que lui offre la nature et de répondre à l'action du milieu par une réaction intelligente. C'est ainsi que, même parmi les défenseurs de la théorie « évolutionniste », on proclame une hiérarchie primordiale des races conférant à la partie privilégiée de l'humanité, en dehors de l'influence du milieu, l'avantage capital de pouvoir se développer progressivement d'âge en âge : la civilisation serait son partage, tandis que les autres races devraient végéter dans la barbarie ou se maintenir dans un état relativement policé, mais sans issue. Comme de juste, cette race qui tient le premier rang, ce serait la nôtre. Il est vrai qu'on ignore si elle est originairement distincte des autres ou si elle se décompose elle-même en races différentes ; comprend-elle toutes les nations et tribus dites « aryennes » par les uns, « indo-germaniques » par les autres, comme il semblait admis d'une manière générale pendant la première moitié de ce siècle ? Ou bien, suivant une hypothèse plus récente et favorablement accueillie par un grand nombre de savants, le groupe choisi de l'humanité serait-il la race « méditerranéenne », ainsi que le disait déjà le « divin Platon », comparant les hommes à des « grenouilles accroupies au bord d'une grande mare » ? Dans le premier cas, les Finlandais, les Hongrois, les Basques, dont la part est grande pourtant dans l'histoire du progrès humain, seraient au nombre des nations de basse origine, tandis que les meilleurs représentants de la race élue seraient, dans notre Europe, ces Bohémiens ou Tsiganes qui errent dans les campagnes ou gîtent dans les faubourgs des grandes villes, souvent pourchassés, toujours surveillés de près, redoutés comme sorciers, incendiaires et maquignons. Dans le second cas, ce sont les nobles Aryas du Sapta Sindhou qui seraient exclus de la race

Léon Metchnikoff

élue, eux qui chantaient des épopées, écrivaient des grammaires, parcouraient tout le cycle des philosophies, à une époque où les populations de l'Europe occidentale ne comprenaient encore que des barbares campant dans les forêts. Si, pour simplifier les classifications, on prend la couleur comme caractère distinctif des races, avec convention préalable de mettre les blancs en première ligne, il se trouve que les Européens occidentaux ont pour frères les Alfourou de l'Insulinde, fuyards ou coupeurs de têtes qui vivent dans les bois, tandis que si l'on considère le langage comme l'indice déterminant, il faut compter dans la race privilégiée tous les peuples asservis qui ont dû apprendre le parler des vainqueurs ; pour être logique, il faudrait y ajouter aussi les fils des esclaves de Saint-Domingue. Enfin, si l'on classe les hommes d'après la forme du crâne ou d'après la section des cheveux, les groupements humains se constituent d'une autre manière, mais toujours avec les juxtapositions les plus bizarres. Et les alliances, les croisements de toute espèce, accomplis de gré ou de force, en commerce pacifique ou en temps de guerre et de conquête, combien n'ont-ils pas modifié à l'infini les éléments premiers de ce que l'on appelle maintenant une race et qui est en réalité un simple groupement local et temporaire ! Bref, quoi qu'il en coûte à l'orgueil humain d'avouer son ignorance et que l'affirmation précise soit un besoin de notre nature, les classifications actuelles en races et en sous-races humaines doivent être considérées comme n'ayant qu'une valeur transitoire, proportionnelle aux études de détail provoquées par elles. Aucun fait ne justifie les anthropologistes à revendiquer pour leur propre famille ethnique le privilège d'être en tout ou en partie indépendants des influences du milieu.

« La race n'est pas une cause, mais un effet » ; elle est « fille de la Terre ». Ce sont les milieux qui la font, la transforment, la modifient incessamment. Ne voyons-nous pas, dans notre courte vie, se former des variétés nouvelles que l'on n'hésiterait pas à qualifier du nom de « races » si on n'en connaissait pas le mode d'évolution et l'origine contemporaine ? Les conditions spéciales, propres aux vallées étroites et sans lumière, n'ont-elles pas créé le type du crétin que perpétue l'hérédité, et qu'un milieu salubre, une alimentation normale ramènent peu à peu à la constitution et à l'apparence ordinaires de leurs voisins plus favorisés ! Dans chaque pays, les indigènes arrivent à se distinguer non seulement par l'esprit de corps, mais aussi par le type physique, suivant les professions qu'ils exercent : en quelque pays qu'on soit, on reconnaît le forgeron, le marin, le soldat, l'homme de loi, le prêtre. Telle est la puissance « anthropoplastique » d'un milieu particulier, que le moine catholique des belles régions tempérées de l'Italie et le lama kalmouk, sur les hauts plateaux froids de l'Asie centrale, sembleraient être des frères de race ; des photographies prises des uns et des autres permettraient de les confondre. Et s'il est vrai que dans certains districts isolés, tels que les monts du centre de la France, on voie encore les restes de populations anciennes, qui n'ont jamais changé de type parce qu'elles n'ont jamais changé de milieu, se maintenir immobiles, quoique entourées par le tourbillon des populations mouvantes de la plaine, ne voit-on pas d'autre part, surtout dans les grandes villes, se former tout une nouvelle race, sous l'influence de la misère et de l'entourage sordide ? Lombroso croit avoir découvert dans ce type de l' « homme criminel » un retour atavique vers les populations primitives de l'âge de pierre ; mais, sans avoir recours à cette hypothèse, il nous suffit de constater que la « race dégradée naît — ou renaît, si l'on veut — dans un milieu dégradant ».

Dans l'infime diversité des éléments qui constituent le milieu, astronomiques, physiques, climatiques, anthropologiques, il en est qui sont permanents ou qui, du moins, changent avec une grande lenteur, mais il en est d'autres qui se modifient, et ce sont eux qui, soit par leur influence directe, soit par leurs mille combinaisons d'actions et de réactions mutuelles, contribuent le plus à transformer les individus et à constituer ce que l'on appelle les races et sous-races. De zone à zone, de terre à mer et de plaine à montagne, le milieu change et les populations avec lui, mais il change aussi de siècle en siècle, et tel fait qui, à une certaine époque, pouvait avoir une importance considérable sur le développement de l'humanité, se trouve, à un autre stade de la civilisation, être devenu sans valeur ou même funeste. L'histoire n'est qu'une longue suite d'exemples de ces alternatives d'utilité ou de dommage que présentent pour les peuples les traits de la planète ou les phénomènes de sa vie. Ainsi, pour citer l'exemple capital, l'Océan, qui rapproche maintenant toutes les nations et qui les fait une par le commerce et les idées, fut jadis le domaine de la Terreur, le chaos d'où s'élevaient les esprits méchants ; cinq siècles ne se sont pas encore écoulés depuis que l'on donnait au redoutable Atlantique le nom de « mer des Ténèbres ». C'est ainsi que l'oisillon, penché au bord de son nid, s'effraye devant l'immensité de cette atmosphère qui porte l'aile de l'oiseau déjà fait.

Le riche développement des côtes, cette membrure des continents, caractère physique auquel Ritter attachait une si grande importance et pour lequel il a établi des observations comparées entre les divers continents, fut certainement un trait essentiel à l'époque où les populations de l'Asie hellénique s'essayaient à la navigation du littoral et voguaient vers les îles de l'Archipel ; il eut aussi pour l'Attique et le Péloponnèse une valeur de premier ordre, quand leurs marins s'élançaient vers la Sicile, la Grande Grèce et la Méditerranée occidentale. Les dentelures de la côte, les larges estuaires firent la fortune de la Grande-Bretagne ; mais qu'importent maintenant ces découpures de littoral, puisqu'il suffit de quelques heures aux paquebots pour franchir des distances où les navires d'Ulysse erraient pendant des années et que, sur des plages sablonneuses, inaccessibles jadis, on peut créer des ports en eau profonde, plus commodes, mieux outillés que les ports naturels à grèves basses et à fonds boueux. Ainsi le milieu n'exerce pas comme tel une influence fatale et toujours la même. On en voit un exemple saisissant dans les plaines qu'arrosent le Tigre et l'Euphrate. Là où des populations civilisées savaient endiguer, canaliser les eaux et semer le grain que la nature leur rendait au centuple, les Arabes venus du désert, où ils ne voyaient que des sables et de maigres plantes broutées par les chameaux, cherchent de leur mieux à reproduire autour d'eux, en pleine Mésopotamie, l'aspect de la nature à laquelle ils sont accoutumés : ils coupent les arbres, laissent l'eau d'inondation se perdre dans les marais, et les dunes se dérouler sur les anciennes cultures. Ce n'est pas dans le milieu même qu'il faut chercher la raison d'être des institutions et de la civilisation d'un peuple, mais dans les rapports d'accommodation que présente ce peuple avec les phénomènes de la nature ambiante. Dans ces rapports, qui sont la civilisation tout entière, l'homme apprend deux choses, d'ordre contradictoire en apparence : d'une part, il se dégage de la domination absolue de certaines conditions du milieu, trouve par exemple l'abondance et la chaleur en hiver malgré le manque de récoltes, la neige et les glaces ; d'autre part, il accroît indéfiniment les points de contact avec la nature, et mille choses qui lui étaient jadis inutiles lui sont devenues nécessaires.

Il en est des fleuves comme de tous les autres organes du grand corps planétaire. La valeur de chacun d'eux diffère singulièrement dans l'histoire de l'humanité, suivant la zone dans laquelle se développe leur cours, les conditions physiques de leurs rivages et l'état social que l'action antérieure des milieux a valu aux populations riveraines. En premier lieu, tous les fleuves qui parcourent des terres gelées pendant une grande partie de l'année et dont le cours est complètement interrompu par les glaces de l'hiver, tels que le Petchora, l'Obi, le Yénissei, la Léna, le Mackenzie, coulent, pour ainsi dire, en dehors de la zone historique : c'est au domaine de la géographie physique seulement qu'ils appartiennent. De même, dans la zone tropicale, celle où les difficultés de la vie n'ont pas été suffisantes pour aiguiser les énergies de l'homme et où, par conséquent, les populations ne se sont guère élevées au-dessus de l'état de nature, les fleuves n'ont eu qu'un rôle très secondaire dans les annales de l'humanité : c'est ainsi que le plus grand courant du monde, la « rivière des Amazones », qui roule à elle seule dans son lit plus du dixième des eaux pluviales du monde, ne traverse guère dans tout son parcours que des régions inhabitées ; enfin, l'un des grands cours d'eau de la zone tempérée, le Mississipi, qui a pris une si grande importance économique dans l'existence des États-Unis, n'a pu être utilisé comme artère vitale tant que l'agriculture n'existait encore qu'en de rares clairières et que, dans l'ensemble du milieu, l'action prépondérante était celle de la forêt. Les Peaux Rouges vivant exclusivement de chasse, n'avaient point à résoudre le problème, capital ailleurs, de s'associer pour régler le débit du fleuve et des canaux d'irrigation dans les champs riverains.

Mais, sans attribuer aux fleuves une action mystérieuse, inéluctable, sur les populations de leurs bords, il n'en faut pas moins reconnaître ce fait capital que, depuis les commencements de l'histoire traditionnelle et transmise par les hiéroglyphes ou les écrits, la civilisation de l'Ancien Monde s'est préparée sur les bords des fleuves qui coulent entre le 20° et le 40° degré de latitude. Le

Léon Metchnikoff

Nil, dans son cours inférieur, le Tigre et l'Euphrate, l'Indus et le Gange, le Hoang-ho et, dans une moindre mesure, le Yangtse-kiang, ont été, par leurs oscillations annuelles et leurs alluvions, les éducateurs de leurs riverains. C'est dans leurs plaines d'inondation que se sont formées les premières grandes civilisations nationales. Léon Metchnikoff a parfaitement décrit dans son ouvrage ces périodes historiques distinctes ayant eu chacune un fleuve pour artère initiale ; il a exposé aussi avec une clarté parfaite comment ces diverses cultures nationales, se fondant les unes avec les autres, ont donné naissance à des civilisations méditerranéennes ; à l'ouest celle qui s'est propagée de l'Asie Mineure aux Gaules, à l'est celle qui comprend la Chine et l'archipel Japonais ; enfin, il nous fait assister au développement de la civilisation « mondiale » océanique, universelle qu'ont inaugurée le peuplement de l'Amérique et de l'Australie, l'entrée des Européens en Chine et au Japon, l'établissement des lignes de navigation à vapeur et des télégraphes électriques à travers tous les bassins maritimes.

Dans un ouvrage historique, Léon Metchnikolf ne pouvait étudier les diverses civilisations, que depuis les âges dont l'état politique et social nous est connu par des documents authentiques, inscriptions, chants, prières, épopées, temples et tombeaux. Or ces temps que l'histoire écrite rapproche de nous étaient des époques de civilisation déjà très avancée et même caduque à certains égards, puisque les populations avaient alors perdu la puissance créatrice que donne la libre association des forces et se trouvaient groupées en grandes despoties, où toute initiative était contrôlée par le pouvoir souverain des rois ou des prêtres. Saut pour l'Inde, l'histoire ne remonte pas aux communautés premières qui se formèrent sur les bords des fleuves et qui apprirent à s'entr'aider pour lutter en commun contre les inondations, élever des digues et des contre-digues, creuser des canaux, régulariser le flot d'inondation et la rentrée de l'eau dans son lit. Cette description des origines serait des plus curieuses et des plus belles, mais nous ne pouvons la reconstituer que par l'étude comparée des milliers de peuplades et de tribus contemporaines éparses dans le monde en divers états de civilisation, et non encore unies comme les nations policées en un grand corps humanitaire, conscient de son existence collective. Peut-être Léon Metchnikoff n'a-t-il pas rendu suffisamment justice à ces « peuples nature » dans les quelques lignes qu'il leur consacre, car ils ont eu aussi leur part dans l'œuvre commune. La marche en avant n'a point eu lieu d'une manière rectiligne, de groupe en groupe, et c'est par une succession de spirales, de développements partiels et alternatifs, de progrès et de reculs, d'oscillations incessantes, que s'est faite l'histoire de l'humanité. Dans chaque peuplade, aussi bien que dans les puissantes nations auxquelles appartient maintenant l'hégémonie, on voit se succéder les périodes de groupements dont Metchnikoff nous donne la série d'évolution normale : groupements imposés, subordonnés, coordonnés. Chez ces humbles tribus se reproduisent en petit les phénomènes que l'on observe en grand dans les nations dites supérieures, et du moins ont-ils l'avantage, dans ce milieu plus étroit, de ne pas offrir autant de complexité et d'être par conséquent d'une étude plus facile. Ils résument l'histoire en traits plus simples, mais non moins vrais. Quelle est la pauvre peuplade, si perdue soit-elle dans les forêts et dans les glaces, dont les mœurs et l'existence, décrites avec méthode et sincérité, ne nous force pas à dire : « C'est de nous qu'il s'agit ! » J'en appelle aux lecteurs de l'ouvrage écrit par mon frère Élie Reclus, *les Primitifs.*

Mais qu'il s'agisse de petites ou de grandes fractions du genre humain, c'est toujours par la solidarité, par l'Association des forces spontanément coordonnées que se font tous les progrès. Encore sauvages par atavisme, mais déjà demi-dieux par l'idéal, nous savons comment s'est accompli le long parcours, depuis que nos ancêtres cannibales sortirent de leurs charniers. L'historien, le juge qui évoque les siècles et qui les fait défiler devant nous en une procession infinie, nous montre comment la loi de la lutte aveugle et brutale pour l'existence, tant prônée par les adorateurs du succès, se subordonne à une deuxième loi, celle du groupement des individualités faibles en organismes de plus en plus développés, apprenant à se détendre contre les forces ennemies, à connaître les ressources de leur milieu, même à en susciter de nouvelles. Nous savons que si nos descendants doivent atteindre leur haute destinée de science et de liberté, ils le devront à leur rapprochement de plus en plus intime, à l'incessante collaboration, à cette aide mutuelle d'où naît peu à peu la fraternité. C'est avec un sentiment de honte qu'après tant de siècles passés à l'œuvre de civilisation nous

Léon Metchnikoff

entendons encore des voix célébrer les « hommes providentiels » ou les « gouvernements forts » comme les éducateurs des peuples. L'histoire se charge de démentir ces théories d'esclaves et nous prouve comment, même au sein des plus atroces despotes, la vie n'a pu se maintenir que par le travail coordonné de tous les membres du corps social. Ce livre le démontre, et c'est pour cela que je le présente au public, heureux de la mission que me confia l'ami.

ÉLISÉE RECLUS.

CHAPITRE I : LE PROGRÈS

Notions générales sur la civilisation et le progrès. — Philosophie de l'histoire. — La définition scientifique du progrès appliquée à l'histoire — La *masse*, le critérium mécanique ou quantitatif du progrès dans la nature inorganique, n'a pas de valeur en biologie. — La *différenciation*, le critérium biologique du progrès, n'a pas de valeur en sociologie. — L'individu et la société, en botanique et en zoologie. — Le progrès du lien social chez les plantes et les animaux.

Dégagée de l'idée de progrès, l'histoire ne semble plus qu'un flux et reflux perpétuel de faits bizarres, peu susceptibles d'être subordonnés à une conception générale. À toutes les époques, chez tous les peuples et dans tous les milieux, la folie, l'hypocrisie, les crimes se reproduisent avec une écœurante monotonie. Le dévouement, la vertu même, quand par hasard on les rencontre dans les annales du genre humain, y revêtent des formes absurdes — Curtius s'élançant dans le gouffre avec son cheval et ses armes, — ou révoltantes — Manlius décapitant son fils qui, sans autorisation préalable, vient de renverser un ennemi en combat singulier.

L'admiration de la postérité, cette tardive couronne des martyrs de l'histoire, n'est jamais en raison directe de la vraie grandeur de l'œuvre accomplie. Ce qui frappe, ce qui éblouit, survit seul dans la mémoire des hommes. Les noms de ceux qui inventèrent l'usage du feu, la domestication des animaux, la culture des plantes utiles resteront à jamais inconnus ; les panthéons historiques ne sont guère peuplés que d'énergumènes, de charlatans et de bourreaux.

Les fautes, les erreurs ont souvent mieux servi l'histoire que le savoir et la grandeur d'âme : Christophe Colomb, dont la légende a fait une personnification de la science en lutte avec l'aveuglement et la superstition du siècle, doit sa gloire au coup funeste qu'il a porté à la prospérité de sa patrie : la découverte de l'Amérique n'est point le fruit de son génie, mais d'un entêtement basé sur son ignorance de la vraie forme de la terre[1]

Si, en thèse générale, on peut s'en tenir au partage, communément admis, de tous les habitants du globe en peuples historiques ou civilisés, et peuples « nature » sauvages ou barbares, on ne tarde cependant pas à s'apercevoir que cette classification, reposant sur des bases mal définies, prête à de nombreuses méprises.

Les plus misérables des peuplades que nous ont fait connaître les voyageurs présents et passés possèdent au moins quelques outils ; elles connaissent le feu ; elles ont leurs fétiches et une constitution politique et familiale plus ou moins rudimentaire ; elles ont un langage articulé. Dr ce modeste avoir est le legs de générations nombreuses ; il constitue déjà une fortune acquise ; il a son histoire et appartient de plein droit à la civilisation. Mais si, d'un côté, celle-ci, quelque humble qu'en soit le degré, se retrouve invariablement dans une de ces communautés intérieures que du haut de notre superbe nous qualifions d'abjecte et de barbare, de l'autre, cette barbarie a aussi son « ubiquité », et pas une de nos sociétés, si avancée soit-elle, n'est encore parvenue à s'en dégager entièrement. Du sauvage le plus dégradé au plus noble de ses civilisateurs, il n'existe qu'une gamme de nuances et de degrés non interrompue. Tant qu'il s'agit de comparer deux termes extrêmes ou très éloignés de la série, les diversités sont évidentes ; on s'oriente en dépit de difficultés graves provenant de ce fait que dans l'histoire, comme dans la nature, l'évolution ne suit jamais une marche rectiligne. Entre un Anglais, par exemple, et un Maori ; entre un Batéké et le plus éclairé des agents de l'État du Congo, il n'y a pas seulement la différence qui sépare la civilisation de la barbarie, mais aussi des diversités contingentes et adventices qui embrouillent singulièrement la question. Quand, des termes extrêmes, nous passons aux termes moyens, la confusion augmente et nous livre de plus en plus au hasard de tendances et de sympathies subjectives, qui rendent uns appréciations incertaines, arbitraires et contradictoires.

En présence d'un état social déterminé, comment donc y distinguer ce qui est essentiel à la civilisation et lui appartient en propre, de ce qui est un reste ou un legs de la primitive barbarie ?

Mais, tout d'abord, qu'est-ce que la civilisation ?

« Le mot de civilisation, dit très bien M. P. Mougeolle[2], est un des plus complexes de la langue ; il embrasse la totalité des découvertes faites st des inventions réalisées ; il donne la mesure des idées en cours et des procédés en usage ; il exprime le degré de perfection de la science, de l'art et de l'industrie ; il indique l'état de la famille, de la société et de toutes les institutions existantes ; il résume enfin la vie individuelle et la vie collective prises dans leur ensemble. »

Au point de son ascension où est parvenu le genre humain sur le calvaire de l'histoire, un « signe » du moins nous apparaît éclatant, manifeste : c'est le perfectionnement technique. En comparant l'industrie actuelle à ce qu'elle était à toute autre période, nous ne saurions méconnaître le prodigieux accroissement de la puissance de l'homme sur les forces brutes de la nature, sur l'Espace et le Temps, ses deux ennemis cosmiques. Toutefois si le perfectionnement technique est incontestablement un des éléments principaux du progrès, il n'est point tout le progrès : peu importe aux hommes, en effet, la beauté du monument qui recouvre leur tombe, ou la qualité des armes qui les tuent… D'ailleurs ce perfectionnement procède par saccades et soubresauts, et, par conséquent, ne saurait nous servir de critérium pour apprécier la valeur progressive des diverses phases de l'évolution historique. Dans cet ordre de faits, nos acquisitions les plus précieuses ne datent que de la grande Révolution. À la veille de la dernière convocation des États généreux en France, l'Europe, sous le point de vue industriel, n'était guère plus avancée qu'au temps des Antonins, et, entre l'époque des Pyramides et celle de Descartes, on aurait pu constater mainte reculade. Mais quand il s'agit de prouver la persistance du véritable progrès dans l'histoire, les transformations successives du lien social, les variations consécutives des rapports d'homme à homme nous fournissent un indice plus constant et qui, pour cette raison surtout, nous semble acceptable.

Dans le domaine géologique, les grands effondrements, les éruptions volcaniques, les tremblements de terre et autres cataclysmes emportent de nombreuses victimes et frappent l'imagination ; mais, en définitive, ils ne produisent que des changements superficiels : ce sont des effets, non des causes. Les véritables forces plastiques qui créent ou modifient profondément l'épiderme de notre planète sont la goutte de pluie, le ruisseau, les courants liquides ou aériens, les incessantes alternatives de froid et de chaud… toute une légion d'agents qui, par leur action imperceptible, mais continue, désagrègent les roches les plus réfractaires, déposent et en modifient les alluvions. Ce sont les

Léon Metchnikoff

madrépores, les foraminifères qui, dans leurs microscopiques cellules, construisent grain par grain les récifs, les îles, les massifs puissants, les continents énormes. Ainsi du travail intime des générations qui nous ont précédés : seul créateur des formations historiques, il se dérobe obstinément à nos recherches. Les annales de l'humanité n'ont enregistré que l'exceptionnel, l'extraordinaire, ce qui saisissait vivement les esprits. Les monuments qui nous restent des siècles écoulés, sont, à part quelques théâtres et des tombeaux, des palais et des temples, c'est-à-dire des édifices dont la multitude était rigoureusement exclue, ou dont on ne lui livrait l'accès qu'en de rares occasions[3]. Mais les humbles demeures où le peuple vivait sa quotidienne vie, grise et monotone, et où, sous la pénible corvée historique, il périssait lentement au profit des générations à venir, celles-là, toujours et partout, ont été trop chétives pour résister à la destruction. Impossible de reconstituer l'existence passée des nations, si ce n'est d'après les lointains échos des événements qui les ont agitées, quelques débris de leurs villes et de leurs édifices publics.

Depuis l'origine des temps historiques, les destinées des peuples et de l'humanité entière ont si souvent varié en tous sens et en toutes directions, les siècles d'ignorance et de misère ont tant de fois succédé aux périodes de prospérité et de gloire, qu'il est difficile de s'orienter dans ce dédale. La « nature intime » de quelques élus se montrait avec éclat, avec grandeur, mais la condition de l'homme, c'est-à-dire des masses, ne s'améliorant point. L'histoire pragmatique — celle qui se contente d'enregistrer, dans leur désordre chronologique, les faits et gestes des principales nations du globe — n'est rien moins qu'une monographie du progrès. À une science plus abstraite, à l'histoire philosophique, ou, comme on est convenu de l'appeler, à la philosophie de l'histoire, de livrer le fil d'Ariane nécessaire pour nous conduire à travers le sombre labyrinthe qu'il s'agit d'explorer.

Mais : *Y a-t-il une philosophie de l'histoire ?* Telle est la question que se pose M. Francisque Bouillier et que nous nous posons tous avec lui[4].

J'ai beau chercher, dit-il, dans les systèmes compris sous le nom de philosophie de l'histoire, je n'y trouve rien qui soit susceptible de démonstration. Il n'y a *qu'une seule loi, celle du progrès...* Au-dessus de toutes les lois auxquelles les anciens et les modernes ont tenté d'assujettir les mouvements de l'humanité, au-dessus de tous les cycles, de toutes les alternatives, de tous les flux et reflux, de toutes les lignes droites ou brisées, en spirale ou en zigzag, de tous les rythmes, *itus reditusque,* comme dit Pascal, *corsi e ricorsi,* comme dit Vico, il n'y a que cette seule loi de progrès qui pour ainsi dire surnage, pourvu toutefois qu'on la débarrasse des erreurs, des visions qui la compromettent, qui la faussent, qui la rendent ridicule ou dangereuse. Dans cette idée seule du progrès, se fait l'accord de la plupart de ceux qui écrivent aujourd'hui sur la philosophie de l'histoire. Presque tous s'accordent à ériger le progrès en loi suprême de l'homme ; quelques-uns même en font un Dieu et ne l'écrivent qu'avec une mystérieuse majuscule. Mais si tous s'accordent à prononcer son nom, que de diversités, que d'erreurs dans la manière dont l'entendent certaines écoles ! Suivant les uns, il est fatal en tant que cosmique ; suivant les autres, il est fatal, en tant que providentiel. »

Au point de vue particulier où nous nous plaçons pour le moment, peu importe d'où vient le progrès et par quelles voies il procède ; l'essentiel est de déterminer en quoi il consiste et à quel signe définitif on le reconnaît dans l'histoire, en dehors de toute velléité subjective, de tout parti pris de système ou d'école.

Pour le savant auteur que je viens de citer, « progrès » ne signifie pas seulement une marche en avant, mais une marche intelligente, libre et consciente vers une fin qui est notre bien. L'être qui n'a ni liberté ni intelligence peut passer d'un état à un autre, se développer ou évoluer, mais il ne progresse pas. « En quoi, par exemple, demande M. F. Bouillier, l'état liquide de notre globe, pris en lui-même, est-il un progrès sur l'état gazeux ou l'état solide sur l'état liquide ? On nous dira, sans doute, que ces états successifs ont été un progrès parce qu'ils préparent l'avènement de l'homme sur la terre, ou plutôt parce qu'ils en étaient la condition préalable. Mais, entre la scène sur laquelle les acteurs doivent paraître, quand elle sera prête, et les acteurs eux-mêmes, il y a un hiatus qu'une trompeuse synonymie de mots ne saurait combler. Ne confondons donc pas le progrès avec le développement matériel des conditions de l'existence de l'humanité sur cette terre, et conservons seulement pour elle (pour la marche consciente, libre et intelligente vers une fin qui est notre bien) ce beau mot de progrès. »

M. Bouillier ne semble pas s'apercevoir que cette émondation arbitraire par lui proposée à l'idée de progrès ne saurait être acceptée sans réserve : ce serait renier, je ne dirai pas seulement les progrès philosophiques, mais aussi les acquisitions moins contestables du dernier quart de siècle dans le domaine des sciences exactes. Dans celui de l'histoire, il me semble bien difficile de faire la juste part de l'amélioration des conditions humaines et du naturel même de l'homme, amélioration effectuée librement et en connaissance de cause par des êtres capables de prévoir et d'apprécier jusqu'aux conséquences les plus lointaines de leurs actions. D'après Herbert Spencer, cette part serait bien infime en comparaison des progrès qui résultent, pour ainsi dire fatalement, du concours de circonstances imprévues, du choc et du croisement des intérêts, des passions, des actes inconscients ou inspirés par des tendances égoïstes et mesquines. Le progrès n'aurait dans l'histoire qu'une existence précaire et tout à fait problématique s'il avait pour seul agent et pour seule garantie le bon vouloir de quelques êtres d'élite : la notion même en deviendrait confuse et vaporeuse ; ce serait, de propos délibéré, ouvrir des abîmes entre la nature et l'homme, soi-disant son maître et souverain. L'histoire et la philosophie ne gagneraient rien, du reste, à ce divorce avec les sciences exactes et naturelles.

Au contraire : c'est seulement depuis « l'époque *darwinienne* » et l'examen approfondi de la notion du progrès par les naturalistes, que ce mot a acquis un sens précis, indépendant des systèmes métaphysiques et du verbiage d'école. Dans le domaine des sciences exactes, on entend par progrès cette sériation des phénomènes naturels où, à chaque étape de l'évolution, la force se manifeste avec une variété et une intensité croissantes ; la série est dite progressive quand chacun de ses termes reproduit les antécédents, *plus* quelque caractère nouveau qui n'apparaissait point encore dans la phase antérieure, et devient lui-même le germe d'un *plus* dans la phase consécutive. La plante est en progrès sur le monde minéral : elle nous présente le processus de la nature non organisée, *plus* les propriétés spécifiques de la nutrition, de la croissance, de la reproduction. L'animal, à son tour, est en progrès sur la vie végétale, puisque, aux acquisitions de la plante, il ajoute ses propres facultés de mouvement et de sensation. L'homme est en progrès sur les autres vertébrés, car sa vie sensitive et intellectuelle est susceptible d'une richesse inconnue à ses précurseurs. Et, pour répondre à ce qui semble embarrasser M. F. Bouillier, la solidification de l'enveloppe terrestre, abstraction faite de l'apparition subséquente de l'homme, constitue en elle-même un progrès, puisqu'elle provoque ainsi une intensité de vie incompatible avec l'état liquide et gazeux de la planète.

Dans les phases inférieures de l'évolution, dans ce qu'on appelle improprement la nature inerte ou inanimée, la constitution chimique des corps est relativement simple et homogène ; l'énergie déployée est en raison directe de la *masse,* c'est-à-dire de la quantité des particules matérielles associées à volumes égaux. Aussi, depuis nombre d'années, les sciences anorganiques ne reconnaissent-elles qu'une seule force, l'attraction moléculaire, qu'une seule loi, la gravitation newtonienne, qu'un seul critérium, le poids. Le gaz le plus « indifférent », l'hydrogène, est en même temps le plus léger, tandis que le carbone, l'élément qu'en chimie on pourrait appeler le plus progressif en raison de son rôle prépondérant dans les combinaisons organiques, dépasse la plupart des autres en pesanteur spécifique.

Dans le domaine biologique, les choses changent d'aspect. La composition chimique des corps devenant de plus en plus complexe et hétérogène, l'intensité de la vie, de la force déployée, ne dépend plus exclusivement de la quantité des molécules associées, mais aussi, et surtout, de leur diversité et de la division de plus en plus parfaite du travail commun entre les parties d'un corps ; l'organisation est d'autant plus élevée, que, à masse donnée, elle développe plus d'énergie vitale. Quelques grammes de substance cérébrale, c'est-à-dire du plus progressif des tissus organiques, sont le siège d'un travail physico-chimique infiniment plus puissant que ceux de l'énorme aérolithe d'Ovifak, ou d'un bloc de granit cubant des centaines de mètres. Un premier hiatus semble ainsi se produire entre la nature inerte et le monde organisé : il n'existe pourtant que dans notre manière de voir et d'apprécier les choses, car les plus savantes recherches ont démontré l'impossibilité de tracer une limite réelle entre la matière minérale et la matière organique, entre les plantes et les animaux. Seulement, dans son développement

Léon Metchnikoff

biologique, la vie nous présente une variété, une complication telles qu'un principe plus synthétique devient ici absolument nécessaire ; il faut, pour saisir la sériation progressive, un critérium plus délicat que celui du poids. Nous sommes obligés de changer d'outils, tout comme on rejette le thermomètre à mercure lorsqu'il s'agit de hauts fourneaux, ou de ces basses températures auxquelles durent recourir, à Genève M. Raoul Pictet, à Paris M. Cailletet, et à Cracovie MM. Wroblewsky et Olszewsky, pour obtenir la liquéfaction et même la solidification fugitive de gaz autrefois réputés permanents.

Depuis Ch. Darwin, il est généralement admis que cette loi spécifique de la biologie est la *lutte pour l'existence,* ou en d'autres termes la *concurrence vitale,* dirigée et soutenue par la *sélection.* Mais, avant le grand naturaliste anglais, C.-E. Baër démontrait déjà scientifiquement que, pour la série organique, le progrès possède un indice morphologique infaillible : la *différenciation,* c'est-à-dire la diversité de plus en marquée des parties, et leur aptitude croissante à n'accomplir qu'une portion déterminés du travail collectif. Maintenant que la biologie a nettement formulé ces deux principes, on peut la considérer, avec raison, comme définitivement constituée en une science exacte, indépendante des fictions métaphysiques et des partis pris d'école ou de système.

La civilisation, nous l'avons déjà vu, est la marche en avant des sociétés humaines, dont la vie est beaucoup plus complexe que celle des individus, plantes et animaux. De l'accord des positivistes français et des évolutionnistes anglais, la science qui s'occupe des phénomènes de la vie collective, la sociologie, est à la biologie exactement ce que celle-ci est à l'anorganologie, c'est-à-dire qu'elle en est dépendante ou indépendante suivant le point de vue auquel ou la considère : *dépendante,* car elle étudie les étapes ou les phases supérieures de la série progressive qui, des phénomènes physiques et chimiques les plus élémentaires, s'élève sans réelle solution de continuité jusqu'aux manifestations les plus complexes de la vie sociale ; *indépendante,* en ce sens que sa compétence s'étend sur un domaine relativement restreint et spécial de problèmes trop compliqués pour que leur solution scientifique soit possible sans l'énoncé d'un principe plus synthétique et le secours d'un critérium nouveau. Donc, si la sociologie devient à son tour une science exacte, il faut qu'elle établisse nettement sa loi spécifique et nous révèle l'indice auquel, dans son domaine, on reconnaîtra le progrès aussi infailliblement qu'un biologiste le retrouve dans les organismes par la différenciation.

La *coopération*, voilà la caractéristique principale de la vie sociale. Si, dans le domaine de la biologie, les êtres plus ou moins individualisés, de la cellule à l'homme, luttent pour l'existence ou pour quelque but égoïste et personnel, sur le terrain sociologique, au contraire, ils unissent leurs efforts en vue d'un intérêt commun. Peu nous importe si, en réalité, la coopération apparaît souvent comme une conséquence nécessaire et logique de la lutte pour l'existence, l'essentiel est que, en même temps, elle soit tout aussi distincte du principe darwinien que l'est la concurrence vitale de la loi plus générale de l'attraction universelle. Qu'une ligue soit offensive ou défensive, les clauses de l'alliance n'en restent pas moins très différentes des règles du combat. La délimitation des domaines de la biologie et de la sociologie n'offre donc pas de difficulté et ne prête à aucune confusion sous le rapport des principes : la biologie étudie, dans le monde végétal et animal, les phénomènes de la lutte pour l'existence ; la sociologie ne s'intéresse qu'à ceux de l'union de forces plus ou moins centralisées, c'est-à-dire de la coopération dans ce même domaine de la nature[5].

« La société est un organisme », ont dit Auguste Comte et H. Spencer. Fourvoyés par cette définition, les savants les plus distingués ont prétendu et prétendent encore que la loi darwinienne, la lutte pour l'existence, est non seulement la base de la biologie, mais aussi embrasse le domaine de l'histoire. « La société est un organisme », c'est là simplement une façon de parler qui, depuis Menenius Agrippa, n'a plus le mérite d'être nouvelle. Rien ne s'oppose, du reste, à ce qu'on l'accepte couramment, à condition de n'en point induire que les lois et les principes de la biologie suffisent pour résoudre scientifiquement tous les problèmes. Certes, les sociétés sont des organismes comme les organismes sont des corps ; mais les corps organisés, plantes ou animaux, étant infiniment plus complexes que les minéraux, ce n'est pas à l'aide de simples formules de physique et de chimie que la science serait parvenue à en élucider l'évolution. Darwin et Baër ont magistralement expliqué celle-ci

Léon Metchnikoff

par la lutte pour l'existence et la différenciation. Or, les sociétés étant à leur tour des organismes plus complexes que les plantes et les animaux, on devrait, *a priori,* s'attendre à trouver les principes et le critérium spécifique de la biologie incompétents par rapport aux questions sociales. Herbert Spencer me paraît autoriser cette manière de voir : 1° par le fait qu'il considère la sociologie comme une science autonome et dépendant de la biologie dans la seule mesure où celle-ci dépend des études anorganologiques ; 2° par la distinction qu'il établit entre les trois étapes de l'évolution : mécanique, organique, et super-organique ; 3° plus directement encore, par le départ qu'il fait entre les organismes individuels, susceptibles d'une différenciation poussée au suprême degré, et les organismes sociaux où elle se trouve cantonnée dans les étroites limites que lui-même a très bien déterminées[6].

Les sociologistes de tous les temps et de toutes les écoles se sont fort préoccupés des rapports entre l'individu et la société aux phases diverses du perfectionnement social ; mais lorsque les naturalistes, habitués au langage précis des sciences physiques, se sont, à leur tour, intéressés à ces problèmes, ils n'ont point tardé à voir combien étaient confuses ces notions de l'individu et de la collectivité. Le seul véritable individu, c'est la cellule, la plastide ; en la divisant, on n'obtiendrait que de la matière informe. Ces individus absolus se suffisent à tous les points de vue biologiques ; le microscope nous en révèle des myriades qui, dans leur isolement égoïste, croissent et se multiplient, luttent pour l'existence à leurs risques et périls, sans recourir au principe supérieur et fécond de la solidarité. Mais d'autres myriades de ces organismes poussés par une force dont nous ignorons absolument la nature, se rassemblent en sociétés ou colonies. À leur tour, ces organismes collectifs ou polycellulaires se présentent, tantôt comme des individus d'un ordre secondaire, tantôt comme des parties constituantes de nouveaux groupements, formant ainsi des individus d'un ordre supérieur dont ils deviennent les tissus, les organes. Au point de vue de la biologie moderne, l'homme, l'individu dont le *Contrat social* de J.-J. Rousseau réglait les rapports avec la communauté, nous apparaît comme une société composée de nombreux individus d'un ordre inférieur, d'organes, ceux-ci se réduisant à leur tour à des groupes d'individus de l'ordre élémentaire, c'est-à-dire des cellules ou plastides. Un seul et même être végétal ou animal peut donc se manifester soit comme individu, soit comme organe ou membre d'une communauté représentée par un individu plus parfait, soit enfin comme une société, par rapport aux éléments qui le constituent. On est convenu de donner le nom de *bions* aux êtres ayant atteint le degré d'individualisation auquel sont parvenus l'homme et les animaux supérieurs.

Tout en étant beaucoup plus complexe que celle des êtres d'un ordre inférieur, l'individualité des *bions* est loin d'être aussi absolue que celle d'une simple cellule. Tandis que les individus monocellulaires se suffisent, non seulement pour vivre, mais aussi pour multiplier, les *bions* les plus parfaits doivent, pour la conservation de l'espèce, S'unir à d'autres *bions* de sexe différent, se soumettant ainsi à un nouveau groupement d'un ordre supérieur, le *dème*. L'exemple le plus élémentaire de ces *dèmes* naturels nous est offert par les couples conjugaux si fréquents dans le règne animal, mais ce n'est là que le point de départ d'une évolution extraordinairement riche en formes variées[7].

Notons en passant que les positivistes, d'après Auguste Comte, et les évolutionnistes anglais, avec Herbert Spencer, placent — et fort arbitrairement à mon avis — le commencement du domaine de la sociologie à l'origine des *dèmes,* abandonnant ainsi aux recherches biologiques l'évolution des formes inférieures de l'individualité collective. Pour A. Comte, notamment, l'attrait sexuel, qui pousse les *bions* à la formation des *dèmes* est, en quelque sorte, la base physiologique des *instincts altruistes* sur lesquels repose l'édifice social. J'ai examiné ailleurs[8] la valeur de cette assertion : à mon sens, le domaine sociologique se trouve partout où se manifeste un phénomène de coopération ; mais à cet égard, on ne peut tracer de limite précise entre les organismes individuels et les sociétés. Toujours est-il que les biologistes n'entendent pas exclure de leurs études les *dèmes* conjugaux : nous ne saurions les en blâmer, puisque le peu de lumière projetée sur ces problèmes est due aux seules recherches des botanistes et des zoologistes.

Les premiers organismes polycellulaires ou collectifs présentent des sociétés où tous les individus sont exactement semblables les uns aux autres ; nulle division du travail, nulle différenciation entre les éléments dont elles se composent : les cellules forment un tout,

Léon Metchnikoff

en tant qu'elles communiquent par leurs cavités ou sont soudées une à une par une membrane, un lien mécanique quelconque ; si un accident vient à détruire ce lien, chaque partie reprend son existence à part ; la communauté est dissoute sans qu'il en résulte un dommage appréciable pour les individus.

Par l'effet de la coopération ou de la cohabitation forcée, une division ou plutôt une spécialisation de travail, rudimentaire d'abord, ne tarde pas à s'accentuer entre les parties. Pour n'en citer qu'un exemple grossièrement schématique, les cellules périphériques, celles qui sont en contact avec le liquide nourricier constituant le milieu ambiant, se contenteront d'absorber cette nourriture, laissant le soin de la digérer aux cellules centrales, empêchées, par le lieu qu'elles occupent, de faire le travail d'absorption.

Baër constate le premier que, à partir de ce point, une différenciation de plus en plus complète, une division du travail de plus en plus spécialisée et intime, correspond à chaque nouveau progrès réalisé dans l'organisation végétale ou animale. Il serait pourtant inexact de dire que, dans la série biologique, le progrès réside dans cette différenciation même, car, pour cette série comme dans toutes les autres, il consiste dans l'intensité et la variété toujours croissantes des manifestations de la vie. Seulement, à partir des organismes polycellulaires les plus simples, la différenciation devient l'indice le plus apparent et le plus certain du progrès : elle l'accompagne fidèlement à travers toute la série biologique et en marque les hausses et les baisses, ainsi que, dans un tube thermométrique, le mercure enregistre les variations de la température. La différenciation atteint son apogée chez les vertébrés supérieurs ; dans l'organisme humain, la division du travail est déjà si parfaite, que les parties constituantes, organes, tissus et cellules, ont depuis longtemps perdu ou abdiqué toute indépendance personnelle, toute possibilité physiologique d'exister les unes sans les autres. Quand une lésion grave atteint l'un de nos organes, non seulement la communauté tout entière se sent menacée, mais les membres non directement intéressés souffrent individuellement et finissent par périr, ne pouvant se passer du travail de la partie détruite ou endommagée.

L'évolution organique ne s'arrête pas chez les *bions* à cette différenciation parfaite. Les fins de la reproduction des espèces poussent, nous l'avons déjà vu, les vertébrés à former des sociétés ou des individualités collectives d'un ordre supérieur, ces *dèmes* que les botanistes et les zoologistes regardent comme des individus biologiques ou morphologiques plus complexes que la personne humaine. Ici, le critérium infaillible de Baër, la différenciation tant prônée, interrompt brusquement ses indications précises, de même qu'au-delà de son point d'ébullition le mercure du thermomètre, sans que cette interruption nous autorise à supposer un hiatus réel dans l'évolution même.

On a beau insister sur les différences morphologiques du mâle et de la femelle chez les animaux supérieurs[9], les plus accusés de ces caractères sexuels sont peu de chose en comparaison des écarts qui se manifestent entre les divers tissus et organes de notre corps. Jamais non plus les membres constituant un *dème* ne perdent leur indépendance au point de ne plus pouvoir exister physiologiquement l'un sans l'autre ; Herbert Spencer, du reste, l'a fort bien démontré[10]. Si, par rapport aux phénomènes sociaux, nous persistions à maintenir la différenciation comme caractéristique du progrès, il faudrait arriver à des conclusions erronées et souvent révoltantes. Ainsi, en appliquant ce critérium biologique au perfectionnement des groupes conjugaux, nous serions logiquement amenés à voir l'idéal de la famille dans les unions que les planteurs blancs contractaient naguère avec les négresses leurs esclaves : les dissemblances natives de l'homme et de la femme se trouvaient là fort accrues par les inégalités de caste, par la diversité de race ; la différenciation était donc à son comble. Dans l'ordre purement social, aussi, nous aurions à regretter le code de Manou, si merveilleusement « différencié » que les diverses conditions y étaient représentées par des variétés ethnologiques correspondantes. Un auteur sérieux, et que j'ai déjà cité, déclare dans un ouvrage récent[11] que le peuple anglais lui paraît être le plus avancé dans la voie du progrès, parce qu'il est « celui où les différences sociales s'accusent avec le plus de netteté, où les dons de la fortune sont le plus inégalement répartis, où l'extrême richesse coudoie avec le plus d'insolence l'extrême misère ». M. Mougeolle, il est vrai, pense atténuer la portée anti-sociale de son enseignement, en ajoutant qu'il y a une bonne et une mauvaise différenciation :

Léon Metchnikoff

d'après lui, « les inégalités naturelles, celles qui proviennent, non des privilèges attachés à telle ou telle naissance, mais des aptitudes propres et des qualités individuelles, s'accusent de plus en plus sous l'action de la concurrence pacifique ; alors vont en s'abaissant les barrières élevées entre les castes pendant, que, sous l'influence des croisements répétés et de la sélection sans cesse agissante, on voit s'affaiblir les inégalités artificielles, imposées, conséquence d'une époque de conquête et de spoliation. » Mais distinguer entre le *naturel* et l'*artificiel,* entre la bonne et la mauvaise différenciation, me parait bien difficile, et notre auteur lui-même s'y trompe étrangement : jamais lord du Royaume-Uni n'a prétendu posséder ses immenses domaines de par sa vertu personnelle ; tous, au contraire, se targuent de devoir ces richesses à leur filiation plus ou moins directe et authentique des envahisseurs normands ou angevins. Ce sont donc précisément les effets d'une différenciation mauvaise et artificielle, « conséquence d'une époque de conquête et de spoliation », que M. Mougeolle admire en Angleterre. Nous ne saurions lui en vouloir beaucoup, car, en comparant le régime anglais en la différenciation « naturelle », telle que nous la voyons se produire dans les États démocratiques, la France, par exemple, ou les États-Unis de l'Amérique du Nord, il nous faut trop vite reconnaître que la « sélection toujours agissante » des coups de bourse et de la spéculation effrénée ne se montre en rien supérieure au principe de l'hérédité.

Mais, pour abonder dans le sens de Herbert Spencer, reflété par l'auteur de la *Statique des Civilisations* et des *Problèmes de l'Histoire,* supposons quelque part l'existence d'un pays d'Utopie où les dons de la fortune soient proportionnés au mérite des postulants, où les représentants de l'extrême richesse soient de vrais modèles de vertu, de talents, de sagesse, tandis que l'extrême misère, « coudoyée » dédaigneusement par cette élite de l'humanité, serait réservée aux seuls lâches, imbéciles et fainéants… En quoi l'organisation sociale de cette nation imaginaire serait-elle plus progressive que celle d'un autre pays dont je ne garantis pas non plus l'existence, où tous les citoyens étant doués, presque au même degré, d'intelligence, d'énergie, de vertu, il n'existerait pas de différenciation marquée, de grandes inégalités de condition ?

Tandis que les sociologismes discutent à perte de vue sur

l'universalité d'un critérium que, pour notre part, nous renvoyons à son vrai terrain, les études biologiques, les biologistes, à leurs risques et périls, s'occupent de certaines questionne de science sociale, dont les frontières coïncident ou plutôt se confondent avec celles qu'ils ont coutume de traiter. Ces recherches ayant été dirigées par une méthode rigoureuse, les résultats obtenus ont bien leur importance par rapport à la théorie et aux caractéristiques du progrès dans la nature et dans l'histoire. En résumant ce que leurs travaux renferment de plus instructif et de moins contestable au sujet de l'évolution des limites sociales, voici ce que nous pouvons établir :

L'association ou la coopération, c'est-à-dire le concours de forces plus ou moins individualisées et tendant vers un but commun, apparaît avec les premiers organismes polycellulaires, presque au début même de la série biologique[12].

Aux divers degrés de l'échelle morphologique, cette coopération au travail coordonné d'individus nombreux s'obligent par des procédés naturels différents :

Au degré inférieur (celui des premiers organismes polycellulaires), par le *critérium mécanique,* c'est-à-dire par des liens, membranes, soudures, adhérences ou communication de cavité, etc.

Au degré intermédiaire (jusqu'aux *bions* inclusivement), par la *nécessité physiologique* résultant de la différenciation, et de l'impossibilité, pour chaque membre isolé de la communauté, d'exister sans le travail de ses co-associés.

Au degré supérieur (les *dèmes* débutant par les groupes conjugaux, polygames, polyandres ou monogames), par l'attrait sexuel, qui est une *impulsion voulue* par les êtres qui contractent l'union ; ce lien, à son début même, n'est déjà ni mécanique, ni exclusivement physiologique, mais *psychologique* à un certain degré[13]. À mesure que le *dème* se perfectionne sans sortir encore du domaine de la biologie animale, la prédominance de cet élément psychologique l'accentue toujours davantage, le penchant sexuel cédant de plus en plus sa place à l'affection mutuelle, aux soins prodigués en commun à la progéniture, à la solidarité de plus en plus consciente des penchants et des intérêts, etc.

Le perfectionnement ou le progrès du lien social, débutant dans la série sociologique par la coercition pure et simple, s'achemine donc vers le caractère de plus en plus psychologique et libre des unions contractées. Dans cette marche ascendante, la différenciation ne caractérise que l'étape intermédiaire : au degré inférieur, elle ne parait pas encore ; au degré supérieur, elle a perdu pour nous tout intérêt ; comme la masse dans la série organique, elle n'est plus en rapport permanent et stable avec le progrès. Et, puisque, de nos jours, le langage téléologique ou anthropomorphique n'est un piège pour personne, qu'il ne soit permis d'exprimer ma pensée plus nettement en ces termes : La nature, ayant besoin de la solidarité des êtres, sans laquelle elle ne pourrait réaliser les formes supérieures du devenir, habitue d'abord ces êtres à la vie commune par la coercition ; elle les assouplit ensuite par la différenciation ; enfin, lorsqu'elle les juge mûrs pour une collaboration volontaire à son travail, elle relâche tous les liens de contrainte et de subordination, et l'œuvre la plus importante au point de vue biologique, la reproduction des êtres, se trouve ainsi confiée aux instincts et aux penchants les plus personnels et les plus arbitraires.

Le progrès sociologique est donc en raison inverse de la coercition déployée, de la contrainte ou de l'*autorité,* et en raison directe du rôle de la *volonté,* de la liberté, de l'*anarchie.* Proudhon, dans son langage absolutiste et métaphysique, l'avait d'ailleurs démontré.

À notre sens, la supériorité des groupements naturels du troisième degré, c'est-à-dire des *dèmes* anarchiques, ne saurait être sérieusement contestée : en premier lieu, les individus (*bions*) qui contractent ces sortes d'unions sont plus parfaits que les organes ou les cellules, membres constituants des groupements subordonnés (différenciés) et imposés (coercitifs) ; 2° le but réalisé par ces unions, la conservation des espèces, est plus vaste, plus général, plus important que les résultats obtenus par les deux autres modes de groupement, c'est-à-dire la formation et la conservation d'individus isolés ; 3° ces unions sont les seules voulues par les contractants.

CHAPITRE II : LE PROGRÈS DANS L'HISTOIRE

Analogie des groupements organiques el des groupements historiques. — L'histoire représente l'évolution sociologique abstraite subordonnée à l'action cosmique du milieu. — Despotisme et anarchie. — Esclavage, servage, salariat. — Les trois périodes du lien social.

Le progrès sociologique, tel que nous l'avons défini dans le précédent chapitre, joue sans doute un rôle important dans l'histoire, mais il est loin de l'expliquer tout entière. L'énigme que le sphinx accroupi au seuil des âges pose depuis de si longues années, reste toujours sans réponse : pas un des Œdipes de la sociologie moderne n'a pu nous dire pourquoi l'histoire commença par toute autre chose que ces groupements anarchiques et volontaires, manifestement les plus parfaits et auxquels l'évolution biologique avait déjà abouti par les unions sexuelles. Rien n'est plus facile à comprendre que l'oppression des faibles par le fort — la vie animale nous offre continuellement ce drame — mais comment se rendre compte de l'oppression des forts par le faible, des masses innombrables par une minorité infime, bien souvent un seul être abruti et chétif ? Ce spectacle qui se retrouve invariablement au début des annales de toutes les nations, et qui est sans exemple dans la nature, l'homme seul excepté, semble un paradoxe éternel et comme la moquerie d'une divinité railleuse et méchante. Depuis que l'humanité sait chanter et écrire, elle n'a cessé de maudire le despotisme, mais pas un prophète, pas un barde n'a su en expliquer la genèse. Quand J.-J. Rousseau s'écrie : « L'homme a été créé pour être libre, et pourtant nous le voyons partout dans les chaînes ! » quand, du haut de sa grandeur olympienne, Gœthe laisse tomber ces paroles : *Der Mensch ist nicht geboren frei zu sein !* (l'homme n'est pas né pour être libre !), le rhéteur et le poète restent également en dehors de l'esprit scientitique et de la réalité. Étant donné le milieu ambiant et son aptitude a s'y adapter, l'homme est fait pour s'y développer de son mieux ; et, d'un autre côté, la liberté n'est point une chimère, puisqu'un grand nombre de peuplades médiocrement dotées par la nature sont parvenues à la réaliser, parfois à un degré que les nations historiques, anciennes et modernes, auraient raison de leur envier.

L'unique théorie des origines du despotisme qui présente quelque apparence scientifique, est, à ma connaissance, celle de Herbert Spencer. Il attribue les différentes destinées des nations, par rapport à la liberté, aux tendances, tantôt *militaristes,* tantôt *économistes,* qui, à une phase reculée de leur préhistoire, s'accentuaient déjà chez les diverses peuplades. Pourtant, il n'est pas difficile de voir que cette hypothèse à pour base une conception *a priori,* reposant à son tour sur une appréciation exagérée de la violence de l'élément guerrier dans l'histoire. La guerre n'est qu'un épisode, un cas particulier de l'universelle lutte pour l'existence. Les pyramides de Giseh, les murailles de Babylone, les digues de la baie de Hangtcheou, et tant d'autres merveilleuses créations de ce que Herbert Spencer entend par *économisme,* représentent plus de sang et de larmes, plus de souffrances et d'iniquités que tous les champs de bataille du globe, depuis Kadech jusqu'à Sedan et Plewna. À toutes les époques et chez les peuples les plus divers, on pourrait trouver des communautés formées par la guerre et pour la guerre, et où le despotisme, l'élément coercitif, n'apparaît qu'en proportion minimale. Telles étaient, par exemple les républiques cosaques d'Ukraine au XVIIe siècle, et, plus récemment, les Monténégrins ; tels sont encore les Sikhs du Pandjah et plusieurs tribus montagnardes du Caucase, de l'Abyssinie, etc. Les Kabyles, un des peuples les plus braves de la terre, sont aussi l'un des plus libres, si ce n'est le plus libre entre tous ceux qui vivent ou ont vécu sur le globe. Voici ce qu'en dit M. E. Renan, que l'on ne soupçonne point de tendresse de parti pris pour le principe anarchique :

« Le monde berbère[14] nous offre ce spectacle singulier d'un ordre social très réel, maintenu sans une ombre de gouvernement distinct du peuple lui-même. C'est l'idéal de la démocratie, le gouvernement direct, tel que l'ont rêvé nos utopistes... Rien de plus éloigné de l'avilissant despotisme de l'Orient, de ce culte de la force considérée comme manifestation de la volonté divine... La forme monarchique est, dans cette race, une rare exception et, quand on la rencontre, on peut être sûr que la population qui la subit n'est pas constituée d'une manière normale.

« Cette organisation politique si simple repose sur un esprit de solidarité qui dépasse tout ce qu'on a pu constater jusqu'ici dans une société vivante ou ayant vécu. Les institutions d'assistance mutuelle sont, dans la société kabyle, poussées à un point qui nous étonne ; la coutume renferme des dispositions pénales contre ceux qui voudraient se soustraire aux obligations de ce que nous appellerions la charité et la générosité. Le pauvre est nourri, en partie, par la communauté… Si un particulier veut tuer une bête, il est tenu d'en aviser l'*amin,* afin que les malades et les femmes enceintes puissent se procurer de la viande. L'étranger, dès qu'il entre dans le village, à sa part dans le bien commun[15] ».

Un autre auteur non moins compétent[16] ajoute à ce tableau : « Le travail n'est pas considéré comme dégradant chez les Berbères en général et tout le monde s'y livre ; aussi cette société ne comporte-t-elle pas cette distinction choquante entre nobles qui ne font rien et serfs qui les nourrissent. » Voici, pour en finir, le témoignage de M. C. Devaux[17] : « Si un individu se trouve dans l'impossibilité de cultiver son petit patrimoine faute d'animaux nécessaires, de reconstruire sa maison faute d'argent, la *djemâa* (assemblés communale analogue à la *Landsgemeinde* de la Suisse allemande), décide qu'une corvée générale aura lieu. Nul ne peut en être exempt. »

Les Kabyles, de même que les Touareg, ces hommes belliqueux qui donnent aux combats la meilleure part de leur existence, jouissent donc de la plus entière liberté : ils ignorent si complètement les équivoques bienfaits de la différenciation sociale, qu'ils ne se divisent même pas en travailleurs et en fainéants ; les riches ne s'y distinguent pas des pauvres[18]. D'autre part, nombre de peuples livrés au despotisme depuis de longs siècles, poussent le mépris de la guerre jusqu'à ne plus savoir se défendre : tels sont les Chinois ; telle a été la Venise des doges.

Certes, les exemples sont assez nombreux où les origines du despotisme peuvent être rattachées à une guerre de conquête. Mais, pour peu que l'œuvre fondée par le glaive présente quelque durée, on en vient à se demander si le militarisme n'est pas une cause d'asservissement plus apparente que réelle. Tous les empires édifiés exclusivement sur les victoires et la violence n'ont eu qu'une existence éphémère et n'ont jamais été despotiques dans le vrai sens du mot. Les chefs mongols, conquérants de la Chine, se sont, à grande hâte, nationalisés chinois en adoptant les lois, les mœurs, la langue même des vaincus. Les Turcs, qui s'abattirent comme des bêtes de proie sur les civilisations expirantes de Byzance et du Khalifat, détruisaient, rançonnaient, égorgeaient, mais ils n'ont réussi, en somme, qu'à établir un despotisme tout à fait superficiel, daignant à peine se mêler de l'administration des peuples conquis. En Égypte, la situation des fellah a été tolérable jusqu'à Méhémet-Ali, qui, oublieux des traditions tartares et turkmènes, a voulu se poser en restaurateur de la civilisation pharaonique.

Nous avons vu que, dans la nature, c'est-à-dire dans la série biologique, la liberté peut servir de mesure au progrès du lien social. Si l'histoire a l'unique tâche de montrer, sous des vêtements nouveaux, les transformations graduelles de l'évolution organique, nous ne pouvons qu'y constater les mêmes phases ascendantes :

I. *Période inférieure.* — Celle des groupements *imposés,* basés sur la coercition, analogues aux colonies rudimentaires de cellules réunies par un lien extérieur ou mécanique.

II. *Période intermédiaire.* — Celle des groupements *subordonnés,* bases sur la différenciation, sur une division du travail de plus en plus spécialisée et intime.

III. *Période supérieure.* – Celle des groupements *coordonnés,* basés sur les penchants personnels et sur la communauté de plus en plus consciente des intérêts.

Un des lieux communs les plus rebattus répète, en effet, que la vraie civilisation se reconnaît à la liberté. Pourtant, si nous appliquons directement à l'histoire le critérium de la « coercition décroissante », le seul qu'on puisse abstraire des enseignements de la biologie, nous sommes bientôt complètement déroutés. Pour en revenir, par exemple, à l'anarchie des Kabyles du Djurdjura, ce peuple, qui compte à peine parmi les demi-civilisés, jouit — on ne saurait le nier — d'une constitution sociale bien supérieure, au point de vue sociologique, à celle dont se contentent la plupart de ses conquérants français. Nul ne songe pourtant la disputer à ceux-ci l'honneur d'occuper l'un des premiers rangs parmi les nations policées du globe. Et ce n'est pas là, malheureusement, une anomalie fortuite. Les peuples libres sont assez nombreux dans les diverses régions du globe[19] ; mais tous, sans exception, appartiennent bien plus au domaine de l'ethnographie qu'à celui de l'histoire : en fait de science, d'art, d'industrie, plusieurs d'entre eux n'ont pas encore dépassé l'âge de pierre. Et parmi les nations célèbres, pourrait-on en citer une seule, qui, à une période quelconque de son évolution, n'ait subi le despotisme le plus dégradant, poussé parfois jusqu'à la déification des fonctions coercitives, une seule qui, dans sa constitution politique et sociale la plus avancée, n'ait conservé des empreintes indélébiles de ce passé ? « Les peuples heureux n'ont pas d'histoire ! » Cet aphorisme, en contradiction flagrante avec celui que nous avons cité plus haut, impliquerait d'ailleurs que la civilisation serait incompatible avec la liberté, élément essentiel, non seulement du bonheur, mais aussi du simple bien-être matériel.

Cette appréciation pessimiste se retrouve, il me semble, au fond des doctrines sociales les plus accréditées des temps modernes : les évolutionnistes, avec Herbert Spencer, affirment que la différenciation, c'est-à-dire l'inégalité des intelligences, des conditions, des fortunes, est un indice certain des progrès de la civilisation[20] ; les économistes malthusiens, en fait de libertés, ne connaissent que celle de la concurrence, c'est-à-dire le droit du vainqueur d'user et d'abuser de la dépouille du vaincu ; pour les penseurs esthétiques, dont M. E. Renan est un brillant exemple, le développement extraordinaire des richesses matérielles et intellectuelles, fruit d'une civilisation très avancée, constitue une compensation acceptable de cette perte du bonheur et de la liberté qui en est la rançon fatale ; de farouches révolutionnaires ne se plaignent, en somme, que de l'insuffisance de cette compensation.

Et cependant, si, battant en retraite à la vue de cet accord, inconscient parfois, des écoles et des partis les plus opposés, nous voulions accepter la doctrine si souvent décriée de l'homme sorti libre des mains de la nature, mais réduit aussitôt en esclavage par l'histoire et la société, nous nous retrouverions en face d'une confusion non moins inextricable. Ces Oua-Ganda des rives du Victoria Nyanza, dont un M'tesa fait abattre les têtes pour se distraire, ces nègres du Dahomey qui, tous les ans, périssent par milliers en des supplices atroces pour la plus grande gloire de leur principicule et de leur bon dieu Serpent, ces misérables qui poussent la folie de la servitude jusqu'à se suicider sur la tombe du souverain défunt pour être ses esclaves dans un monde

Léon Metchnikoff

meilleur, — n'ont certes pas été corrompus par le raffinement des mœurs, par le progrès d'arts ou de sciences dont ils ne connaissent pas le premier mot ! Sir John Lubbock, dans son ouvrage sur les civilisations primitives, a rassemblé, avec une prodigalité véritablement anglaise, de nombreux exemples, progrès à démontrer au vieux Jean-Jacques lui-même, que son « homme de la nature » n'est pas l'aimable athlète simple et fier, bon, mais jaloux de son indépendance, imaginé par le futur philosophe sous les ombrages des Charmettes. Si la liberté, comme l'ont rêvée nos utopistes, se retrouve chez quelques rustiques tribus du Djurdjura, le despotisme le plus effréné, tel que l'admiraient Bossuet, de Maistre et les poètes du Mahabharata, n'est pas non plus étranger à nombre de sauvages fort arriérés en civilisation.

Tout en admettant que, au point de vue de la science actuelle, la liberté est la seule caractéristique possible de la civilisation, nous ne saurions passer sous silence une considération importante : l'évolution sociale est partout subordonnée à la nécessité organique. Or, nécessairement, celle-ci impose à l'homme sa part de coopération, d'efforts synchroniques, tendant vers un but qui ne lui est pas strictement personnel, mais qui intéresse la communauté. Dans certains milieux, cette coordination est simple et facile ; l'utilité de l'œuvre exigée de chacun est immédiate et directement comprise de la moyenne des individus. Aussi, et sous toutes les latitudes habitables, l'homme, dans ces milieux, arrive-t-il sans peine à réaliser « ces groupements anarchiques » bien supérieurs aux formes coercitives et subordonnées, et que les plus avancés d'entre les Européens pourraient envier aux tribus berbères de l'Afrique. On comprend que l'histoire se désintéresse de ces peuples : occupant des milieux aussi privilégiés, ils ont résolu à peu de frais d'intelligence, d'énergie et de culture, le problème fondamental de nos annales ; plus heureux peut-être que les autres nations, ils n'ont, par cela même, rien à léguer à la postérité.

Mais il y a d'autres milieux — et l'histoire s'attache de préférence à ceux-là — qui ne deviennent habitables que par une coordination savante et compliquée de forces nombreuses et hétérogènes, concourant vers une fin dont la grande majorité des intéressés ne comprend même pas la portée. Ici, le degré nécessaire de solidarité ne pouvant être obtenu d'emblée d'un concours spontané et

CHAPITRE II : LE PROGRÈS DANS L'HISTOIRE

libre, on voit le groupement humain débuter par une des formes sociologiques les plus grossières, analogue à ces colonies rudimentaires de plastides, de cellules que réunit un lien imposé, extérieur et mécanique : je veux parler du despotisme à outrance. Une fois introduit dans l'histoire par cette action spécifique d'un milieu réfractaire aux efforts « anarchiques » de ses occupants, le despotisme prospère et s'épanouit ; plus tard, se survivant en vertu de la force acquise, il ne recule que pas à pas, et après des combats acharnés, devant les progrès nécessaires de la sociabilité. Plus la lutte fut terrible, plus le triomphe est glorieux et l'on comprendra sans peine que, dans tous les temps, les milieux de cette nature soient devenus les privilégiés de l'histoire, celle-ci ayant la mission d'enregistrer les victoires de l'homme sur les brutalités cosmologiques de toute nature.

Nous sommes loin, on le voit, de ce *fatalisme géographique* qu'on reproche souvent à la théorie déterministe du milieu dans l'histoire. Ce n'est point dans le milieu même, mais dans le rapport entre le milieu et l'aptitude de ses habitants à fournir volontairement la part de coopération et de solidarité imposée à chacun par la nature, qu'il faut chercher la raison d'être des institutions primordiales d'un peuple et de leurs transformations successives. Aussi, la valeur historique de tel ou tel milieu géographique — en supposant même qu'il soit physiquement immuable — peut-elle et doit-elle varier suivant la mesure où ses occupants possèdent ou acquièrent cette aptitude à la solidarité et à la coopération volontaires.

Que le despotisme, sous n'importe quel climat, et à n'importe quelle phase de la barbarie ou de la civilisation, que le despotisme, dis-je, revête la forme absolutiste, militariste ou sacerdotale, l'homme ne peut être opprimé que par l'impossibilité où il se trouve de fournir de son propre fonds et en connaissance de cause, la somme de solidarité exigée de lui par le milieu. Prêtre, guerrier ou roi, jamais despote ne fut, dans l'histoire, autre chose que le symbole vivant, la personnification de cette impuissance des opprimés : être inconscient, il ne domine pas plus ses sujets par la force ou par la ruse, que le drapeau ne fascine les combattants par l'éclat de ses couleurs.

Mais, si l'histoire suit son cours normal, l'équilibre s'établit de plus en plus entre le milieu et les aptitudes anarchiques de ses occupants ;

Léon Metchnikoff

peu à peu se manifeste le progrès, c'est-à-dire cette transformation du lien social constatée déjà dans la série biologique, et qui monte de la coercition à l'anarchie, de la solidarité imposée à la solidarité voulue. Quant à la distinction établie par Herbert Spencer entre le *militarisme* produisant l'oppression et l'*économisme* conduisant nécessairement à la liberté, elle n'explique rien, à mon sens, et ne rend même pas un compte fidèle des faits. C'est par suite surtout de « considérations économiques » que le vilain du moyen âge subissait le brigand féodal ; c'est par l'épée du mercenaire, par la force des armes, que le marchand de Carthage ou de Venise s'imposait au « peuple maigre ». La guerre, je l'ai déjà dit, n'est pas l'acte le plus sanglant de la corvée historique ; il ne répugne pas plus à la moyenne des hommes de mourir en Spartiates sous les flèches des ennemis, que d'expirer, misérables fellah, sous le fouet d'un conducteur de travaux écrasants et inutiles, comme, par exemple, la construction des Pyramides !

Suivons d'un peu plus près la marche du progrès social à travers le temps : nous y distinguons trois périodes principales, trois étapes de l'humanité.

Dans la première, les quatre grandes civilisations égyptienne, assyrienne, hindoue, chinoise, qui, à notre point de vue, constituent toute l'antiquité ou l'époque primaire des formations historiques, sont caractérisées par un développement sans égal du despotisme, par la divinisation des fonctions coercitives. Toutes les quatre ont réalisé le principe autocratique à un degré inconnu plus tard, soit dans les classiques tyrannies, soit dans les monarchies de droit divin de l'Europe féodale et post-féodale. Les plus cruels d'entre les césars de Rome. Louis XI en France, Ivan le Terrible en Russie, approchaient tout au plus leurs mauvaises heures, de ces despotes orientaux dont les peuples se croyaient un appendice sans valeur, une émanation dégénérée. Bénin et déjà bureaucratique avec les pharaons, militant et féroce en Mésopotamie, sombre et sacerdotal dans l'Inde, patriarcat et méticuleusement académique en Chine, le pouvoir royal est la seule raison d'être de ces antiques sociétés, où l'on distingue à grand'peine des rudiments de gradations et de nuances, presque noyés dans l'esclavage universel et perpétuel. Mais ces gradations et ces nuances préparent le passage de l'esclavage primitif à une différenciation des classes, c'est-à-dire à l'esclavage, perpétuel encore, mais déjà réglementé. L'Inde, à ce point de vue, quand le régime des castes[21]y fut définitivement constitué, nous présente le développement social le plus avancé qui ait été atteint par une civilisation antique : l'esclavage de droit divin, l'asservissement au pouvoir royal n'y est plus le lot commun et indivis de toute la nation ; quoique irrévocable encore, il se trouve régulièrement réparti entre les diverses classes et à des degrés différents. En Égypte, nul mortel n'a de droits que les prérogatives à lui conférées par le caprice du pharaon ; dans l'Inde brahmanique, le pouvoir discrétionnaire du roi et du prêtre est limité par l'impossibilité de faire d'un soudra un vaïcya, et, de ce dernier, un kchatriya.

La seconde époque débute par l'apparition des Phéniciens sur la scène du monde. L'aspect politique de l'histoire se modifie profondément. Dorénavant, on voit s'éclipser les despoties orientales, et la forme fédérative républicaine devenir la règle presque constante. Aux temps « classiques », les monarchies apparaissent comme des épisodes si rares que, de plein droit, nous pouvons les passer sous silence. Le fait dominant est l'oligarchie, c'est-à-dire un despotisme basé sur le hasard de la possession et de la conquête : vainqueur et maître, captif et esclave sont, dans cette période, des mots tellement synonymes qu'entre le militarisme et l'économisme dont parle Spencer, il serait bien difficile de faire un départ tant soit peu équitable. Tantôt les triomphes de l'aristocratie élèvent le cens oligarchique, tantôt les victoires du peuple parviennent à l'abaisser. Mais la plus pure des démocraties classiques, la démocratie athénienne, comme plus tard la commune du *popolo magro* de Florence, n'a été qu'une oligarchie à peine déguisée. Athènes, dans ses jours glorieux, comptait plus d'esclaves que de citoyens, et la liberté des bourgeois florentins avait pour corrélatif nécessaire l'asservissement des populations rurales de la Toscane.

Le principe oligarchique, celui d'une différenciation politique et sociale basée sur les hasards de la possession ou de la victoire, et que l'on cherchait vainement à perpétuer par l'hérédité, ce principe constituait l'éclat et la misère, la force et la faiblesse des républiques de la période intermédiaire. Chaque progrès nouveau réalisé au sein de ces sociétés avait pour conséquence forcée un écart toujours croissant des conditions ou des fortunes ; l'accroissement du nombre des vaincus et des pauvres conduisait fatalement à cette tyrannie pisistratide ou césarienne qui, tout en étant l'œuvre du progrès, n'en constituait pas moins une réaction, par un retour atavique vers le despotisme de l'antiquité extra-européenne, ou une dissolution, car ou n'avait point encore du principe supérieur à substituer à l'oligarchie.

Il y aurait sans doute quelque distinction à faire entre l'oligarchie punique et classique, d'un côté, et, de l'autre, le féodalisme de l'Europe chrétienne, mais cette diversité est surtout apparente et n'intéresse guère que la forme. Avant et après le triomphe de la Croix et la chute de l'empire d'Occident, le principe est essentiellement le même. Vue d'un peu haut, la féodalité, comme l'oligarchie, est le droit du vainqueur ou du possesseur sur la personne ou la chose du vaincu, celui qui ne possède pas. Si l'oligarchie avait pour contre-partie l'esclavage, la féodalité entraînait non moins fatalement le servage, et, entre ces deux servitudes, je ne vois qu'une différence de mots. Encore pourrait-on soutenir qu'en plein moyen âge, les points culminants de l'histoire sont représentés, non par l'Europe continentale et féodale, mais par les oligarchies municipales italiennes, qui, au XVe siècle, possédaient des esclaves (*schiavi*) tartares, slaves et russes.

Pour constater la permanence et la sériation du progrès dans les trois divisions généralement admises de l'histoire universelle, on nous dit que le travailleur *esclave*, dans les despoties orientales et les oligarchies classiques, a passé ensuite par le *servage* du moyen âge, pour devenir *salarié* à l'époque moderne.

La situation d'un *salarié,* d'un manœuvre de nos grandes villes, peut-être, de fait, plus misérable que celle de son ancêtre *serf* ou vilain ; il n'en existe pas moins, entre le plus malheureux de nos prolétaires et le mieux partagé des serfs ou des esclaves, une différence capitale et facile à formuler. Le *salariat* ne constitue pour le patron aucun droit légal sur la personne du dépossédé, du vaincu de la concurrence vitale, et ne lui concède sur le travail de celui-ci que le droit cédé par un semblant d'achat. Mais le seigneur féodal exerçait un droit permanent et gratuit sur le travail du *serf* ou vilain, et, sur sa personne, un droit de juridiction plus étendu que celui d'un maître sur l'esclave au temps des Antonins[22].

Du reste, l'antiquité classique n'a point connu le mot *esclave,* et l'institution des *servi glebæ* (serfs de la glèbe) est de beaucoup antérieures l'âge féodal. Huschke[23] la trouve déjà légalement constituée par la *formula censualis* d'Auguste ; elle reconnaissait à ces esclaves ruraux certains privilèges étrangers aux esclaves domestiques (tels le droit de mariage et même celui de possession), tout en les astreignant, comme redevance pour la terre par eux cultivée, à un travail déterminé au bénéfice du propriétaire. Par contre, celui-ci avait sur ses colons un droit limité de contrôle et de correction, mais, s'il exigeait plus que la corvée réglementaire, le tribunal devait intervenir. Il serait difficile de préciser quelles étaient, dans l'empire romain, les différences de fait et de droit entre les colons et l'esclave, le serf de la glèbe et le serf domestique : il semble cependant que la destinée du colon fût plus douce, puisque la loi menaçait de servage domestique le *servus terræ* qui déserterait sa terre. Mais ces différences s'atténuèrent de plus en plus à mesure que les césars païens, s'inspirant de l'aphorisme de Tibère : « Un bon pasteur tond les brebis sans les écorcher », restreignirent le pouvoir discrétionnaire du maître sur les esclaves domestiques. La loi *Petronia,* du reste, lui interdisait déjà de les livrer ou de les vendre pour le cirque, sauf en cas d'infractions dont la peine devait être confirmée par l'autorité publique. Claude octroie la liberté à tout esclave que le maître abandonne pour cause d'infirmité grave ; un maître ayant tué son esclave était puni comme un meurtrier ordinaire. Sous les Antonins, les esclaves reçurent le droit de plainte pour sévices, nourriture insuffisante, attentats à la pudeur. Hadrien appliqua la loi sur les sicaires aux maîtres qui mutilaient leurs esclaves.

En dépit de l'évidence des faits, on répète encore que le christianisme a adouci le sort des esclaves en les transformant en serfs de la glèbe. Si j'affirmais ici le contraire, on m'accuserait peut-être de paradoxe ou même de calomnie ; je me contente donc de renvoyer le lecteur à l'ouvrage déjà cité de M. Duruy : à partir de la victoire du christianisme, il verra cesser brusquement les bonnes dispositions de la législation romaine à l'égard des esclaves ruraux ou domestiques. La loi *Junia Narbonia* de Justinien crée à leur émancipation des obstacles insurmontables ; la loi *Ælia Sentia* limite le nombre de ceux qu'on peut affranchir par testament.

Léon Metchnikoff

Plus l'empire approche de sa fin, plus la confusion augmente ; et, en plein moyen âge, nous trouvons le serf réduit à une situation légale et normale bien inférieure à celle que les césars avaient faite à l'esclave urbain. Ainsi à Rome, depuis les premiers empereurs, il était interdit, dans les ventes d'esclaves, de séparer les proches parents : en Russie, où le servage eut pourtant une forme plus douce que dans l'Europe féodale, une disposition analogue a été introduite seulement dans le cours du siècle actuel. Le pouvoir de vie et de mort, que, sous Hadrien et Marc-Aurèle, le maître romain n'avait plus sur son esclave, les seigneurs féodaux le conservèrent jusqu'à la veille même de la Révolution, sur la canaille taillable et corvéable de leurs domaines. L'acte suivant, daté de 1657 et copié par P. Barker Webb et S. Berthelot[24], dans les archives du couvent de Candelaria, donnera une idée des droits de juridiction et de coercition que les nobles espagnols du XVIIe siècle exerçaient encore sur la personne de leurs vilains : Puisque vous m'avez dit que le site et le sol du bourg d'Adeje, etc., sont votre propriété… je vous confère le droit d'établir dans ce bourg et son enceinte ou territoire, pour l'exécution de la justice, potence, picotte, coutelas, prison, carcan, fouet et autres insignes de la juridiction, *horca, picota, cuchillo, carceles, cepo, azote y las demas insignias de juridicion*)… Signé : Philippe IV (*Yo et rey*). Aranjuez, 25 avril. » Ainsi, cent trente ans à peine avant 1789, le droit de vie et de mort sur les serfs, sans compter les *carceles, cepo y azote,*procédait encore du seul fait de la possession féodale du sol, et, cependant, plus de seize siècles s'étaient écoulés depuis que, dans la Rome païenne, le maître d'esclaves avait perdu le pouvoir suprême de coercition et de juridiction sur leurs personnes.

Ces droits absolus du seigneur féodal se trouvèrent, il est vrai, diminués en mainte occasion par les jacqueries, et, en France surtout, par le pouvoir royal, corrélatif de la féodalité, comme les tyrannies et le césarisme classiques l'avaient été naguère de l'oligarchie républicaine. Mais, en résumé, la féodalité avec le servage ne représente que la contrepartie rurale et agraire des oligarchies de Carthage, d'Athènes ou de Rome, basées sur l'esclavage et limitées aux seuls citoyens de la capitale. Sous la domination romaine, à mesure que la province joue un rôle de plus en plus prépondérant par rapport à la métropole, l'empire,

CHAPITRE II : LE PROGRÈS DANS L'HISTOIRE

peu à peu, se transforme en société féodale. Or, le féodalisme, basé sur la subordination politique du dépossédé au propriétaire du sol, ne pouvait inaugurer une période nouvelle de l'histoire ; il représente simplement un autre côté de cette même différenciation sociale qui, avec la seconde division de l'histoire, débuta par l'oligarchie des républiques phéniciennes : pas une des civilisations de la deuxième période n'a dépassé cette étape intermédiaire de l'évolution sociologique.

L'aube de la troisième vient à peine de se lever : le progrès à réaliser maintenant, et dont l'expression formelle fut la célèbre déclaration des Droits de l'homme, n'est ni plus ni moins que l'abolition, en principe, de toute différenciation sociale et la proclamation de l'égalité de tous. En dépit de tendances de plus en plus évidentes, le siècle qui s'est écoulé depuis la nuit mémorable du 4 août n'a point définitivement introduit ce principe nouveau dans nos constitutions, fût-ce seulement à titre de fiction politique et juridique. Faire que cette fiction devienne une réalité, telle est, dans la présente phase de l'histoire, l'œuvre capitale en dehors de laquelle il ne saurait y avoir de progrès.

Ces trois divisions de l'époque historique de l'humanité correspondent admirablement, on l'a compris sans doute, aux trois phases ascendantes constatées plus haut pour les transformations de l'évolution organique dans la nature :

1° Les *groupements imposés.* Notre première période est, en effet, le temps des despoties orientales, des sociétés basées sur la coercition, sur l'asservissement de tous à un représentant symbolique et vivant de la fatalité cosmique, de la force divinisée.

2° Les *groupements subordonnés* correspondent à l'époque des fédérations oligarchiques et féodales, de la différenciation par la lutte armée ou la concurrence économique, l'asservissement des vaincus, des dépossédés.

3° *Les groupements coordonnés.* Cette période vient d'être inaugurée et appartient à l'avenir, mais les premiers mots qu'elle a balbutiés sont : *Liberté,* négation légale de toute coercition ; *Égalité,* abolition normale de toute différenciation sociale et politique ; *Fraternité,* coordination solidaire des forces

Léon Metchnikoff

individuelles substituées à la lutte, à la désunion amenées par la concurrence vitale.

L'étude géographique que nous allons entreprendre nous fera retrouver ces trois périodes ; elle permettra d'assigner un titre à chacun des trois actes de ce drame grandiose et sanglant de la marche vers le progrès. L'histoire, si l'on essaye de pénétrer dans son intimité, se montre plus idéaliste qu'on ne le pourrait croire d'après la brutalité de ses procédés, et le dernier mot de toute guerre acharnée — si ce n'est pas la Mort — c'est la Paix.

CHAPITRE II : LE PROGRÈS DANS L'HISTOIRE

CHAPITRE III : SYNTHÈSE GÉOGRAPHIQUE DE L'HISTOIRE

Objet et méthodes de la géographie comparée. — Influences du milieu sur l'homme et les sociétés : astronomiques ; physiques ; végétales, animales et anthropologiques. — Histoire et civilisation. — Distribution inégale de la civilisation sur le globe. — Conquêtes rapides de l'européanisme. — *De minimis non curat prætor* : l'histoire ne se préoccupe pas des peuples « nature ».

Un des principaux objets de la géographie comparés est d'étudier la Terre dans ses rapports particuliers avec l'homme. Elle examine simultanément, elle rapproche entre elles les différentes régions du globe et en infère les avantages relatifs que leur séjour offre au développement collectif du genre humain, aux progrès de la société et de la civilisation. C'est ainsi que cette science, qui compte à peine un demi-siècle, a été conçue par ses illustres fondateurs : Karl Ritter, Alexandre de Humboldt, Arnold Guyot et leurs éminents continuateurs modernes. Quant aux discussions qui, il y a quelques années, agitèrent les hautes sphères du monde géographique allemand au sujet des problèmes et des méthodes de la géographie comparée, elles ont pris, dès le début, le caractère de polémiques personnelles plus ou moins envenimées, et ne modifient pas sensiblement les bases fondamentales de cette science.

Comme toutes les branches des connaissances humaines, la géographie comparée dispose de deux puissants éléments logiques, l'analyse et la synthèse.

La méthode analytique nous amènerait, dans l'espèce, à étudier, une à une d'abord, puis dans leur enchevêtrement infini, les influences variées exercées par un milieu géographique donné sur les destinées sociales et historiques des peuples qui habitent ou ont habité ce milieu. Nous ne pouvons examiner, et très brièvement, que les plus importantes :

I. Les *influences astronomiques,* résultant de la situation de notre planète dans l'espace et de ses rapports avec l'astre central de notre système. Toute vie, sur la Terre, ne se produit qu'aux dépens de la lumière et de la chaleur dont le soleil est pour nous l'unique source, mais les diverses parties du globe ne reçoivent pas ses rayons vivifiants sous un angle identique, et nous savons que la puissance calorifique d'un rayon varie en raison directe du cosinus de l'angle de la latitude. La Terre nous paraît donc partagée en zones climatologiques distinctes, inégalement favorisées sous le rapport de la vie organique ou historique.

Ainsi, les deux régions polaires n'ayant qu'un développement très faible de la vie végétale et animale, la formation de puissantes collectivités humaines y devient impossible ; le rôle de ces zones dans l'histoire est nul ou à peu près nul.

La zone torride, à son tour, avec une faune et une flore merveilleuses, n'a pas non plus produit, jusqu'à présent du moins, de civilisation occupant une place d'honneur dans les annales de l'humanité. Cette exubérance même de la vie sous toutes ses formes semble se manifester au détriment de l'énergie intellectuelle et volontaire de l'homme collectif : les habitants de ces contrées privilégiées recevant en abondance, et sans efforts coordonnés de leur part, les choses nécessaires à leur bien-être physique, sont ainsi privés de l'unique stimulant qui puisse les pousser au travail, à la science et à la solidarité.

Dans ces régions moites et chaudes, en effet, croissent sans être soumis à une culture persévérante et raisonnée, arbres à pain, arbres à beurre, dattiers, cocotiers et autres végétaux fournissant à l'homme le repas quotidien, l'ustensile où il le prépare, les fibres et les lianes dont il confectionne ses vêtements et ses engins. L'homme zoologique peut prospérer dans ces conditions, mais l'élément premier de l'histoire, la coordination puissante et permanente du travail, n'y apparaît encore que sous ses formes rudimentaires. Le « roi de l'univers » ne s'y pose pas en maître d'une nature qui le comble de ses bienfaits matériels, tout en l'écrasant sous son indomptable fécondité et en le terrifiant par le spectacle farouche des cyclones ou d'autres perturbations atmosphériques, si fréquentes sous le ciel embrasé de l'équateur.

Les grandes civilisations historiques, dans l'ancien continent du moins, sont exclusivement confinées aux latitudes moyennes, ou, plus exactement, à la zone tempérée boréale, la zone tempérée australe étant, presque en totalité, occupée par les

CHAPITRE III : SYNTHÈSE GÉOGRAPHIQUE DE L'HISTOIRE

eaux. La civilisation de l'Inde ne fait point exception, car elle est originaire du haut Pandjab, qui n'appartient pas à la zone torride et dont le climat est considérablement refroidi par le voisinage des neiges de l'Himalaya. Notons que, dans cette zone tempérée du nord, les civilisations les plus anciennes, celles de l'Égypte et de la Mésopotamie, comme les civilisations aryennes de l'Inde et de l'Iran, se sont surtout épanouies dans la région voisine des tropiques, sous l'isotherme annuel de 22° centigrades[25]. Mais, depuis les temps classiques, celles qui ont hérité le plus directement de l'Égypte des pharaons et de l'Assyro-Babylonie progressent graduellement et invariablement vers le nord, ou plutôt le nord-ouest de la Méditerranée levantine, et par l'Europe occidentale, vers les États-Unis d'Amérique. Cet infléchissement du courant civilisateur fait involontairement songer à une déviation analogue, mais en sens contraire, des grands courants aériens, moussons et alizés.

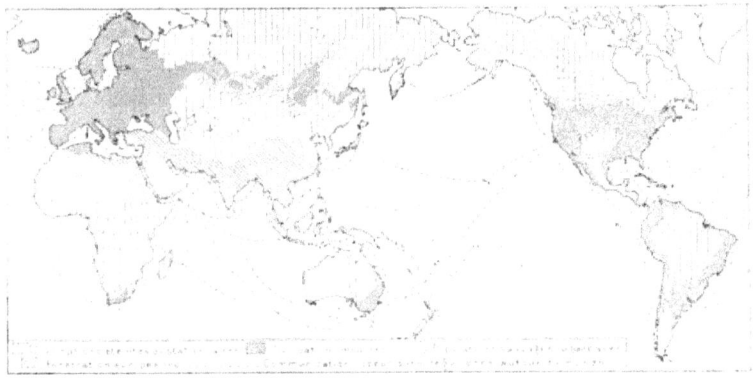

N° 1. — Foyers principaux de la civilisation moderne

M. Paul Mougeolle remarque avec raison[26] que, à chaque période successive de l'histoire générale de l'Occident, les principaux foyers de la civilisation se sont de plus en plus éloignés du tropique pour se rapprocher du cercle polaire[27]. Tyr, Sidon, Athènes, Carthage, Rome ont succédé tour à tour aux villes subtropicales de Memphis, Thèbes, Our, Babylone, pour être elles-mêmes éclipsées

Léon Metchnikoff

par les capitales de la France, de l'Espagne moresque et de l'Europe centrale, auxquelles récemment se sont jointes Londres, Berlin, les grandes villes de la Suède et de la Russie[28]. Mais le savant auteur exagère l'importance de cet intéressant phénomène quand il veut lui reconnaître le caractère d'une grande loi statique de la civilisation universelle : au lieu de progresser peu à peu vers la région boréale, les deux grandes civilisations de l'extrême Orient, la chinoise et l'hindoue, ont suivi une marche diamétralement opposée, allant des bords du fleuve Jaune vers la rivière de Canton et le Tonkin ; du Pandjah vers Ceylan et les îles équatoriales de l'Inde néerlandaise.

Sans jouer le rôle dominant que lui attribue le jeune écrivain, l'influence des latitudes est cependant bien marquée dans l'histoire. Il suffira, pour s'en convaincre, de jeter les yeux sur une carte des isothermes moyens annuels. On y voit que les agglomérations urbaines les plus importantes du monde entier se trouvent surtout groupées entre les limites extrêmes de 16° centigrades (Saint-Louis, Lisbonne, Gènes, Rome, Constantinople, Changhaï, Ohosaka, Kioto, Tokio) et de 4° (Québec, Christiania, Stockholm, Saint-Pétersbourg, Moscou). L'isotherme 10° indique assez exactement l'axe central de cette zone ; or, c'est précisément sur cette ligne médiane que viennent s'échelonner les capitales les plus riches et les plus populeuses : Chicago, New-York, Philadelphie, Londres, Vienne, Odessa, Pékin. Au sud de l'isotherme 16°, quelques villes de plus de cent mille habitants, Mexico, la Nouvelle-Orléans, le Caire, Alexandrie, Téhéran, Calcutta, Bombay, Madras, Canton, se présentent à titre d'exceptions, mais la limite boréale déjà fixée est encore plus absolue, car, au nord de l'isotherme 4°, on ne trouve plus, en fait d'agglomérations urbaines, que Winnipeg, dans la puissance du Canada, et les centres administratifs de la Sibérie, Tobolsk, Irkoutsk, et au-delà de cette limite, à 0° de température moyenne, rien que Touroukhansk, Yakoutsk, Verkhoyansk, et autres villes-prisons où le gouvernement russe fait périr de mort lente ses adversaires politiques.

Au point de vue du développement de la vie historique et sociale, l'influence des longitudes est aussi moins accentuée que celle des latitudes. Pour les auteurs anciens, la civilisation, et par conséquent l'histoire, suivaient, dans leur développement progressif, une marche identique à la route apparente du soleil : comme celle du jour, la lumière bienfaisante du progrès arrivait de l'Orient. On a souvent fait remarquer depuis, on a même voulu ériger en loi cosmique cette prétendue uniformité des grands mouvements historiques. Les migrations principales acheminées vers l'Europe à différents siècles, depuis l'invasion présumée des Aryas asiatiques, la « ruée » des Barbares sur le cadavre de l'empire romain, les conquêtes mongoles sous les successeurs de Djenghiz-Khan, celles des Arabes et des Turcs, étaient toutes dirigées de l'Orient à l'Occident. Plus tard, après la découverte de l'Amérique, l'exode des Européens vers le Nouveau Monde semble fournir des preuves nouvelles aux défenseurs de cette théorie. Pourtant, la constatation pure et simple d'un fait plus ou moins fréquent, mais sans liaison évidente et logique avec l'ensemble des phénomènes cosmiques, ne saurait avoir la portée de ce qui s'appelle une « loi » dans le langage scientifique de nos jours.

Cette prétendue « loi », du reste, souffre de nombreuses exceptions : la Grèce ancienne, par exemple, et dès son origine même, a beaucoup reçu de l'Orient asiatique : il n'en est pas moins vrai que, depuis les temps orphiques et pythagoriciens, l'apport principal lui venait des bords du Nil, c'est-à-dire du midi. La domination romaine s'est étendue a toute la rose des vents ; mais, en thèse générale, son mouvement de l'ouest à l'est du Tibre vers l'Indus, présente une amplitude autrement vaste que sa translation en France et en Espagne. Plusieurs pays, que je prends un peu au hasard sur différents points du globe, le Japon, la Polynésie, et, plus près de nous, la Russie, ont reçu de l'Occident les courants civilisateurs. En Amérique, nous observons un phénomène remarquable, et qui, d'après Élisée Reclus[29], ressemble au rebondissement d'une balle : tandis que l'invasion des Arabes, les sanglantes conquêtes des Djakas s'y produisent dans la direction traditionnelle de l'est vers l'ouest, le « rebond » des Chorfa a lieu en sens inverse, et la migration des Peuls, après s'être orientée pendant des siècles de l'intérieur vers les rives de l'océan Atlantique, est suivie, de nos jours encore, d'un retour dans la direction opposée. Enfin, depuis près d'un siècle, n'assistons-nous pas à une expansion grandiose des sciences, des arts, de l'industrie, des idées, des mœurs et des institutions de l'Europe vers tous les points de la terre habitable ?

II. Les *influences physiques.* Si la puissance calorifique d'un rayon est déterminée par les rapports astronomiques de la Terre avec le corps dont il émane, la propriété, que possèdent les diverses régions du globe, d'absorber et d'emmagasiner la chaleur solaire, dépend d'un ensemble complexe de conditions dont l'étude embrasse le domaine de la géographie physique. Jetons un rapide coup d'œil sur les influences multiformes et souvent délicates que les différents rapports entre la *géosphère,* l'*hydrosphère* et l'*atmosphère,* les trois parties constituantes de notre planète, exercent sur les destinées historiques et collectives du genre humain.

Le climat du plus grand nombre des localités ne correspond que de très loin aux latitudes sous lesquelles elles sont situées. L'inégale distribution des continents et des mers, la dentelure des côtes, l'altitude, la configuration et la constitution géologique du sol, la forme et la direction des chaînes demontagnes, les courants liquides et atmosphériques, l'abondance ou le manque de pluie, les innombrables accidents météorologiques enfin, créent entre les degrés de latitude et les lignes isothermiques des divergences parfois considérables : les parallèles ne sont que des abstractions géodésiques. C'est la marche des isothermes, en apparence si capricieuse, qui permet de saisir d'un coup d'œil les péripéties variées de la climature du globe.

En dehors d'influences déjà si compliquées, les conditions physiques d'un pays modifient encore de mille manières les destinées sociales et historiques de ses habitants, tantôt en favorisant, tantôt en entravant les progrès de la vie de relation. Ainsi, par les cataractes et les rapides infranchissables des plus puissants de ses fleuves, le Nil, le Congo, le Zambèze, l'Orange, la configuration du sol de l'Afrique en gradins superposés a suffi pour rendre l'intérieur du Continent noir impénétrable à la civilisation. Celle-ci, née probablement dans la basse vallée du Nil, n'a été introduite dans la région des sources de ce fleuve qu'après avoir fait un détour immense par la Méditerranée, l'Atlantique, le Nouveau Monde, le Pacifique et la mer des Indes. De K. Ritter et A. de Humboldt à leurs plus modernes continuateurs, les géographes ne se lassent point d'égrener le long chapelet des avantages sociologiques résultant, pour notre Europe, de l'articulation si parfaite de ses côtes, du relief harmonieusement ondulé de son sol, de la direction parallèle à l'équateur de ses principales chaînes de montagnes — les Alpes, les Pyrénées — et de la présence, dans les mers qui baignent son littoral, du grand courant d'eau tiède, le *gulf stream* de l'Atlantique.

La triple chaîne de monts inabordables, le Souleiman-dagh qui, du massif de l'Hindou-kouch, se dirige au sud jusqu'à la mer, a créé entre l'Orient et l'Occident une barrière que la civilisation n'est pas encore parvenue à franchir ; si l'Europe communie aujourd'hui avec les mondes chinois et hindou, cette rencontre a pour théâtre, non la région voisine de l'Indus, où, depuis l'origine des siècles, elle est, pour ainsi dire, coude à coude avec eux, mais les rives du Pacifique, ou pourtant l'Europe et l'Asie se trouvent séparées par un vaste continent, que bordent, des deux côtés, les gouffres océaniens.

Dans nombre de cas particuliers, un simple accident de la nature d'une contrée a exercé, sur les destinées de ses peuples, des influences tout à fait topiques, très imprévues, mais décisives. Le Japon, par exemple, a dû son intégrité nationale au grand « courant noir », le Kouro-sivo, et aux écueils qui rendent si dangereux l'abord de ses rivages[30] ; de même, les brouillards et les courants des mers britanniques ont, au temps de « l'invincible Armada », protégé la puritaine Angleterre contre le très catholique courroux de Philippe II. À plusieurs points de vue, la constitution du Royaume-Uni peut être envisagée comme le produit direct de sa situation insulaire ; les Alpes ont servi de berceau et de rempart à la liberté des communes suisses ; plus sûrement que les chartes, les Pyrénées ont sauvegardé les *fueros y libertades* des montagnards basques.

Les jalons de l'étude analytique des influences géographiques sur l'homme sont à peine posés par les maîtres de la science moderne, mais l'application de ce procédé à l'examen des phénomènes sociaux et historiques assure déjà de précieuses découvertes. D'autre part, une analyse superficielle, non guidée par une méthode rigoureuse, conduirait bien vite au lieu commun, aux fantaisies téléologiques, aux déductions erronées. Les accidents naturels du milieu, plus ou moins analogues au point de vue de la topographie ou de la géographie physique, peuvent, devant la géographie comparée, représenter des valeurs essentiellement différentes. Dans les travaux de ce genre, méfions-nous, surtout, de ces conceptions *a priori* auxquelles l'érudition facile arrive à prêter parfois un faux-

Léon Metchnikoff

semblant de vérité scientifique. Quelques exemples expliqueront mieux ma pensée : en sociologie et en politique, nous avons l'habitude de considérer les hautes chaînes de montagnes comme des frontières naturelles entre les États, comme des barrières entre les civilisations et les races. C'est pourtant dans les Alpes que les trois grands éléments ethniques — Latins, Gaulois, Germains — qui se partagent l'Europe occidentale et centrale, nous apparaissent le plus intimement mélangés et se pénétrant mutuellement. Si, dans sa partie moyenne, la chaîne pyrénéenne sert de limite bien tranchée entre les nationalités languedocienne et aragonaise, elle n'a point empêché, à l'est, les Catalans de s'étendre sans interruption de Narbonne à Alicante, pas plus que, dans l'ouest, elle n'a interdit aux Vascons, Auskes ou Euskara d'occuper l'espace compris entre la Garonne et la haute vallée de l'Èbre. L'ethnologie si compliquée du Caucase et de l'Himalaya semblerait démontrer que les massifs montagneux les plus élevés et, en apparence, les moins abordables, peuvent être comme des champs clos où s'opère, entre les éléments les plus variés, un rapprochement, ou, pour le moins, une juxtaposition. Celle-ci conduira tôt ou tard à un accord des mœurs ou des intérêts se traduisant par la création d'alliances temporaires — telle la ligue des montagnards caucasiens de races variées contre l'invasion des Russes — ou de fédérations permanentes — telle l'Union helvétique — en dépit des diversités d'origines, d'idiomes, de croyances religieuses.

III. *Influences végétales, animales et anthropologiques.* La faune et la flore d'un pays ont aussi une action, décisive parfois, sur les destinées sociales et historiques de ses habitants. Les régions où abondent les forêts peuplées d'animaux, la Sibérie et la Mantchourie, par exemple, constituent le milieu par excellence de cette vie de chasseur, moins exclusive qu'on ne le croirait de toute civilisation ou de toute culture ; au contraire, l'état pastoral et nomade ne peut se produire que sur les vastes plaines herbeuses, steppes, *llonos, pampas, tavoliere,* etc. Dans l'Afrique septentrionale, le *fellah* agriculteur, le *sahari* nomade des pâturages et le *djeridi* de la région des palmiers et dattiers sont des types sociologiques très distincts, créés par les différentes propriétés phyto-géographiques de leur habitat. Enfin, et pour passer du grand au très petit, disons que, en Suisse, dans le canton de Neuchâtel, les expressions de *vignoble,* de *montagne,* de *val de ruz,* représentent, non pas seulement des accidents topographiques du terrain, mais aussi trois conditions sociales distinctes, trois partis politiques et économiques.

Sans parler du rôle tout à fait capital joué par les céréales dans la préhistoire commune du genre humain, on pourrait citer, dans toutes les parties habitées du globe, de nombreux exemples de sociétés qui doivent leur constitution intime, voire leur existence, à quelque plainte utile, à quelque inoffensif animal. L'exploitation des premières, l'extermination savamment organisée des seconds, pêche de la baleine, du hareng et de la morue dans nos mers septentrionales, de l'esturgeon dans la Caspienne, du *trépang* ou *biche de mer* dans les parages océaniens, forment, chez les peuples les plus civilisés, une des branches essentielles de l'économie nationale, et, chez les sauvages, la constituent presque en entier. Toutes la vie de l'Innuït, avec ses labeurs et ses époques de réjouissance, est, pour ainsi dire, marquée à l'effigie des grands cétacés des mers boréales. Les Tongouzes sont guidés dans leurs migrations par les rennes[31]. Les chants védiques témoigneront, éternellement de l'importance suprême qu'au seuil de l'histoire écrite du genre humain, les Aryas du Pandjab attachaient à la possession de leurs vaches ; les Todas disent encore : « Une peuplade sans troupeaux ne saurait connaître les dieux ». La densité prodigieuse de la population de certaines parties de la Chine, de l'Inde, du Japon, dépend essentiellement de la récolte du riz. Mainte tribu de l'océanien doit son existence et sa civilisation relative à la croissance spontanée de telle ou telle plante. La vigne, le mûrier, l'olivier ont leur place marquée dans les annales de l'humanité ; les épices et les essences précieuses ont amené les Européens dans l'archipel Malais. L'opium joue un rôle plus important — peu glorieux, il est vrai — dans l'histoire politique de l'Angleterre et de la Chine, que dans les traités de botanique et de pharmacie.

Les considérations anthropologiques et ethnographiques, l'étude des races humaines, de leur provenance, de leur distribution géographique et de leurs migrations, entrent, à leur tour, de plein droit, dans le domaine de la géographie comparée. Ici, dès le début, nous nous trouvons en face d'un fait qui, à première vue, pourrait sembler paradoxal : l'aire d'extension géographique d'une espèce végétale ou animale est d'autant plus étroite et circonscrite que son organisme est plus affiné, plus complexe : cela, nul ne l'ignore, et pourtant, l'homme, le plus parfait des êtres, a envahi toutes les régions du globe, depuis ces « enfers » de l'équateur thermique, où, comme dans le Fezzan, la chaleur, à l'ombre, dépasse parfois 50°, jusqu'aux *toundras* glacées d'au-delà le cercle polaire, où le règne végétal ne compte plus que d'infimes représentants, jusqu'aux hauts plateaux du massif himalayen où, à 5 000 mètres d'altitude, le chien, seul de tous les compagnons habituels de l'homme, a pu s'acclimater, mais en perdant la faculté d'aboyer.

Cette contradiction n'est qu'apparente : l'homme, en effet, tout en partageant avec les autres organismes vivants la précieuse propriété de s'adapter au milieu, domine cependant les animaux inférieurs par une faculté spécifique plus précieuse encore, celle d'adapter le milieu à ses besoins, faculté qui semble s'accroître indéfiniment avec les progrès de la science, de l'art et de l'industrie.

De nombreuses migrations, dont les unes sont inconnues, puisqu'elles eurent lieu dans des temps antérieurs à l'histoire, dont la plupart des autres sont à peine soupçonnées, ont sans cesse déplacé les groupes humains. Ceux-ci, souvent transplantés dans des milieux géographiques très différents des régions qui les avaient vus naître, ont apporté dans leurs nouveaux séjours des mœurs, des coutumes, des aptitudes physiques et morales développées ailleurs.

C'est surtout dans le domaine si intéressant, mais à peine défriché, de l'*anthropogéographie*[32], que l'analyse doit être patiente et attentive : une méthode sévère peut seule nous préserver de ces généralisations hâtives et banales, de ce fétichisme des faits accomplis, du succès à tout prix de la force brutale qui, depuis quelques années, a envahi la science sous le couvert du glorieux pavillon de la sociologie dite darwinienne ou évolutionniste.

Après l'analyse, la synthèse : ici, nous pourrions citer en exemple les pages imagées de J. Michelet sur la physionomie géographique particulière de chacune des provinces françaises, et son influence sur les destinées historiques. Plus tard, Thomas Buckle, avec moins de sentiment poétique, mais plus de méthode apparente, a tâché de préciser la part qui revient aux conditions du sol, du climat, en un mot, du milieu géographique, dans l'histoire politique et sociale de l'Angleterre, de l'Écosse, de l'Espagne. Son œuvre, imparfaite à certains points de vue, mais originale et féconde, est malheureusement restée inachevée. M'engageant sur la voie ouverte par ces grands maîtres, mais sans me limiter à tel et tel pays, je voudrais présenter au lecteur un essai de synthèse géographique s'appliquant aux phénomènes de la distribution inégale et si capricieuse, en apparence, et à la marche progressive des civilisations de l'Ancien Monde ; je voudrais étudier les rapports et les liens intimes qui rattachent les diverses phases de l'histoire commune des peuples les plus civilisés, à un ensemble nettement déterminé de conditions topographiques et géographiques.

Ce qui me semble surtout caractériser notre siècle, c'est la tendance de plus en plus marquée de la civilisation européenne à s'universaliser, à pénétrer dans les recoins les moins accessibles de la terre, à effacer toute couleur locale, à supprimer toutes les différences. À l'heure présente, on pourrait difficilement citer, des pôles à l'équateur, sous les longitudes les plus lointaines, sous les latitudes les plus variées, un pays de quelque étendue qui soit encore à l'abri de cette triomphante invasion de l'européanisme et ne connaisse point les missionnaires de l'Europe, ses armes plus ou moins perfectionnées, ses cotonnades anglaises, ses eaux-de-vie, généralement fabriquées en Allemagne et déguisées sous des noms français. Les peuples autrefois les plus isolés, Havaïens, Siamois, Japonais, mettent un empressement sans exemple à se façonner sur notre modèle et nous empruntent, non seulement les inventions techniques et les produits de notre industrie, mais aussi nos institutions politiques et civiles, nos sciences et nos arts, voire notre langage, nos mœurs, nos coutumes et costumes. D'autres, bien plus nombreux, opposent vainement à la conquête blanche une résistance opiniâtre et désespérée ; d'entre ceux-là même, les plus avisés, les Chinois, par exemple, se voient, pour soutenir cette lutte inégale, réduits à demander à leurs adversaires une portion, notable des engins de toute nature avec lesquels ils essayeront de les combattre. Les régions les plus inaccessibles qui, naguère, nous étaient « moins connues que la lune », l'Asie centrale, l'intérieur de l'Afrique, sont aujourd'hui traversées en tous sens

Léon Metchnikoff

par de hardis explorateurs, missionnaires de toute confession, commis-voyageurs de l'Association internationale belge-africaine, précurseurs de prochaines conquêtes militaires ou économiques. Depuis la récente ouverture des ports de la Corée, depuis qu'on a rétréci les approches du Tibet, à peine si, sur notre planète entière, une seule nation se maintient isolée.

Pourtant, à l'heure actuelle, la civilisation n'en est pas moins répartie d'une façon très inégale entre les peuples des diverses régions du globe : les contrastes les plus saisissants et les plus imprévus frappent à chaque pas. En Australie, non loin des villes florissantes et tout européennes de Sydney, Melbourne, Adelaide, Brisbane, les tribus indigènes s'éteignent dans l'abrutissement ou mènent la plus misérable des existences. En attendant les effets de l'œuvre régénératrice commencée par le plus sympathique des don Quichottes modernes, S. M. Mikloukho-Maclay[33], les Papous, au milieu de ce siècle de téléphones et de moteurs électriques, nous présentent les vestiges pétrifiés d'une culture préhistorique rebelle à tout progrès. Les Peaux-Rouges de l'Amérique du Nord restent pêcheurs et chasseurs nomades au sein même de la civilisation remuante des Yankees et des Canadiens, peu raffinée, sans doute, mais dépassant en sève et en vigueur la civilisation mère de la vieille Europe. Récemment encore, aux portes des factories plus ou moins prospères que la France, l'Angleterre, le Portugal, l'Allemagne entretiennent sur les rives du golfe de Guinée, la « Grande Coutume » des rois de Dahomey était observée avec une fidélité et une solennité écœurantes : elle se renouvelait tous les ans, à époque précise, sans préjudice des circonstances extraordinaires[34]. L'anthropophagie et les sacrifices humains, les cultes cruels et lascifs qui, en Océanie, commençaient à disparaître au siècle dernier, avant l'arrivée des Européens et, de nos jours, s'y retrouvent sporadiquement, pour ainsi dire, sont encore en honneur dans la presque totalité de l'Afrique équatoriale, et pratiqués ouvertement à quelques pas de factories et de missions chrétiennes établies depuis plus de trois cents ans. Près des sources de ce Nil qu'on croit, non sans raison, avoir servi de berceau à l'histoire universelle il y a une centaine de siècles, Schweinfurth a vu ces boutiques de chair humaine autrefois reproduites par Pigafetta dans un célèbre dessin ; les féroces Mombouttou passent encore leur vie en razzias, en luttes continuelles sous le seul prétexte d'approvisionner ces débits de cadavres. « Viande ! viande ! » voilà le cri de guerre qui exalte leur courage par la promesse d'une immonde curée. Presque tous les voyageurs et les ethnographes regardent comme à peine sortis de la bestialité les Veddas de Ceylan, les Mincopis des îles Andaman, certaines peuplades de Bornéo, les Negritos des Philippines, la généralité des Mélanésiens, toutes populations où Mlle Clémence Royer[35]retrouve les « restes fossiles des humanités antérieures à la nôtre », et qui seraient, aux ancêtres primitifs des races privilégiées de l'histoire, ce qu'est la faune miocène aux animaux supérieurs des races quaternaires. On en dit autant des indigènes de la Terre de Feu. Dans toute l'Amérique du Sud, des populations à demi-civilisées, plus ou moins issues de la *sangre azul,* du « sang bleu » des conquistadores espagnols ou portugais, entourent d'un cercle somnolent un fort noyau de tribus sauvages, encore à l'âge de pierre.

Depuis la révolution produite dans la science et dans la philosophie par l'immortel ouvrage de Darwin sur l'origine des espèces ; depuis la publication des travaux de Lubbock et de Tylor sur les origines de la civilisation, l'ancienne tendance de l'école de J.-J. Rousseau à représenter « l'homme de la nature » comme libre de toute entrave, modèle de raison et de vertu, a cédé le pas au désir de trouver vivant encore, en chair et en os, l'homme bestial, l'homme primitif auquel nous conduit logiquement l'hypothèse évolutionniste ; aussi doit-on accepter sous bénéfice d'inventaire l'image que certains voyageurs, et surtout les ethnographes de cabinet, nous tracent des peuplades déshéritées. En réduisant ces témoignages à leur terme le plus modéré et le plus vraisemblable, nous n'en constatons pas moins que, seule de nos jours, l'Europe a le droit de se dire continent civilisé. Au point de vue de l'histoire, comme à celui de la géographie physique, l'Asie, son énorme voisine, nous semble divisée en deux parts inégales par le faîte de partage des montagnes élevées et des hauts plateaux qui la traverse dans le sens de sa plus grande étendue continentale, de la mer Noire au Pacifique, s'élargissant et s'infléchissant de plus en plus vers le nord à mesure qu'il s'éloigne de l'Europe. La moitié, de beaucoup la plus vaste, qui occupe le nord de cette ligne de démarcation et s'incline vers l'océan Glacial, se présente comme un vaste désert, ou on ne

Léon Metchnikoff

compte pas, en moyenne, un seul habitant par kilomètre carré, où quelques agglomérations urbaines de minime importance et de faibles vestiges des civilisations anciennes forment des oasis clairsemées dans les bassins de la mer d'Aral, de l'Ili, du Tarim. La partie du sud-est et du sud nous offre au contraire une densité de population considérable, produit d'antiques civilisations ayant autrefois brillé du plus vif éclat, mais éteintes depuis des siècles, ou dont la splendeur est misérablement ternie. Dans les deux Amériques, des civilisations importées de l'Europe luttent encore avec la sauvagerie indigène ; l'Afrique, enfin, à l'exception d'une étroite lisière littorale, appartient à la barbarie.

Si nous envisageons la civilisation comme une œuvre commune l'humanité entière, une œuvre à laquelle toutes les nations du globe doivent ou devraient prendre part, nous voici aussitôt contraints de reconnaître, qu'en regard du nombre des « appelés », — il se chiffre aujourd'hui a plus d'un milliard et demi — bien petit en réalité est le nombre des « élus », c'est-à-dire de ceux qui collaborent actuellement ou ont collaboré jadis à cette tâche grandiose. Ils font partie des « peuples historiques » ainsi nommés par opposition aux peuples « nature », que l'anthropologiste Waitz, le premier, si je ne me trompe, a ainsi baptisés, en souvenir peut-être de l'*état de nature* de Jean-Jacques et de l'école sentimentale de la fin du XVIIIe siècle.

Est-il besoin de dire que, au sens rigoureux du mot, il ne saurait exister de véritable peuple « nature » ? La civilisation, l'art, apparaissent dans la création avant l'homme : j'en appelle aux castors. Les plus arriérées des peuplades qui pullulent encore dans les quatre parties extra-européennes du monde, sont parvenues, depuis le début des temps quaternaires, antérieurement peut-être, à s'adapter, bien ou mal, à leurs milieux respectifs, à acquérir, ne fût-ce qu'à un faible degré, une puissance intelligente sur leurs instincts et sur la nature, à faire de précieuses conquêtes sur les agents cosmiques, la culture de telle ou telle plante, peut-être la domestication de quelque animal utile, certainement l'usage du feu. Plusieurs d'entre elles jouissent, ainsi l'affirme Wallace de diverses populations de l'archipel Malais, d'un bien-être matériel que pourraient leur envier bon nombre de déshérités de nos villes les plus riches, et des mieux cultivées de nos campagnes. Mais elles arrivaient partout trop tard ; elles s'arrêtaient à des étapes que d'autres avaient franchies avant elles. Dans ce sens, seulement, nous dirons de ces peuples « nature » qu'aucun d'eux n'a apporté une seule pierre à la construction du commun édifice, n'a versé une seule obole au trésor commun de l'humanité. En tous temps, en tous lieux, l'histoire ne fait qu'enregistrer la corvée, souvent sanglante, et pénible toujours, que la génération existante s'impose au bénéfice d'un avenir incertain et inconnu. Les peuples qui n'ont point épaulé ce fardeau se sentent-ils plus heureux ? M. E. Renan l'assure : je me borne à constater que ces heureux, s'ils le sont, appartiennent entièrement au domaine de l'anthropologie et de l'ethnographie : l'histoire, de plein droit, peut les ignorer.

Le problème posé se réduit à ces termes : quelle puissance mystérieuse courbe certaines nations sous ce joug de l'histoire que bon nombre d'êtres humains n'ont jamais connu ? Quelles sont les causes naturelles de cette répartition si inégale des bienfaits ou du fléau de la civilisation ? Peut-être notre synthèse projettera-t-elle quelques lueurs sur cette question grave, dont il est inutile de démontrer l'importance ethnique et sociologique.

Léon Metchnikoff

CHAPITRE IV : LES RACES

Races *réprouvées* et races *élues*. — Insuffisance absolue des diverses classifications anthropologiques et ethnologiques tentées jusqu'à ce jour. — Adaptation et hérédité. — La race n'est pas une cause, mais un résultat : le milieu est plus puissant qu'elle.

Pour expliquer les rôles si différents des peuples devant le problème fondamental de l'histoire, la science moderne ne saurait invoquer le hasard ou l'action providentielle ; par contre, elle nous propose deux théories : l'une, la théorie *ethnologique,* attribuant la répartition inégale des civilisations aux diverses aptitudes de races ; l'autre, que, pour abréger, nous appellerons la théorie *géographique,* en cherchant la raison dans le « milieu ». La première s'inspire surtout du principe conservateur de l'hérédité ; la seconde se réclame du système transformiste de l'*adaptation au milieu,* conçu par Lamarck et développé par Darwin.

Parmi les partisans les plus décidés de la théorie de l'hérédité, on rencontre, non sans surprise, la majeure partie des plus savants naturalistes de nos jours, ceux-là même qui se sont acquis une renommée universelle par leur adhésion sans réserve au principe fécond de l'évolution en biologie, M. Carl Vogt (*Leçons sur l'Homme*). Mlle C. Royer, et autres, M. Ch. Letourneau me semble être le fidèle interprète des vues prédominantes chez les plus illustres membres de la Société d'anthropologie de Paris, lorsqu'il s'exprime en ces termes[36] :

« Il y a une hiérarchie des races humaines... La race influe, plus que le milieu, sur le développement sociologique. Quel que soit son habitat, l'homme est mal armé pour le progrès, tant qu'il ne possède point un faisceau de facultés péniblement et lentement acquises dans la lutte pour vivre, puis transmises par l'hérédité. Ce sont : la sociabilité, qui unit et coordonne les efforts individuels ; l'intelligence, qui dirige ces efforts vers un but utile à la communauté ; enfin, la volonté patiente, qui fait persister et endurer... Le milieu fait beaucoup ; il ne fait pas tout, et la race importe davantage. Il n'y a jamais eu de grande civilisation nègre. L'Égypte ancienne n'a été que négroïde[37] et métisse ; les races asiatiques et berbères lui avaient sûrement apporté leur contingent…

« Jamais une race anatomiquement inférieure n'a créé une civilisation supérieure. Sur une telle race pèse une malédiction organique dont le poids ne se peut alléger que par des efforts bien plus que millénaires, par une lutte pour le mieux soutenue pendant des cycles géologiques. Or, sous le rapport de la noblesse organique, les races humaines sont fort dissemblables : les unes sont élues, les autres sont réprouvées… On a affirmé (Buckle) que les premières civilisations dignes de ce nom se développaient là seulement où le règne végétal fournissait une facile alimentation. Il y a du vrai dans cette proposition, mais les conditions du milieu ne font pas tout. Quoi de plus fortuné, sous ce rapport, que les bienheureuses îles de l'Océanie intertropicale ? et, pourtant, les sociétés humaines y sont demeurées à l'état rudimentaire. — Dira-t-on qu'en Polynésie l'homme ne s'est point développé à cause de son isolement, parce que son champ d'expérimentation, d'émigration était trop borné ? En Asie, en Europe, le mouvement de la civilisation semble d'accord avec cette interprétation des faits ; mais il en est tout autrement en Afrique. En effet, le Cafre n'est pas sensiblement supérieur au Chillouk du Nil blanc, et le Hottentot lui est fort inférieur. En Amérique, l'influence des migrations, du climat tempéré est plus contestable encore[38]. Les seuls essais de civilisation quelque peu avancée ont eu pour théâtre les régions tropicales ; ils y sont restés confinés, et les vastes régions de l'Amérique centrale et méridionale ont croupi dans la sauvagerie, à tel point que le Peau-Rouge n'avait pas même eu l'idée de domestiquer le bison, qu'il passait sa vie à chasser. »

En entendant certains des représentants les plus autorisés de la science tenir le même langage que les négriers et les anciens planteurs des États esclavagistes de l'Amérique, réprimons notre sentiment intime de révolte pour demander à cette même science ce qui différencie les « races élues » des « races réprouvées » : c'est là, précisément, que commence la difficulté.

Depuis le siècle dernier, on a souvent essayé de séparer le genre humain en groupes distincts et catégoriquement définis. Certaines de ces tentatives se basaient sur la coloration de la peau, et, cependant, nul ne songerait à déterminer d'après la nuance de son pelage à quelle race appartient un chien ou un cheval ; d'autres

Léon Metchnikoff

classent les hommes d'après la section du cheveu, ovale chez les peuples de chevelure laineuse (*ulotriques*) et ronde chez les Européens et les Sémites à chevelure lisse ou bouclée (*leïotriques*) ; d'autres encore d'après la forme du crâne, large (*brachycéphale*), ou allongée(*dolichocéphale*). etc. etc. Les essais moins nombreux d'une classification fondée, non sur un symptôme unique et plus ou moins superficiel, mais sur un ensemble de considérations anthropologiques essentielles, n'ont encore abouti qu'à des résultats confus et contradictoires. Au cœur de l'Afrique, mainte tribu, des plus heureusement douées, à la toison crépue et la peau d'ébène des nègres de Guinée, tandis que, dans d'autres régions, des groupes incorporés aux races élues et privilégiées présentent le prognathisme le plus bestial.

Si les races humaines étaient pures, dit M. Topinard dans son excellent manuel, l'*Anthropologie*[39], il suffirait de faire la somme de leurs différences et de leurs ressemblances, de tenir compte de leurs variations individuelles et des écarts pathologiques et de procéder à leur groupement le plus naturel. Mais le terrain est tout différent, l'unité manque ; les races se sont divisées, dispersées, mêlées, croisées en toutes proportions, en toutes directions, depuis des milliers de siècles ; la plupart ont quitté leur langue pour celle des vainqueurs, puis l'ont abandonnée pour une troisième, sinon une quatrième ; les masses principales ont disparu, et l'on se trouve en présence, non plus de races, mais de peuples dont il s'agit de retracer les origines ou que l'on classe directement... Dans les détails, lorsque les classifications des êtres humains tombent sur quelque peuplade bien isolée par des circonstances exceptionnelles, comme les Esquimaux au Groenland ou les Tasmaniens à l'île Van-Diemen, elles se comprennent encore. Mais, au-delà, le point de vue ethnographique apparaît seul, et l'on se sert du mot de race dans le sens le plus malheureux. On parle de race indo-germanique et latine, de race allemande, anglaise, slave, comme s'il y avait, dans ces épithètes, autre chose qu'une dénomination politique, une agglomération fortuite d'éléments anthropologiques de sources diverses... En Asie, ou les peuples ont été brassés de l'orient à l'occident et de l'occident à l'orient d'une façon si prodigieuse que sa race la plus caractéristique se trouve peut-être au-delà du Pacifique, dans les zones polaires ; en Afrique, où un mouvement semblable s'est opéré à plusieurs reprises ; en Amérique, où se sont produites aussi de grandes convulsions aux époques historiques, on ne rencontre plus de races primitives, mais des résultats de croisements répétés, de superpositions, de mélanges de toute nature… La classification des véritables divisions et subdivisions de la famille humaine est encore à créer, et ne pourra être abordée que lorsqu'on connaîtra les vrais éléments composants des peuples actuels. »

Citons un exemple des équivoques provenant de cette confusion si bien décrite par M. Topinard : les Allemands, qui ont tant sacrifié au spectre d'une unité politique basée sur des considérations prétendues scientifiques, n'en présentent pas moins un groupe anthropologique des plus hétérogènes et composé des éléments les plus divers, depuis les dolichocéphales et les brachycéphales blonds des provinces septentrionales, jusqu'aux brachycéphales bruns des royaumes du Sud. On peut en dire presque autant de l'Italie. Par contre, la Suisse, qu'on voit si souvent figurer dans les livres comme spécimen d'une agglomération factice et fortuite de races différentes, possède une unité anthropologique beaucoup moins contestable, et caractérisée par la brachycéphalie.

Puisque, dans l'histoire des civilisations, nous n'avons jamais affaire « à quelque peuplade bien isolée par des circonstances exceptionnelles, comme les Esquimaus du Groenland ou les Tasmaniens de l'île Van-Diemen », il devrait s'en suivre, de l'aveu de M. Topinard lui-même, que toutes les classifications anthropologiques du genre humain sont nulles et non avenues, du moins en matière sociologique et historique. Restent les classifications linguistiques, comme celle de M. Fred. Müller de Vienne : elles présentent en effet beaucoup plus d'unité logique et de précision que les essais de division basés sur la nuance de la peau, la nature des cheveux ou les indices anthropométriques ; mais on ne saurait leur accorder qu'une valeur tout à fait relative. Très utiles tant qu'il s'agit de systématiser nos études des idiomes et de l'ethnographie descriptive, elles ne peuvent projeter de lumière sur les problèmes sociologiques et sur la philosophie réaliste de l'histoire. En s'étayant sur la hiérarchie linguistique, on rangerait au degré le plus bas des « réprouvés » les Chinois, et les autres peuples de l'Asie orientale qui parlent des langues monosyllabiques. Par contre, les Zoulous, les Betchouanas et celles des peuplades de l'Afrique australe qui font usage de l'un des idiomes bantous si sonores, si souples, si bien outillées en vue de l'expression des plus délicates nuances du sentiment et de la pensée, devraient, de plein droit, figurer parmi les « élus ».

Le Dr Letourneau est loin de méconnaître l'état désespéré de la classification anthropologique et l'incompétence sociologique des classifications d'après la langue, mais il croit tout sauver en traitant cette question épineuse du haut de considérations purement historiques et sociologiques — ce qui revient à une simple pétition de principe. Pour « élire » et « réprouver », il lui suffit de diviser l'humanité en trois groupes, caractérisés en partie par la coloration plus ou moins foncée de la peau, en partie par les indices anatomiques, mais surtout par leurs rapports de la civilisation et à l'histoire :

1° La race *noire*, incapable, de par l'hérédité, de créer, sans mélange avec les races supérieures, une civilisation élevée et durable.

2° La race *jaune*, mongole ou mongoloïde, de beaucoup supérieure à la première :

« De bonne heure, les meilleurs représentants de ce type, les Mongols asiatiques, ont formé de grandes sociétés, savamment organisées, qui, comme la société chinoise, rivalisent avec les civilisations des races blanches et, sous certains rapports, peuvent même leur servir de modèle. Même les mongoloïdes les plus mélangés, les plus inférieurs, les plus pauvres en cerveau, les Américains, dont les misérables échantillons languissent au plus bas degré de l'évolution intellectuelle et sociale, ont su, par leurs types supérieurs, donner jadis, au Mexique et au Pérou, de remarquables exemples de progrès social. »

3° La race *blanche*, enfin, qui a « gravi quelques degrés de plus dans la hiérarchie organique. Son cerveau s'est épanoui, son front s'est élargi et redressé, ses maxillaires se sont réduits ; il n'y a plus, dans ce groupe, de prognathisme et de bouche lippue »[40] ; ce qui, en définitive, vaut, à cette division privilégiée de l'humanité, l'inappréciable avantage d'être seule douée, de par l'hérédité, toujours, de l'aptitude à créer des civilisations de tout point supérieures et durables.

Cette classification sommaire présente sans doute l'avantage incontestable d'une extrême simplicité ; par malheur, elle ne fait qu'indiquer, et, à mon avis, pas toujours d'une manière correcte, les faits mêmes dont il s'agirait de donner l'explication.

La majorité des peuples qui ont joué ou jouent actuellement les premiers rôles dans l'histoire universelle, sont, en effet, censés appartenir à l'un des grands rameaux sémitique ou aryen de la race blanche. Tels sont ou ont été les Aryas du Pandjab, les Iraniens, les Assyro-Babyloniens (en partie)[41], les Phéniciens, les Hellènes, les Italiotes, les Gaulois, les Germains, ainsi que les peuples civilisés de l'Europe médiévale et moderne, à l'exception des Basques, peut être des Finnois et des Hongrois.

Mais, ne l'oublions pas, le groupe aryen, incontestablement le mieux étudié de tous les rameaux du genre humain, ne présente d'unité scientifiquement démontrable qu'a un point de vue exclusivement linguistique. Depuis les populations brahmaniques de l'Inde jusqu'aux blonds dolichocéphales de l'Allemagne du Nord, on trouve dans cette branche des variations infinies de la coloration de la peau, des cheveux et des yeux, des index céphaliques et d'autres caractères anthropologiques. Pourtant, combien de peuplades, dont l'appartenance à ce groupe ne saurait être douteuse, ne se sont guère plus distinguées sur l'arène de l'histoire que les nègres les plus foncés de la Guinée, que les races les plus « réprouvées » de l'Afrique centrale ! Ce n'est point sans raison ethnologique que les Afghans se disent proches parents des Anglais, et, cependant, les destinées historiques de ces deux nations ne sont rien moins que semblables. Les peuples les plus rebelles à toute civilisation élevée, les Bédouins, après un contact plusieurs fois millénaire avec les plus puissantes des civilisations, restent de nos jours ce qu'ils étaient sous les pharaons des dynasties thébaines ; ce sont néanmoins des Sémites[42], de race probablement plus pure que leurs congénères de Mésopotamie, ces créateurs des brillantes civilisations assyro-babyloniennes et, plus tard, de celle du Khalifat. Ainsi l'on pourrait dire : Les Aryens et les Sémites à peau plus ou moins blanche sont, entre tous les groupes de l'humanité, les seuls qui, *dans certaines conditions,* aient fondé les empires les plus puissants et des civilisations durables. Mais puisque, *en d'autres conditions,* des peuples de même race ont eu des destinées historiques absolument différentes, il est évident que le centre de gravité de la question ne se trouve pas dans les aptitudes de race, mais dans ces conditions indéterminées.

Ce vice essentiel de méthode nous conduit à des conclusions encore plus erronées quand on passe au second des grands groupes du Dr Letourneau, à l'homme jaune, mongol au mongoloïde. De tous les peuples de l'ancien continent que l'auteur de la *Sociologie par l'Ethnographie* a réunis sous cette rubrique, les Chinois seuls occupent une place d'honneur dans les annales du genre humain ; mais personne n'ignore que par leur langue, tout comme par leur aspect physique, les Fils de Han sont très distincts des autres nations mongoles ou touraniennes. Quant à l'empire incontestablement mongol, fondé par le khan Djenghiz et ses successeurs, Koublaî dans l'est et Batyi dans l'ouest, il a un certain renom dans l'histoire, mais un renom du genre de celui que s'acquit Érostrate en brûlant le temple d'Éphèse. En quoi serait-il considéré comme supérieur aux grandes dominations des Felatas, des Djakas et surtout à cet empire mystérieux, probablement bantou, et, en conséquence, classé parmi les nègres, auquel on doit les ruines remarquables de Zimbabyé, dont l'aspect grandiose a fait supposer la présence, absolument invraisemblable, de constructeurs européens au centre du Continent noir[43] ? Ainsi des empires de Tamerlan, de Baber-Mirza (le Grand Mogol).

De ces nations de l'Ancien Monde classées sous l'étiquette « race jaune », il ne nous reste à citer que les Turcs Othmanli. Ceux-là, il est vrai, ont inscrit leurs noms dans les pages de l'histoire, mais nullement à titre de fondateurs de civilisation : on a souvent comparé leur rôle à celui des chacals et des oiseaux de proie qui font la police dans les villes musulmanes, en dévorant les charognes qu'on a négligé d'emporter ; cette similitude n'est point tout à fait exacte, car si les Turcs ont partagé les dépouilles des civilisations expirantes de l'empire byzantin et du Khalifat, ils ne se sont nullement préoccupés du cadavre des victimes, que jusqu'au temps présent, ils laissaient se décomposer au grand jour. Et cependant, comme les Tatars de la Crimée, ces Turcs Othmanli ne tiennent plus que par leur idiome à la famille ouralo altaïque : anthropologiquement parlant, ils se sont anoblis en s'apparentent à la race blanche par leur habitude, plusieurs fois séculaire, d'approvisionner leurs harems de femmes enlevées ou achetées en Grèce, dans les provinces danubiennes, en Pologne, en Ukraine, au Caucase et en Arménie.

Donc, cette incapacité de créer des civilisations supérieures que le Dr Letourneau accepte comme caractéristique de la race réprouvée des nègres, on la retrouve aussi dans une bonne partie de la race blanche, et chez la presque totalité des jaunes. Toutes les grandes civilisations historiques ont d'ailleurs été le produit de mélanges complexes des éléments ethniques les plus disparates, dans lesquels la part, même approximative, des *blancs*, des *jaunes* et des *noirs* me parait bien difficile à préciser[44]. La civilisation égyptienne, par exemple, qui semble avoir été la plus ancienne, et une des plus « isolées » du globe, n'en a pas moins exigé le concours de quatre groupes ethniques très distincts, différenciés par la coloration de la peau et par d'autres indices anthropologiques. Ces quatre éléments sont reproduits, à Thèbes, avec une fidélité qui fait l'admiration des archéologues, sur le célèbre tableau polychrome du tombeau de Seti Ier (XIXe dynastie). Nous y reconnaissons les trois groupes du Dr Letourneau : l'homme *blanc*, le *Tama'hou* (non encore porté par ces populations africaines si semblables aux Européens, et que les Arabes appellent des Touareg) ; l'homme jaune, *Amon,*aux traits sémitiques, plus ou moins mélangé d'éléments touraniens ; le *Nahasiou* ou l'homme noir, nègre à cheveux crépus. Un quatrième type vient s'y joindre, qui n'a pas trouvé place dans la classification de la *Sociologie d'après l'Ethnographie,* mais qui semble avoir joué le rôle principal dans l'Égypte pharaonique : c'est le *Rot* de F. Lenormant[45] ou *Retou,* synonyme hiéroglyphique de *Loud* (pluriel *Loudim*) de la Genèse, au teint *rouge,* évidemment identique à ces populations de couleur brique ou brunâtre qui, dès les temps préhistoriques, étaient déjà répandues sur les deux rives de la mer Rouge et jusqu'en Palestine et en Syrie ; populations dont les restes se retrouvent encore dans les parages du cap Gardafui, sur le haut Nil, et sur le littoral méridional de l'Arabie. On reconnaît une allusion à la nuance de leur peau dans le nom de *Poun* qu'elles portaient depuis la plus haute antiquité, et qui est probablement l'origine des φοίνιχος des Grecs, des *Pœni, Punici* des Romains. La mer Rouge pourrait leur devoir son appellation ; celle de *Himyarites,* donnée aux Sabéens de l'Arabie Heureuse, provient

Léon Metchnikoff

de la racine *h-m-r,* en arabe *homra,* — qui désigne le rouge dans les langues sémitiques.

Impossible, dans l'état actuel de la science, de faire le départ tant soit peu équitable du travail de ces quatre facteurs ethniques. Sur la foi des prêtres égyptiens, les auteurs classiques avaient admis la provenance éthiopienne des civilisateurs de la basse vallée du Nil. D'après les traditions, Osiris, la personnification du principe d'ordre et de progrès dans la création et la société, avait la peau noire[46] ; à Typhon, son satan ou son antagoniste, on donnait des cheveux roux et ce teint jaune que le tableau du tombeau de Seti Ier attribue aux Amou sémitiques.

Certes, nous ne pouvons plus aujourd'hui adopter sans restrictions l'opinion des historiens grecs et des prêtres de Saïs ; l'étude de la langue et des croyances égyptiennes nous amène forcément à conclure que les Retou, les Égyptiens d'autrefois, avaient des attaches sémitiques[47]. Mais, puisque ni Libyens ni Sémites purs n'ont jamais su créer de civilisation élevée et durable dans cette même région de l'Afrique, il ne serait pas difficile de retourner la thèse de notre auteur et d'affirmer que les races blanches, les privilégiées de l'histoire, ont eu aussi besoin du sang réprouvé des nègres, et que, non fécondées par ce bienfaisant mélange, elles sont condamnées à la stérilité. Les Aryens de l'Europe ne seraient jamais devenus ce qu'ils sont de nos jours, si, par l'intermédiaire des Phéniciens et des Hellènes, ils n'avaient reçu en temps opportun le précieux héritage de cette admirable civilisation égyptienne, produit de métissages franchement nègres et négroïdes.

Passons maintenant à cette autre civilisation puissante qui nous a fait des legs non moins précieux, et qui, sous plus d'un rapport, pourrait disputer à la vallée du Nil la palme de la priorité, j'ai nommé la Mésopotamie. Au seuil de l'histoire, nous y trouvons cette même fusion de sang et de races que le tableau de la nécropole thébaine nous a permis de constater en Égypte. Bien avant l'apparition de l'élément aryen (seul de tous les assyriologues français, anglais et allemands, M. Halévy conteste la présence de l'élément touranien en Mésopotamie), Soumirs et Accads[48], c'est-à-dire Touraniens jaunes et Sémites blancs, ont collaboré à cette grande civilisation, mais ils avaient été précédés dans la basse Chaldée par ces populations à peau plus foncée encore que celle de beaucoup de nègres, les Kouchites de nos archéologues et de nos ethnographes. Or, d'après l'opinion des plus accrédités de nos savants, c'est à ces noirs que revient l'honneur d'avoir ouvert la voie où devaient courir leurs successeurs[49].

Franchissant la triple et presque inexpugnable barrière des montagnes de Salomon, transportons-nous de l'occident à l'orient, entrons dans cette Inde où le plus noble rameau de la race privilégiée des Aryas fit sa première apparition sur l'arène historique. À leur arrivée dans le Chapta Gaudava, le Pandjab actuel, les Aryo-Hindous y trouvèrent déjà une civilisation plus avancée que la leur. M. Emile Burnoul[50] en voit la preuve dans la prière que les chantres védiques adressent sans cesse à leurs divinités, de remettre dans leurs propres mains les biens des Dacyas, leurs vaches, leurs chevaux, leur or, leurs parures, et de donner leurs terres à l'Arya.

Toutes ces bonnes choses convoitées par les poètes védiques, n'étaient point — les recherches modernes nous portent à le croire — le fruit des travaux des Dacyas jaunes, des envahisseurs touraniens qui les avaient précédés sur les rives de l'Indus ; elles appartenaient à une population indigène, très bien distinguée de ceux-ci dans les poèmes épiques, mais que le Ramayana confond avec les singes. Ces indigènes dravidiens avaient la peau noire[51], et, d'après une étude récente de M. Julius Lippert[52], seraient simplement un rameau de cette même race kouchite, déjà rencontrée en Égypte et en Mésopotamie, et qui ne se différencierait des nègres que par sa chevelure moins laineuse et moins crépue : cette diminution de l'*ulotrichie* suffirait-elle pour séparer les Kouchites des nègres proprement dits et pour les classer sous la rubrique moins « réprouvée », mais plus indécise, de « négroïdes » ?

Du reste, pour se représenter le type nègre comme celui d'une famille bien définie du genre humain, il faut n'avoir pas vu de près les populations de l'Afrique. Tous ceux qui ont étudié « sur le vif » l'ethnologie du Continent noir, Livingstone, Stanley. W. Reade, Werner Munzinger, Ad. Rastian, Rob. Hartmann, Casalis, G. Fritsch, etc., s'accordent à reconnaître l'impossibilité absolue de tracer une limite précise entre les nègres et les non-nègres. G. Fritsch, notamment, dans son ingénieux projet d'une classification nouvelle de l'humanité[53], envisage les *Méditérannéens*, les Mongols et les Nigritiens, c'est-à-dire les *blancs,* les *jaunes* et les *noirs* du Dr

Léon Metchnikoff

Letourneau, comme des variétés issues d'une souche commune qu'il appelle *Homo primitivus migratorius,* par opposition à l'*Homo primitivus sedentarius,* l'ancêtre présumé des populations australiennes et océaniennes, des Papouas, Dravidas, Aïnos, Khoïn-Khoïn ou Hottentots. Or, puisque la faculté de migration, qui suppose une élasticité organique et une facilité d'adaptation aux divers milieux, constitue un avantage réel de « l'homme migrateur » sur « l'homme sédentaire », les nègres, les « réprouvés » du Dr Letourneau se trouvent subitement portés par M. G. Fritsch, c'est-à-dire par le connaisseur le plus accrédité du monde cafre ou bantou, au rang des « élus », d'un des groupes privilégiés de la famille humaine.

Malgré tout ce qui précède, admettons un instant que les diverses races soient, de par l'hérédité, douées d'aptitudes spécifiques nécessaires pour jouer un rôle déterminé dans l'histoire, à peu près comme le pavot, par exemple, est doué d'une vertu narcotique[54] ; comment pourrions-nous répondre aux questions suivantes ?

1° Pourquoi des groupes ethniques aussi étroitement congénères que les Kourdes et les Allemands, les Anglais et les Afghans, etc., faisant les uns et les autres partie du rameau aryen de la race blanche, ont-ils joué dans l'histoire des rôles si différents ?

2° Pourquoi, aux différentes périodes historiques, a-t-on vu d'intervertir la hiérarchie de race ? Aux temps, par exemple, où les Kouchites allumaient, dans la basse Chaldée et dans l'Inde septentrionale, le flambeau qui, de main en main, nous a été transmis a travers les siècles, les sociologistes-ethnographes de l'époque pouvaient, et à bon droit, branler la tête au sujet des populations à peau moins foncée et les condamner à l'abjection à perpétuité. Certes, elles ne possédaient point alors ce faisceau de facultés lentement et péniblement acquises dans la lutte pour vivre, puis transmises par l'hérédité ! D'après Hérodote[55], c'est bien à peu près, mais sous une forme plus polie, ce que les prêtres égyptiens disaient aux Hellènes, encore presque des troglodytes en dépit de leur peau blanche, tandis que, depuis trente ou quarante siècles, les négroïdes de la vallée du Nil vivaient au milieu d'une civilisation raffinée.

3° Pourquoi les destinées historiques d'un même groupe de

populations ont-elles si souvent varié, leurs caractères ethniques et anthropologiques restant sensiblement les mêmes ? les fellah de l'Égypte actuelle ont beau merveilleusement ressembler à leurs ancêtres des temps pharaoniques, ils ne pèsent plus comme les Retou, les Loudim dans la balance de l'histoire ; les Hellènes des ministères Delyannis ou Tricoupis n'occupent plus dans les annales de la civilisation leur place d'honneur du siècle de Périclès ; les rapports entre Italiotes et Germains, sous le prince de Bismarck et le roi Humbert, ne ressemblent guère à ce qu'ils étaient au temps de Tacite. Dégénérescence, nous dit-on ; mais ce n'est point en le désignant par un terme de convention que l'on explique un phénomène de l'histoire !

La biologie transformiste enseigne que l'hérédité n'a point empêché les descendants d'un couple de lémuriens de devenir singes, primates, ou hommes, suivant les conditions diverses des milieux ambiants auxquels ils s'adaptaient : il nous semblerait peu logique d'en déduire que cette même hérédité peut ou doit causer des abîmes, créer des barrières infranchissables entre les différents groupes du genre humain. Au contraire, si les prémisses sont vraies, les différences de race, loin de constituer la donnée première et invariable de l'histoire, ne sauraient être considérées que comme le produit de la préhistoire et de l'histoire, comme le fruit de l'adaptation aux différents milieux géographiques et sociaux[56]. On connaît les modifications importantes subies, en quelques générations, par les Anglo-Saxons et les nègres de Guinée aux États-Unis de l'Amérique. Un de nos plus consciencieux observateurs, M. Gl. Ouspensky, nous apprend, dans une série de lettres sur un voyage en Caucasie, publiées en 1887 par une revue de Moscou, que les dissidents religieux déportés depuis quelques dizaines d'années seulement, des plaines monotones de la Grande Russie dans les pays montagneux riverains de la mer Noire, s'y sont déjà métamorphosés au point de constituer un nouveau type ethnique et sociologique.

On a constaté si souvent des cas analogues, qu'il nous serait impossible de les énumérer en quelques lignes. L'exemple le plus saillant peut-être de ces transformations opérées par l'influence du milieu, nous le trouvons dans Livingstone, qui, parmi les Hollandaises du Transvaal, a vu des cas de cette *stéatopygie* que l'on

Léon Metchnikoff

accepte généralement comme caractéristique de la race Hottentote ou khoïn-khoïn. Pourtant la haine et le mépris des Boërs pour les naturels ne permettent point de supposer un résultat de métissage et de croisement.

Les intéressantes recherches faites depuis plusieurs années dans les prisons de Milan et de Turin par le Dr C. Lombroso, ont révélé l'existence, dans les grandes villes lombardes et piémontaises, d'une variété humaine qui, par ses caractères anthropologiques, s'écarte notablement du type normal des populations du Nord de l'Italie. Il se rapproche, au contraire, de la race jaune ou touranienne par la nuance bistrée de la peau, par une abondante chevelure lisse, dure et noire, par le strabisme, par la proéminence et la largeur des pommettes, par une diminution remarquable des différences secondaires entre les sexes[57]... Le savant docteur italien me semble avoir méconnu la grande portée scientifique de ces études en leur imprimant une direction purement criminologique, et en appliquant à ces représentants dégénérés de l'humanité la dénomination assez malheureuse d'*hommes criminels*. Pour expliquer la présence de ce type barbare au milieu des plus opulentes cités de la moderne Italie, le Dr Lombroso a eu recours à une hypothèse des moins vraisemblables : Les habitués des prisons de Milan et de Turin se recruteraient surtout parmi les restes de quelque mystérieuse population aborigène qui, par l'effet d'un atavisme merveilleux, se seraient conservés jusqu'à ce jour à travers toutes les vicissitudes, les croisements, les émigrations. Pourtant ce fait seul que, de l'avis de l'auteur lui-même, les représentants de ce type dégradé sont incomparablement plus nombreux dans les grandes villes que dans les campagnes isolées, suffirait à rendre inadmissible cette théorie atavistique. Plusieurs écrivains ont affirmé, et un illustre naturaliste anglais a démontré récemment[58], que le milieu ambiant auquel sont forcées de s'adapter les classes indigentes dans toutes les grandes et riches cités européennes, est bien moins favorable à l'évolution anthropologique que les conditions de la vie des sauvages de l'archipel Malais ou de tout autre pays barbare. *L'homme criminel* du Dr C. Lombroso nous présenterait donc l'instructif exemple d'une race dégradée créée directement par un milieu dégradant ; et, puisque le développement du paupérisme dans les villes lombardes et piémontaises date tout au plus du commencement du siècle actuel, pas n'est besoin de l'action accumulée de périodes géologiques pour provoquer, dans l'organisation anatomique et physique de l'homme, des modifications importantes et du plus haut intérêt au point de vue de l'histoire et de la sociologie.

Cette race réprouvée, produit endémique de la misère de nos grandes villes, n'est malheureusement pas limitée à l'Italie : on en constate l'existence partout ou se retrouve un milieu favorable à son éclosion. De nombreux travaux de statistique criminelle et de psychiatrie sociale, dont quelques-uns, ceux de Moreau Christoffe[59] en France, par exemple, ou du Dr Maudsley en Angleterre[60] sont antérieurs à l'ouvrage de Lombroso, dévoilent la présence de l' « homme criminel » dans toutes les capitales du monde civilisé[61]. Nous regrettons que les savants auteurs de cette découverte importante, exclusivement absorbés par leurs préoccupations, psychiatriques chez Maudsley, criminologiques chez Lombroso et ses collaborateurs, n'en profitent guère pour étudier sur le vif la création d'une variété anthropologique par un milieu très caractérisé. Quelques-uns d'entre eux, il est vrai, ont à l'occasion montré la part qui, dans cette dégénérescence du type normal, revient à quelques agents spécifiques, tels que, par exemple, l'air vicié des habitations, la nourriture insuffisante et malsaine[62]. Mais, en renchérissant outre mesure sur ce fait que le crime, la perversion du sens moral, la dégradation générale du type constituant un triste legs qui, dans certaines familles, se transmet de génération en génération, ces savants semblent rapporter la cause déterminante de cette dégénérescence, non point aux conditions défavorables du milieu, mais à la seule hérédité. Pour nous, l'hérédité, ici ou partout ailleurs, intervient comme un facteur important, sans nul doute, mais de nature secondaire : elle ne fait que perpétuer l'action défavorable du milieu sur une série de générations consécutives, en consolidant, au moyen de la transmission héréditaire, les caractères acquis par un ancêtre éloigné.

A. de Candolle et le Dr P. Jacoby ont publié naguère, mais dans un autre ordre d'idées, des travaux importants sur l'hérédité dans ses rapports naturels avec la sélection chez l'homme. Malgré ma profonde estime pour la science et le talent de leurs auteurs, je

Léon Metchnikoff

dois cependant signaler le peu de méthode scientifique qui préside aux recherches relatives à cette grave question : chaque fois que l'on voit un caractère ou un ensemble de caractères transmis de père en fils pendant quelques générations, on conclut à l'hérédité ; mais il arrive le plus souvent que le fils, placé dans les conditions sociales, locales et autres ou se trouvait déjà son père, aurait pu, tout aussi bien, acquérir ce caractère par l'influence directe du milieu. Le fils d'un savant embrasse une carrière scientifique ; le fils de son cocher reste cocher ; le fils d'un voleur condamné se laisse renfermer pour vol. *Il se peut* que chacun des trois ait reçu de ses parents quelque aptitude spécifique ; mais, de par leur naissance seule, ils se trouvaient placés dans des conditions où le milieu surtout déterminait leur destinée. Ce n'est certainement pas ce procédé qui permettra un jour de faire le bilan exact de l'hérédité et de l'adaptation, de la race et du milieu.

Comme nouvel exemple de la création d'une race, c'est-à-dire d'un type anthropologique formé par le milieu et perpétue par l'hérédité, nous citerons le crétinisme, endémique, on le sait, dans certaines vallées de montagnes, en Savoie et en Suisse aussi bien qu'au Caucase, dans les Andes colombiennes et les Alpes du Sze-tchouen. Ici, nous sommes en présence d'un de ces cas extrêmes où l'action anthropoplastique du milieu devient, pour ainsi dire, appréciable à l'œil nu : l'exception est toujours plus facile à saisir que la règle ; en raison même de sa permanence et de sa monotonie, le fait normal échappe souvent à notre attention. On peut citer aussi les *types professionnels,* c'est-à-dire les empreintes caractéristiques et indélébiles que laisse sur l'homme l'exercice prolongé de certains métiers. Tandis que, de l'avis des savants les plus compétents, les signes auxquels un anthropologiste reconnaît les diverses races sont indécis et confus, un observateur attentif parvient, en tous pays et dans les conditions géographiques les plus diverses, à discerner les habitués de certaines professions, forgerons, agriculteurs, pêcheurs et mariniers, soldats, prêtres, hommes de loi, savants. Or, puisque l'exercice continu d'occupations déterminées marque des individus de provenance absolument hétérogène d'un cachet uniforme, plus apparent que les caractères essentiels de race, à plus forte raison toutes ces influences intimes et complexes comprises sous la dénomination de milieu, doivent-elles posséder une puissance transformatrice suffisante pour expliquer toutes les variations morbides ou anormales du type humain. L'hérédité, en somme, est un puissant agent, avec le concours duquel l'adaptation façonne les variétés humaines, mais qui ne parvient jamais à émanciper la race de l'influence décisive du milieu.

Léon Metchnikoff

CHAPITRE V : LE MILIEU

Variations physiques de l'épiderme terrestre. — Discussion de
l'hypothèse d'Adolphe d'Assier sur les rapports entre la naissance de
la civilisation et la période glaciaire. — Précession des équinoxes. —
Importance exagérée attribuée aux influences thermiques. — Valeur
changeant des milieux.

L'histoire se déplace continuellement. L'Europe, maintenant la
première à ouvrir la route au progrès, était encore plongée dans les
ténèbres que, depuis de longs siècles, la civilisation brillait d'un vif
éclat sur quelque autre partie du globe, vide et désolée aujourd'hui.
En Égypte, en Asie, combien de villes inscrites pour l'éternité dans
les annales du monde, mais dont il ne survit guère plus que le nom
et quelquefois un *tell,* un cairn, un dolmen, un modeste tombeau,
un amas informe de ruines ensevelies sous le sable du désert : le
nomade les foule aux pieds, non moins insoucieux des grandeurs
déchues que le troupeau ruminant sous sa garde.

Souvent cette décadence historique peut se rattacher à des
modifications géologiques et climatiques du milieu ; pas plus
que les destinées des peuples, les différentes régions de notre
planète ne restent immuables sous la marche pesante des siècles :
l'épiderme terrestre n'a donc pu se maintenir sans altération à
travers les âges. Du golfe Latmique, par exemple, il ne demeure
qu'un lac[63] insignifiant, entouré de marais pestilentiels, et sans
communication avec la mer : le reste a été comblé par les alluvions
du Méandre, probablement aidées d'un exhaussement du sol.
Milet, qui lui devait sa grandeur, Milet, la glorieuse capitale de la
fédération ionienne, est réduite aujourd'hui au misérable hameau
de Palatia.

Si pourtant les modernes habitants de Milet étaient encore animés
de cet esprit qui, jadis, créa leur Thalès et leur Anaximandre, ils
auraient, d'abord, opposé aux commotions lentes, mais irrésistibles
du sol, cette même énergie que leurs prédécesseurs déployèrent
contre Alexandre ; vaincus dans cette lutte, il leur serait resté la
ressource de transporter ailleurs leurs pénates et leur gloire : les
golfes à courbe heureusement dessinée ne manquent pas dans le

voisinage ; mais le « pouls de l'histoire » avait cessé de battre dans cette artère avant que l'eussent comblée les boues de l'Akistchaï. Ostie, l'antique port de Rome, était, déjà sous Auguste, repoussée dans les terres par les apports du Tibre, mais la grandeur de la cité éternelle n'en subit point d'atteinte, et les césars creusèrent des havres au nord et au sud du nouvel estuaire.

N° 2. — Golfe Latmique.

Des changements physiques bien plus considérables ont été constatés dans les pays historiques situés à l'orient de la Méditerranée. On croit, d'après certains indices, que le sol de l'Arabie Pétrée était autrefois moins aride, moins rebelle et toute culture. Plusieurs de ses *ouadi,* maintenant des fleuves sans eau, notamment les gorges entre l'Ouadi-Feiran et l'Ouadi-ech-Cheïkh[64], sont couverts d'acacias et de tamaris, montrant que, depuis nombre d'années, le flot de la saison des crues atteint à peine deux mètres de hauteur, et, cependant, leurs falaises bordières portent des traces non douteuses d'érosion à une époque dont les traditions locales n'ont pas conservé le souvenir ; il devait donc dépasser quinze mètres. Puisque ni cette contrée, ni la presqu'île de Sinaï, sa voisine, ne furent jamais revêtues de forêts, du moins sur une vaste étendue, on ne saurait attribuer à la destruction des bois le desséchement manifeste de leurs rivières. Ce changement cosmique, si important, n'est pas limité, d'ailleurs, à la péninsule Arabique. Il y a déjà quelques années, M. Renan, pour expliquer la décadence de la Palestine, eut recours à l'hypothèse que le climat est devenu plus torride depuis le temps de Jésus et de Ponce-Pilate. M. Élisée Reclus a repris cette intéressante question de météorologie historique[65]. « Assurément, dit-il, la température est à peu près restée la même, puisque la limite septentrionale de la zone où mûrissent les dattiers et la limite méridionale des vignes coïncident encore sur les bords du Jourdain ; dans le Ghor, une température de 21° à 21° 1/2 s'est donc maintenue depuis vingt-cinq siècles. Toutefois, dans un pays dont le relief est si accidenté, il se peut que les limites des aires végétales se soient légèrement déplacées en hauteur sans que les annales permettent de le constater ; or, il suffit du plus léger écart d'altitude pour amener un changement, puisque 200 mètres d'élévation correspondent à un degré en latitude. Autrefois, aussi bien que dans ce siècle, les eaux pluviales étaient fréquemment insuffisantes pour les cultures ; la construction d'aqueducs et de citernes pour l'alimentation des villes et l'irrigation des campagnes était le plus indispensable des travaux publics ; les prières se faisaient à la même époque pour implorer la pluie : en octobre, où tombent ordinairement les premières averses, et en avril, où l'on s'attend aux pluies de printemps ; mais si désireux que fussent les habitants de voir des pluies abondantes féconder leurs cultures, l'aspect même du pays semble prouver que ces contrées « découlant de lait et de miel » avaient jadis un climat plus humide. Les auteurs s'accordent à dire que la Palestine était couverte de forêts sur une grande partie de son étendue : maintenant elles ont entièrement disparu, si ce n'est dans le voisinage de la mer et sur quelques pentes bien exposées aux souffles humides : les seuls débris qu'on en retrouve ailleurs sont des racines que les indigènes retirent pour en faire du charbon ou du bois de chauffage. Les cultures s'étendaient autrefois bien au delà des limites actuelles ; jusqu'en plein désert, où l'eau nécessaire à l'irrigation manque aujourd'hui, on voit les traces d'anciennes plantations. La Palestine entière, actuellement si aride et si pierreuse dans toute la région méridionale, était couverte de végétation : les montagnes étaient façonnées en terrasses, semblables à celles de la Provence et de la Ligurie ; de Dan à Béer-Sebah, même dans la péninsule de Sinaï, on voit, sur

CHAPITRE V : LE MILIEU

tout le pourtour des collines, les ruines des murs qui soutenaient la terre des vignobles. Du moins, si la Syrie et la Palestine ont changé de climat, si l'atmosphère y est, comme dans toute l'Asie antérieure, devenue moins humide, la salubrité générale s'y est maintenue ; les terrains en pente facilitent l'écoulement des eaux et les marais sont peu étendus. »

Une étude attentive des conditions physiques actuelles de diverses parties de l'Asie Mineure et de la Mésopotamie surtout, nous porte aussi à conclure au dessèchement du terrain ; pourtant, dans son état présent de dégradation, cette région glorieuse de l'Euphrate « où fut pétri le premier pain[66] », n'en mérite pas moins son ancien surnom de « pays des céréales » : elle est encore plus fertile que mainte contrée prospère de l'Europe et de l'Amérique du Nord, et pourrait nourrir une population autrement nombreuse que le misérable résidu des anciens compagnons des Khalifes. D'ailleurs il est vrai que, dans la dégradation du sol, une part peut revenir à un régime social fâcheux, mais cette part ne saurait être invoquée comme une cause naturelle de la déchéance historique des nations, puisqu'elle est, au contraire, un produit de cette déchéance même.

Le phénomène de l'assèchement progressif de l'air et du sol de ces régions, territoires historiques de l'Asie par excellence, fait naturellement soupçonner une cause physique, puissante et générale, mais qui nous est encore inconnue, il n'est peut-être pas sans rapport avec la disparition constante et rapide des derniers restes du grand Océan tertiaire, dont les îlots s'étendaient autrefois entre l'Asie et l'Europe, et que rappellent seulement les bassins fermés de la mer d'Aral, de la Caspienne, du Balkach, et autres lacs ou mers intérieures de l'Asie centrale[67].

Ces exemples suffisent à mettre en évidence le très vif intérêt, au point de vue historique et sociologique, de ces recherches sur la géologie dynamique et sur les variations de climat qui en dépendent. La seule tentative faite, à ma connaissance, pour rattacher synthétiquement les origines de la civilisation à l'histoire physique et cosmique de notre planète, est celle de M. Adolphe d'Assier ; à lui revient l'honneur d'avoir, le premier, abordé cette question importante avec la méthode rigoureuse et précise que lui rendait familière son érudition cosmique et historique : « Pourquoi, se demande-t-il, certains peuples d'Orient se sont-ils révélés depuis cent cinquante siècles (?), tandis que, il y a à peine sept ou huit mille ans, les races européennes n'étaient représentées que par des troglodytes[68] » ? C'est dans la théorie des périodes glaciaires que l'ingénieux auteur croit trouver la clef du problème :

« Privée de hautes montagnes, et touchant, par son extrémité méridionale, au tropique du Cancer, l'Égypte a été toujours à l'abri des phénomènes glaciaires. On peut en dire autant des vastes chaînes qui découpent les plaines de l'Asie, depuis les côtes de la Méditerranée jusqu'à celles de la Chine. Il en est tout autrement de l'Europe : située loin des tropiques et confinant aux mers boréales, elle est en quelque sorte la terre classique des grandes périodes de froid. Le vaste manteau de neige, qui recouvrait alors la plus grande partie de sa surface, arrêtait le développement de notre espèce. Ce n'est, en effet, qu'après le retrait des derniers glaciers, qu'on rencontre dans les lacs, les grottes et les tourbières, les premiers vestiges des populations préhistoriques. Aux époques antérieures, on ne trouve que quelques fragments d'ossements humains, et ces débris deviennent de plus en plus rares, à mesure qu'on approche de la base des terrains quaternaires. »

Ainsi, d'après M. d'Assier, ce fut l'excessive rigueur des grands hivers de l'hémisphère boréal qui obligea les populations des hauts plateaux de l'Asie à émigrer vers le littoral méridional de la Méditerranée, du golfe Persique, de la mer des Indes, dont le climat devait alors être similaire à celui des contrées les plus heureuses de l'époque présente. Elles s'épanouirent dans ce milieu favorable ; elles y prospérèrent tant que la température en était rafraîchie par le voisinage des glaciers ; peu à peu, cette influence réfrigérante s'atténuant par le retrait des glaces, et le climat redevenant de plus en pius tropical, leur énergie cérébrale s'affaiblit, leurs civilisations tombèrent en ruine pour céder enfin la place à la civilisation européenne. Depuis la période diluvienne, notre climat, en effet, s'était notablement adouci, tout en restant abrité contre l'envahissement de l'énervante chaleur des tropiques[69]. Mais si notre Europe se trouve ainsi relativement protégée contre l'action anticivilisatrice des hautes températures, elle sera, par cela même, la première exposée à un plus grand danger — le refroidissement progressif de l'hémisphère boréal — quand la prochaine période glaciaire refoulera de nouveau, vers la

CHAPITRE V : LE MILIEU

zone torride, le courant principal de l'histoire. L'auteur, toutefois, nous laisse une consolation : l'homme des siècles futurs, mieux outillé par la science moderne contre les influences désastreuses de la nature, saura, bien autrement que ses ancêtres, résister aux épreuves que lui prépare l'avenir.

Cette théorie est fort attrayante, comme du reste toutes celles qui cherchent à réunir les *membra disjecta* de la science en un corps unique et vivant, et à relier l'histoire politique et morale du genre humain aux vicissitudes physiques du monde solaire en général, et de notre planète en particulier. Ici, malheureusement, cette alliance se tente sur un terrain où tout est encore hypothétique : âge de 15 000 ans attribué par M. d'Assier à la civilisation égyptienne, tandis que la plus hardie des supputations chronologiques n'arrive pas à la moitié de ce chiffre[70], causes présumées de ces époques glaciaires dont on ne saurait décidément affirmer le caractère cosmique, extra-terrestre, enfin l'influence meurtrière exercée, assure-t-on, par une différence de quelques degrés dans les températures moyennes annuelles sur des civilisations qu'on voit pourtant prospérer sous des lignes isothermes très éloignées, de Calcutta à Moscou, d'Alger à Édimbourg et à Stockholm.

Plusieurs savants attribuent l'extension considérable des glaciers sur l'Europe, lors des premiers temps quaternaires, à des causes plus ou moins locales : l'altitude très supérieure que devaient avoir les montagnes ; peut-être aussi un exhaussement du sol ; l'humidité apportée par les vents orientaux après leur passage au-dessus de l'énorme nappe des grands lacs de l'Asie centrale, plus vastes alors, et au-dessus de la Caspienne réunie à la mer Noire ; l'absence enfin de ce vent sec et chaud, le *föhn* de la Suisse allemande, qui vient du sud et se signale par sa propriété de « manger » la neige et la glace, comme disent les montagnards ; avant le dessèchement de la mer saharienne, il serait arrivé, au contraire, tout saturé de vapeurs et, par conséquent, sans action dévorante sur les glaciers.

Passons maintenant aux causes astronomiques qui exercent une influence « alternante » sur la température des hémisphères terrestres, en abrégeant ou en allongeant les hivers au sud ou au nord de l'équateur. En s'appuyant sur les calculs de J. Croll, de Stone et de Moore, Ch. Lyell[71] nous apprend que l'une de ces causes, la variation de l'excentricité de l'orbite terrestre, n'oscille entre le maximum et le minimum qu'une seule fois en 850 000 ans, chiffre tellement hors de proportion avec toutes les vicissitudes et péripéties de l'histoire, que, d'ores et déjà, nous pouvons considérer ce phénomène comme éliminé.

Il n'en est pas de même de la précession des équinoxes, qui, diversement modifiée par d'autres déplacements, accomplit en 210 siècles le tour entier du cercle zodiacal, et à laquelle le mathématicien Adhémar a voulu directement rapporter la genèse des périodes glaciaires.

On sait que la terre passait à son périhélie au solstice de décembre de l'an 1248 de l'ère chrétienne. Cette année se présente donc comme une date critique de l'histoire de notre planète, date qui pourrait ne pas être sans rapport avec la chronologie de nos plus anciennes civilisations. L'an 9252 avant Jésus-Christ aurait été le plus froid de l'hémisphère boréal tout entier ; puis, la température serait allée toujours en augmentant jusque vers le milieu du moyen âge, pour recommencer, en 1248, le mouvement en sens inverse qui, en 11.718, atteindra son point culminant. Les égyptologues les plus accrédités rapportent, nous l'avons vu, les origines de la monarchie pharaonique à 45, à 50 siècles tout au plus avant Jésus-Christ. L'écart entre les deux dates, 9252, l'année la plus froide de notre hémisphère, et 4500, l'arrivée de Ména ou Ménès à Memphis, est certainement considérable, mais près de cinq mille ans devaient se suivre jusqu'au périhélie. De longs siècles ont dû s'écouler, occupés par ces migrations qui, les unes après les autres, amenaient les populations des pays glacés dans les régions alors tempérées de l'Afrique nord-orientale ; et, à leur première apparition dans l'histoire monumentale et documentale de l'humanité, les Égyptiens possédaient une culture remarquablement avancée, fruit du travail de bien des générations[72]. Admirablement adaptés déjà au milieu nilotique, ils avaient même découvert ce *chadouf* bien autrement important pour eux que les pyramides de Memphis et les temples de Thèbes, et dont les fellah se servent encore pour distribuer l'eau du fleuve dans les campagnes.

La date probable de l'origine des civilisations chaldéennes est encore plus difficile à fixer. Jadis, on les croyait toutes plus jeunes que la monarchie memphitique, mais les progrès de l'assyriologie moderne ont mis au jour des vestiges qui ne sont certes pas postérieurs à l'an 3000 avant Jésus-Christ[73]. La science est loin d'avoir dit son dernier mot à cet égard, et, sans choquer la vraisemblance, on peut considérer les premières civilisations historiques de la basse Chaldée comme contemporaines de celle de l'Égypte. Seulement, et voici l'histoire en contradiction avec la théorie de M. d'Assier, à mesure que notre hémisphère se réchauffe et que s'épuise l'action réfrigérante des glaciers, la monarchie babylonienne, depuis Salmanassar et Nabuchodonosor, prend son élan vers les latitudes tropicales, le golfe Persique, et, plus tard, l'océan Indien. La période brillante du Khalifat, cette phase dernière de l'histoire de la Mésopotamie, pendant laquelle eurent lieu la conquête de l'Afrique équatoriale, celle de l'Hindoustan, et l'extension de l'influence musulmane jusqu'aux mers de la Chine, se rapproche singulièrement de ce milieu du XIIIe siècle, qui aurait dû lui être funeste, comme période du plus grand froid de l'hémisphère du nord.

Il y a plus : si l'éclosion et la marche progressive ou régressive des civilisations étaient régies par une loi cosmique, on retrouverait partout, dans l'Ancien Monde, un synchronisme que la science ne constate pas, mais nous permet de supposer entre les histoires primitives de l'Afrique et de la Chaldée. Sans parler des côtes de Malabar et de Coromandel, le Pandjab, aussi bien que la vallée du Nil, est protégé contre l'action des périodes glaciaires et, bien plus que l'Égypte, menacé par les envahissements de la chaleur tropicale. Pourtant, je ne crois pas qu'un seul de nos indianistes sérieux admette, pour la civilisation aryenne du pays des cinq fleuves, une origine antérieure à douze ou au plus quinze siècles avant Jésus-Christ. L'éveil de l'Inde à la vie historique aurait donc eu lieu moins de 8000 ans après l'année la plus chaude et plus de 3000 avant l'année la plus froide de l'hémisphère boréal. On pourrait répondre, il est vrai, que les Aryas de l'Hindoustan, proches parents de ces Iraniens qui vinrent, beaucoup plus tard, se mêler glorieusement aux destinées de la Mésopotamie, avaient fait un stage de plusieurs siècles dans la région bactrienne, antérieurement à leur apparition sur les bords de l'Indus. Mais alors, chose absolument incompatible avec la théorie thermique, tandis que, de par la précession des équinoxes, les années deviennent plus chaudes dans les zones du nord, la civilisation aryenne émigre de la Bactriane (isotherme actuel, 18°), vers les vallées indo-gangétiques (22°) ; plus tard, elle s'achemine vers le Dekkan (26°)[74] pour gagner, en dernier lieu, un de ces « enfers » de l'équateur thermique dont la température moyenne annuelle est aujourd'hui de 28°. On pourrait en dire presque autant de la civilisation chinoise dont, même si l'on adopte la chronologie confucienne[75], on ne saurait reporter la genèse à vingt siècles avant l'ère chrétienne, et qui n'a pas cessé de s'étendre vers le sud, des bords du Wei-ho et du fleuve Jaune (isotherme, 15°), à ceux du Yang-tzé-kiang (18°), pour franchir le tropique du Cancer à Canton et à Formose (22°).

Les lignes isothermes, nous l'avons vu plus haut, posent d'incontestables limites à ce que l'on peut appeler l'arène des civilisations historiques, mais ces limites sont assez larges et coïncident *grosso modo* avec les moyennes annuelles de + 4° au moins, et de + 20 ou 22° au plus. Quelle que soit leur importance locale, les cinq ou six villes populeuses qu'on trouverait à nommer au sud de cette frontière, Mexico, Kano, Madras, Bombay, Calcutta, jouent un rôle très subordonné dans les annales collectives de l'humanité. Or, toutes les variations cosmiques ou telluriques constatées par la science, en diverses régions de notre planète, oscillent entre des extrêmes beaucoup plus rapprochés. Une civilisation historique, surtout parvenue à un certain degré de maturité, n'est certes pas semblable à ces plantes délicates qu'un faible écart thermique stérilise ou fait périr. Les fils de la verte Érin, nés dans une île dont la température moyenne n'atteint pas 10°, prospèrent dans le district de S. Diego (los Angeles), sur les frontières du Mexique, bien mieux que dans la mère patrie, sous le joug du *landlord* anglais ; le Russe s'adapte facilement au milieu, aussi bien sous l'isotherme de + 12° que sous celui de — 12° ; de la Mantchourie au Pérou, le Hakka de la Chine transporte, sous les climats les plus divers, son esprit d'association, ses tablettes, sa physionomie, son odeur propre, mélange d'opium, de camphre et d'œufs pourris, sa pacifique mais indomptable énergie au travail, son talent de se faire aux plus modestes conditions matérielles de l'existence, joint à un épicuréisme qu'on pourrait qualifier de platonique, et à un goût latent pour les choses raffinées. Ces faits ne sauraient donc nous inspirer une confiance aveugle dans les savantes combinaisons cosmologiques que nous venons de passer

CHAPITRE V : LE MILIEU

en revue.

Ces hypothèses, pourtant, ont une utilité incontestable ; elles élargissent les horizons de la science et poussent à des recherches nouvelles. Bien avant M. d'Assier, et pour expliquer le rôle insignifiant joué par l'Europe continentale dans la période gréco-romaine ou classique, des savants distingués ont pensé que son climat devait être alors extrêmement humide et froid. Humholdt, Fraas[76], Gay-Lussac, Arago[77], Becquerel[78], Moreau de Jonnès, Dureau de la Malle, etc., en Europe ; Noah Webster, Torry Drake et autres, en Amérique, ont fait là-dessus de minutieuses études. La question n'est pas résolue sans appel et, s'il paraît démontré que de réelles variations climatiques ont eu lieu pendant le cours de l'histoire, elles ont été renfermées entre des limites assez étroites : rien ne nous autorise à admettre une disproportion si considérable entre cette cause physique et l'effet sociologique et historique qu'on veut bien lui attribuer.

Certes, en regard des rapides péripéties de l'histoire, les modifications du sol et de la climature s'accomplissent avec une imperturbable lenteur : « Aujourd'hui, comme aux temps de Pline et de Columelle, la jacinthe se plaît dans les Gaules, la pervenche en Illyrie, la marguerite sur les ruines de Numance ; et, pendant qu'autour d'elles les villes ont changé de maîtres et de nom, que plusieurs sont entrées dans le néant, que les civilisations se sont choquées et brisées, leurs paisibles générations ont traversé les âges et se sont succédé jusqu'à nous, fraîches et riantes comme au jour des batailles[79]. » Assez rares, à mon avis, sont les exemples de décadence historique qui puissent, sans parti pris, être attribués à une cause géologique évidente, incontestée, comme celle de Milet par suite du dessèchement du golfe Latmique, et, dans des temps plus modernes, celle de Pise, dont le port, comblé d'alluvions, ne pouvait plus lutter avec Venise et Gênes, ses puissantes rivales.

Bien souvent, je l'accorde, on a pu scientifiquement constater une dégradation géographique du milieu coïncidant avec sa décadence historique ; mais ici la première était simplement la conséquence de la seconde. L'exemple que d'ordinaire on nous cite n'est pas heureusement choisi. Les marais Pontins, en effet, existaient en partie au temps le plus prospère de la République ; certaines de leurs lagunes[80], dont le nom est mentionné par

Léon Metchnikoff

les anciens auteurs, ont été desséchées dans la suite des siècles. D'après J.-J. Ampère, les *maremme* du littoral étrusque avaient, dans l'antiquité, une étendue plus grande que de nos jours, car, dans leur état présent, Hannibal les eût traversées sans tant de fatigues. Un exemple mieux choisi est celui du royaume d'Orissa, autrefois un vrai paradis terrestre, et qui est maintenant presque entièrement revêtu de jungles ou parsemé de mares stagnantes empuantissant les airs : l'abandon des cultures en est l'unique cause. Même spectacle en Égypte sous la domination turque. — Et dans l'Europe même, ces *despoblados* de l'Aragon, qui viennent attrister l'œil du voyageur par leur contraste avec les charmants paysages de la Catalogne, bien moins favorisée, pourtant, quant au volume d'eau des torrents pyrénéens, ces despoblados ne sont point l'œuvre de la nature, mais de Philippe II et de l'Inquisition, des luttes sanglantes et des exterminations en masse qu'amenèrent la déchéance des *fueros* et de l'autonomie politique de ses habitants. De l'Espagne au littoral campanien, aux Calabres et à la Sicile, du Péloponnèse à l'Asie Mineure et à la Mésopotamie, de la Maurétanie à la Cyrénaique, au désert syrien, à la Palestine et au Chat-el-Arab, des traces manifestes d'une décadence physique du climat et du sol accompagnent sans doute la dégradation historique de tous ces pays, si glorieux autrefois ; mais la science parvient-elle toujours à dire laquelle de ces deux déchéances est la cause de l'autre ? Pourtant, la solution de ce grave problème ne serait pas sans importance pratique : « Si le monde des anciens pouvait être restauré dans sa splendeur première, écrit un penseur américain déjà cité[81], si l'art humain parvenait à reconquérir ces collines désolées, ces plaines désertes, sur la solitude ou sur la vie nomade, sur la dénudation, la déprédation et les miasmes délétères, s'il pouvait leur rendre la fertilité, la salubrité des temps passés, ces millions d'Européens qui vont peupler le Nouveau Monde et qui y portent encore tous les ans leurs forces vives et les capitaux accumulés, trouveraient amplement chez eux ce qu'ils vont chercher au-delà de l'Océan. »

Que nous embrassions à vol d'oiseau l'ensemble de ces régions où, à diverses époques, s'est déroulée la commune histoire du genre humain, ou que nous suivions à travers les âges les destinées d'un seul pays, nous voyons bientôt, abstraction faite des modifications

CHAPITRE V : LE MILIEU

physiques possibles, les accidents climatiques et géologiques prendre une valeur essentiellement variable d'après le temps où ils se manifestent : On sait combien puissante a été l'influence favorable du milieu sur les progrès des nations européennes ; leur supériorité n'est pas due, comme d'aucuns se l'imaginent orgueilleusement, à la vertu propre des races dont elles font partie, car, en d'autres régions de l'Ancien Monde, ces races ont été bien moins créatrices. Ce sont les heureuses conditions du sol, du climat, de la forme et de la situation du continent qui ont valu aux Européens l'honneur d'être arrivés les premiers à la connaissance de la Terre dans son ensemble et d'être restés longtemps à la tête de l'humanité... Toutefois, il ne faut pas oublier que la forme générale des continents et des mers et tous les traits particuliers de la Terre ont dans l'histoire de l'humanité une valeur essentiellement changeante, suivant l'état de culture auquel en sont arrivées les nations. Tel fleuve qui, pour une peuplade ignorante de la civilisation, était une barrière infranchissable, se transforme en chemin de commerce pour une tribu policée et, plus tard, sera peut-être changé en un simple canal d'irrigation, dont l'homme réglera la marche à son gré. Telle montagne, que parcouraient seulement les pâtres et les chasseurs et qui barrait le passage aux nations, attira dans une époque plus civilisée les mineurs et les industriels, puis cessa même d'être un obstacle, grâce aux chemins qui la traversent. Telle crique de la mer où se réunissaient les petites barques de nos ancêtres est délaissée maintenant, tandis que la profonde baie, jadis redoutée des navires et protégée désormais par un énorme brise-lames construit avec des fragments de montagnes, est devenu le refuge des grands vaisseaux... Ce changement graduel dans l'importance historique de la configuration des terres, tel est le fait capital qu'il faut bien garder en mémoire... En étudiant l'espace, il faut tenir compte d'un élément de même valeur, le temps[82]. »

Nous ne sommes donc point les défenseurs de ce « fatalisme géographique » qui prétend, à l'encontre des faits les mieux établis, qu'un ensemble donné de conditions physiques puisse ou doive jouer invariablement, partout et toujours, un rôle identique dans l'histoire. Non, il s'agit simplement de voir si la valeur historique, variable dans le cours des différents milieux géographiques, ainsi que d'éminents géographes l'ont bien démontré dans nombre de

Léon Metchnikoff

cas particuliers, est susceptible de quelque généralisation ; en d'autres termes, il nous faudrait trouver une formule synthétique permettant de saisir, sans se perdre dans les détails, ces rapports intimes qui rattachent à un milieu géographique déterminé chaque phase de l'évolution sociale, chaque période successive de l'histoire collective du genre humain.

CHAPITRE V : LE MILIEU

CHAPITRE VI : LES GRANDES DIVISIONS DE L'HISTOIRE

La loi des trois milieux : milieu fluvial ; origine de la civilisation sur le bas des grands fleuves, en Égypte, en Chalilée, dans l'Inde, en Chine. — Milieu méditerranéen. — Milieu océanique ou, pour mieux dire, universel.

On ignore dans quel milieu géographique est née la civilisation qui forme le *substratum* de l'histoire universelle. Par suite de leur orgueil enfantin et, aussi, d'une illusion d'optique facile à expliquer, les peuples anciens faisaient remonter leur origine aux commencements du monde. Mais les progrès récents des sciences anthropologiques et historiques ont fortement battu en brèche la tradition qui plaçait le berceau des grandes civilisations et de l'humanité même, entre le lac Balkach et les bouches du Tigre et de l'Euphrate, région limitée au hasard des découvertes archéologiques et des conceptions scientifiques nouvelles, et que certains savants élargissent ou restreignent suivant les besoins de leur cause.

Dans l'état actuel de nos connaissances, l'Égypte nous présente sans conteste les monuments les plus anciens de la Terre, — ce qui constitue une très forte présomption en sa faveur. Mais cette présomption n'est point une certitude, car la conservation des édifices est subordonnée à nombre de causes. Toutes les nations historiques de l'antiquité n'avaient pas à leur portée des matériaux également solides ; qu'étaient les briques et les tuiles de la Chaldée, les madriers de l'extrême Orient, en comparaison des pierres des Pyramides ? Tous les climats ne sont point conservateurs au même degré ; enfin, certaines civilisations, notamment celle de l'Inde avant les temps bouddhiques, ne construisaient pas ces édifices grandioses dont les ruines frappent d'admiration la postérité la plus reculée. Cette absence de monuments antérieurs au VIᵉ siècle avant Jésus-Christ n'empêche pourtant pas Th. Buckle d'affirmer, un peu légèrement, à mon avis, que les traditions des Hindous remontent plus loin que celles de tous les autres peuples d'Asie.

Il ne serait pas moins intéressant de savoir si toutes les anciennes civilisations historiques ont allumé leur flambeau à un commun

Léon Metchnikoff

foyer, ou si elles sont nées spontanément et séparément dans des milieux isolés. Il parait certain qu'entre l'Égypte et l'Asie sud-occidentale ont existé des rapports préhistoriques, mais la nature et l'importance en sont encore à déterminer[83]. Quant aux relations anciennes de ce groupe avec l'Inde et la Chine, elles n'ont jamais été démontrées d'une façon satisfaisante. Il y a, du reste, entre les civilisations occidentales et celles du monde oriental, un défaut de synchronisme, un hiatus de dix ou quinze siècles au moins qui s'accorderait mal avec l'hypothèse de leur commune origine. On parle cependant de Kouchites navigateurs à peau noire, dont le domaine, aux temps antérieurs à l'histoire, s'étendait des parages éthiopiens aux côtes de l'Hindoustan[84], et on leur attribue la première impulsion donnée aux anciennes civilisations chaldéennes, dans la partie méridionale de la région ; d'autres sont disposés à rapporter les plus anciens triomphes sur la barbarie à la grande race continentale asiatique dite mongole ou touranienne[85], à laquelle se rattachent aussi les *Cent familles*, ce peuple sans nom venu de l'ouest sur les bords du Hoang-ho, et à qui la Chine doit la genèse de sa civilisation. On a dit, en outre, que les hiéroglyphes de l'Égypte et l'écriture chinoise sont issus d'une souche commune, mais les preuves citées à l'appui ne me semblent pas concluantes : la ressemblance, voire l'identité de certains signes, tels que |–, ciel, plafond ; _|_/, montagne, élever, supériorité ; Θ, soleil, lumière, jour, etc., s'expliquent suffisamment. De même lorsque nous voyons, par exemple, l'arbre figurer dans les hiéroglyphes sous la forme du cyprès et, dans l'idéographie de l'extrême Orient, sous une forme copiée évidemment de quelque grand végétal à feuilles caduques, ou bien lorsque l'idée de l'« autorité » est exprimée sur les bords du Nil par un homme tenant à la main un fouet, probablement le classique *kourbatch* en cuir d'hippopotame, tandis qu'en Chine, cet être symbolique est armé d'un bâton de bambou, nous sommes autorisés à conclure que les Égyptiens, pas plus que les Chinois, ne reproduisaient un signe conventionnel emprunté à une écriture plus ancienne et restée inconnue : ils s'inspiraient, simplement et spontanément, de ce qui existait autour d'eux. Nous ne connaissons pas, à vrai dire, les caractères d'écriture de la Chine ancienne sous leur forme primitive de simples images, mais, parmi les signes les moins altérée, nous pourrions facilement choisir nombre de cas

CHAPITRE VI : LES GRANDES DIVISIONS DE L'HISTOIRE

analogues.

Plus récemment encore, le savant sinologue hollandais M. Schlegel, dans un remarquable ouvrage sur l'*Uranographie des anciens Chinois,* s'étudie à montrer que les astronomes de l'extrême Orient ont puisé leurs premières notions à l'école où se formèrent aussi les anciens mages de la Chaldée. Si des faits de cette nature s'établissent d'une manière certaine, si l'on trouve le moyen d'expliquer ou de mettre à néant le défaut de synchronisme, il sera beaucoup moins difficile d'admettre, dans la plus haute antiquité et dans quelque région centrale de l'Asie, l'existence d'un foyer de civilisation ayant rayonné à l'ouest jusqu'à la frontière libyque, et à l'est jusqu'aux mers de la Chine.

La légende la plus archaïque des Chinois concernant leurs rapports avec les peuples occidentaux, est celle de Mou-Vang, le roi ou prince Mou, allant, monté sur un coursier rapide, visiter la Mère[86] des rois de l'Occident, sur les monts Kouen-loun. La chronologie officielle et si peu admissible du Céleste Empire assigne à ce voyage plus ou moins fabuleux une date assez modeste, d'environ mille années avant l'ère chrétienne[87], époque à laquelle des civilisations vingt et trente fois séculaires florissaient déjà en Asie et en Afrique, dans des pays voisins de la Méditerranée.

Les communications de l'Inde avec l'Asie occidentale sont encore plus modernes et ne peuvent être suivies plus haut que la première invasion de Salmanassar[88], au commencement du VIIIe siècle avant l'ère chrétienne : à partir de cette époque seulement, on trouve sur les monuments assyro-babyloniens des figures d'éléphants, de rhinocéros, animaux inconnus en Égypte et en Mésopotamie, mais caractéristiques de l'Hindoustan.

Si maintenant, laissant de côté cette obscure question des origines, nous considérons le vaste ensemble de l'histoire universelle depuis le siècle de Ménès, le fondateur présumé du premier empire égyptien, il nous sera facile d'y distinguer trois périodes consécutives ayant eu chacune pour théâtre son milieu géographique propre et nettement caractérisé.

Les quatre grandes civilisations de la haute antiquité se sont toutes épanouies dans les régions fluviales. Le Hoang-ho et le Yangtze-kiang arrosent le domaine primitif de la civilisation chinoise ;

l'Inde védique ne s'est point écartée des bassins de l'Indus et du Gange ; les monarchies assyro-babyloniennes se sont étendues sur la vaste contrée dont la Tigre et l'Euphrate forment les deux artères vitales ; l'Égypte enfin, comme le disait déjà Hérodote, est « un don », un présent, une création du Nil.

Un chercheur d'analogies pourrait nous faire observer que les grands fleuves historiques sont représentés, en Asie, par des couples binaires[89] ; dans l'Inde, chaque couple, à son tour, se dédouble ; l'Indus semble complété par le Satledj, et le Gange par la Djamna ; tandis que le Brahmapoutra, qui déverse aussi ses eaux dans le vaste réservoir gangétique, est resté jusqu'à ce jour en dehors de l'histoire. En Afrique, ce dualisme, s'il existe, est bien moins apparent ; on peut, à vrai dire, regarder le Nil comme composé de deux branches maîtresses, le Bahr-el-Abiad ou fleuve Blanc, et le Bahr-el-Azrek ou fleuve Bleu, mais elles se réunissent à la « Trompe de l'Éléphant » près de Khartoum, et la vallée historique du Nil s'arrêtait bien au nord de cette limite. Quand, sur la foi des historiens classiques, on croyait la civilisation égyptienne originaire de l'Éthiopie, et le premier fondateur de l'empire des pharaons un homme de la contrée de Méroé, on pouvait encore reconstituer ce dualisme des fleuves historiques sur le territoire africain, en associant au grand Nil, non pas le Nil Bleu, mais l'Atbara, qui se mêle au fleuve principal entre la cinquième et la sixième cataractes, à 18° environ de latitude boréale et à 35' en aval de Meroé. Brugsch-bey et G. Maspero balayent toutes ces légendes ; pour eux la civilisation, au lieu de suivre le courant du fleuve, l'a toujours remonté[90], et, dans sa marche triomphale vers le sud, fut longtemps arrêtée à Syène (Assouan), au-dessous de la première cataracte : la Méroé historique ne serait qu'une colonie égyptienne relativement moderne. Quant aux déplacements de la capitale des pharaons, de Memphis à Thèbes, et de Thèbes à Saïs, ils n'ont, vu leur peu d'amplitude, qu'une importance géographique secondaire.

Sous le rapport qui nous occupe en ce moment, la situation de Memphis, la première capitale historique de l'Égypte, à la pointe même du Delta, est des plus remarquables et fait encore mieux ressortir le caractère essentiellement fluvial, nilotique, de la civilisation égyptienne. Né à quelques lieues seulement de

CHAPITRE VI : LES GRANDES DIVISIONS DE L'HISTOIRE

la Méditerranée, c'est-à-dire d'un de ces milieux géographiques dont Karl Ritter, le premier, a démontré les merveilleux avantages, l'empire des pharaons, au lieu de s'y élancer vigoureusement, lui tourne le dos et se dirige vers la Thébaïde. Il ne revient prendre pied dans le Delta qu'en pleine décadence ; même, suivant M. Maspero, ce transfert de la capitale à Saïs — sous la xxiᵉ dynastie — a certainement accéléré le travail de décomposition. D'ailleurs, bien avant le début de l'époque saïte, le temps était passé de ce qu'on pourrait nommer les premières sédimentations historiques. Pour le savant auteur que nous venons de citer, le contre-coup de l'invasion des pasteurs nomades Hycsos ou Hiq-chous[91], qui jeta les Égyptiens sur l'Asie antérieure, fut l'inauguration de l'histoire universelle, et la clôture de la période des civilisations isolées[92], période que nous appelons celle des formations primaires dans un milieu fluvial.

Il n'est point difficile de saisir les causes qui, pendant de longs siècles, éloignèrent des bords de la Méditerranée les constructeurs des Pyramides. Quelque genèse qu'on leur attribue, les Égyptiens civilisés étaient, dès le début de leur histoire, un peuple par excellence continentale et agriculteur. Avant la régularisation du courant nilotique par des travaux de terrassement, le Delta ne formait qu'un dédale confus d'alluvions boueuses et de marais pestilentiels ; on a dû l'organiser avant de le coloniser. L'admirable situation de la Méditerranée entre trois continents ne pouvait encore constituer un avantage réel : l'Europe, l'Afrique, l'Asie, à l'exception peut-être de la Chaldée, exception sans doute unique dans le sens le plus restreint du mot, étaient encore plongées en pleine barbarie ; et lorsque, plus tard, les navigateurs phéniciens, crétois, phrygiens, lydiens, etc., animèrent les eaux bleues de cet océan intérieur, les populations égyptiennes fuyaient toujours le littoral, qu'on ne pensait même pas à protéger contre les déprédations des écumeurs de mer. Depuis le début de leur histoire, elles attendaient les envahisseurs par la route continentale de la péninsule Sinaïtique ; les mesures de précaution n'étaient prises que de ce côté, et, bien avant les Chinois, les pharaons avaient en l'idée de défendre, par un mur de maçonnerie, la plus vulnérable de leurs frontières[93]. On peut, à travers les âges, se rendre compte de l'épouvante que causa dans l'empire des pharaons l'apparition

Léon Metchnikoff

des pirates au casque d'airain : les villages, les villes même furent abandonnés ; on se mit en toute hâte à fortifier le Delta ; une garnison fut placée à Rhocotis avec ordre formel de tuer ou d'enchaîner tous les hommes venus *par mer*[94] ; l'histoire de Joseph suffirait pourtant à nous apprendre que ces mêmes Égyptiens étaient très bienveillants à l'égard des visiteurs arrivés par les routes de terre. Ce n'est pas la haine aveugle de l'étranger, c'est la crainte de la Méditerranée qui leur inspirait ces mesures rigoureuses : elles ne tardèrent pas, d'ailleurs, à se montrer insuffisantes, et l'Égypte se vit obligée de salarier ces mêmes brigands qui lui inspiraient tant de terreur.

L'idée que la mer est, par nature, impure et démoniaque, avait encore cours en Égypte aux temps alexandrins. Plutarque rapporte, en effet, que, pour leurs prêtres, « la mer a été formée par le feu ; elle est en dehors de toute classification déterminée ; elle n'est ni une partie du monde, ni un élément ; ils n'y voient qu'une sécrétion hétérogène, principe de corruption et de maladie… Osiris est le Nil qui s'unit à Isis ou la Terre ; Typhon, c'est la mer, dans laquelle se disperse et disparaît le Nil en se jetant… C'est pour cela que les prêtres ont la mer en horreur et qu'ils appellent le sel *écume de Typhon*. Une des interdictions qui leur sont faites, c'est de mettre du sel sur la table. Ils n'adressent jamais la parole à des pilotes, parce que ceux-ci pratiquent la mer et vivent de la mer. Pour le même motif, ils ont l'horreur du poisson. » « D'ailleurs cette parole des pythagoriciens : *La mer est une larme de Saturne,* donne également à penser que la mer est un élément impur… Une stérilité du sol et une infertilité complète sont causées par le voisinage de la mer, voisinage essentiellement infécond… Typhon était anciennement maître de ce qui constitue le partage d'Osiris. En effet, l'Égypte a été une mer. C'est pour cela que, dans les mines et dans les montagnes, on trouve encore aujourd'hui un grand nombre de coquillages… Horus, avec le temps, a triomphé de Typhon. Cela veut dire que… le Nil refoula la mer, mit la plaine a nu, et la remplit successivement de nouveaux amas de terre[95]. »

Avec une si fâcheuse idée de la nature de la mer, les Égyptiens ne pouvaient songer à s'y aventurer : Psammétik et les siens se contentèrent de payer des flottes étrangères pour la défense du littoral et pour les expéditions lointaines. Aussi bien, une cause naturelle s'opposait à la transformation du pays en puissance maritime : le manque de bois de construction dans la vallée du Nil. Ne sachant se soumettre aux exigences nouvelles d'un milieu dont la valeur historique avait si essentiellement changé, l'Égypte se démet de ses fonctions ; on la voit succombant peu à peu sous les conquêtes persane, macédonienne, arabe, turque, tandis que de nouveaux venus recueillent le précieux héritage si péniblement accumulé par elle.

Laissons les trois autres grandes civilisations fluviales travailler de longs siècles avec plus ou moins de succès, pour s'adapter peu à peu à des milieux qui se transforment : la seconde période de l'histoire universelle vient de s'ouvrir sur les rives de la Méditerranée. Déjà nombreuses sur le littoral syrien plus de dix siècles avant l'ère chrétienne, les villes phéniciennes colonisent les îles de la mer intérieure et bordent de leurs factories puissantes les côtes de l'Afrique septentrionale : elles fondent Leptis la Grande, Hadrumète, les deux Hippo, franchissent les colonnes d'Hercule, débarquent à Cadix, vont aux Canaries[96]. Carthage, la Ville neuve[97] punique, est fondée vers l'an 800 avant Jésus-Christ ; elle devint presque aussitôt le plus actif foyer de cette civilisation si essentiellement méditerranéenne. On sait ce que le monde maritime doit à ces hardis navigateurs, mais le mérite principal des confédérations phéniciennes devant l'histoire universelle, consiste peut-être en ce qu'elles transmirent aux Grecs et aux Italiotes le flambeau sacré reçu des Égyptiens et des Assyriens[98]. La Provence et la péninsule Ibérienne[99] eurent aussi leur part de l'influence directe de la Phénicie et de Carthage, mais elles ne furent définitivement annexées au domaine de l'histoire que beaucoup plus tard, et par la conquête romaine.

L'avènement des fédérations phéniciennes a donc inauguré, pour le monde occidental, la grande ère des civilisations cosmopolites, *transmises* et *méditerranéennes,* si distinctes des antiques civilisations *isolées* et *fluviales.*

Les siècles de décadence devaient commencer pour la Grèce moins de six cents ans après le début de cette seconde période de l'histoire, et un peu plus tard pour l'ensemble du monde romain et méditerranéen. Mais cette déchéance ne fut que relative, et — M. E. Renan le fait judicieusement remarquer — les sciences et les arts des Grecs exercèrent en Europe une suprématie réelle jusqu'à la chute de l'empire byzantin. À la Renaissance, et même plus tard, l'Italie conservait de nombreux débris de son ancienne splendeur : des cendres de l'incendie allumé par les Barbares, la Rome catholique avait surgi et, à l'aurore des temps modernes, les républiques municipales de la Péninsule continuaient encore l'oligarchie classique des siècles phéniciens.

Une chose, à mon avis, caractérise surtout l'âge secondaire des sédimentations historiques : peuples et nations peuvent désormais pâlir et s'éclipser comme les Égyptiens après la conquête persane, comme les Phéniciens eux-mêmes depuis que leurs disciples étaient devenus leurs maitres : le flambeau de la civilisation universelle va se transmettre de main en main jusqu'à l'époque présente.

Ainsi, après la destruction du Sérapéum et de la bibliothèque d'Alexandrie par les moines chrétiens ; après le martyre de la mathématicienne Hypatie et l'établissement de la théocratie papale à Rome, de celle des évêques et des patriarches en Orient, le souffle de l'ascétisme semble bien près d'étouffer la lumière et de replonger le monde méditerranéen dans les ténèbres de la barbarie[100] ; mais, au moment suprême, les Sémites de l'Asie antérieure viennent encore une fois au secours de l'Europe aryenne : les Arabes convertis à l'Islam, poussant devant eux les Libyens et les Berbères, traversent en vainqueurs le littoral africain de la Méditerranée et viennent fonder en Espagne ces États maures, qui, jusqu'aux jours meilleurs, seront pour l'Europe le seul abri de la philosophie, de l'industrie, des sciences et des arts.

La période méditerranéenne de l'histoire universelle n'embrasse pas seulement ! les brillantes civilisations écloses sur les bords de ce vaste golfe africo-européen qui présente le type le plus heureux, mais non l'exemple unique d'une mer intérieure. Le monde assyro-babylonien avait déjà, par le Tigre et l'Euphrate, joué un rôle glorieux pendant l'époque primaire des civilisations fluviales : le voici maintenant qui entre en rapport avec une méditerranée réduite, avec le golfe Persique. Les anciennes capitales de la Chaldée, Our, Ouroukh, Babylone, Sippara, s'étaient trouvées, à l'égard de cette profonde échancrure de l'océan Indien, dans une situation semblable à celle de Memphis et de Thèbes, si peu éloignées de la grande mer. Le Chat-el-Arab, le courant unique par lequel le Tigre et l'Euphrate déversent aujourd'hui leurs eaux dans le golfe, n'existait point dans l'antiquité reculée[101]. Comme le Delta du Nil, il est le produit du travail accumulé des siècles. Anciennement, les deux grands fleuves de la Mésopotamie avaient des embouchures distinctes, mais reliées l'une à l'autre par un enchevêtrement confus de bras, de coulées et de marigots au parcours capricieux, variant au hasard des saisons et des pluies, un marécage inhabitable et pestilentiel. Aussi l'histoire, au lieu de se diriger vers la mer en descendant le courant des fleuves, le remonte au contraire jusqu'à El-Assour et Ninive par le Tigre, et, par l'Euphrate, jusqu'au Karkhémich des Hittites (Hetta) qui les met en contact avec la petite civilisation locale de la Palestine, et, par la Syrie et l'Asie Mineure, la rapproche de la Méditerranée.

La situation changea quand le cours des deux fleuves fut enfin régularisé par des travaux séculaires et que la zone fluviale de la Chaldée se trouva transformée en milieu méditerranéen. L'Asie antérieure eut à traverser une crise semblable à celle qui fut si funeste à l'Égypte des dynasties saïtes. Nous aurons à revenir sur ce curieux mouvement historique : Ninive qui, pendant la longue période fluviale, paraissait avoir absorbé toutes les capitales successives des rives du Tigre et de l'Euphrate, s'éclipse à son tour devant une rivale souvent vaincue et qui semblait détrônée pour l'éternité, devant Babylone, depuis longtemps simple résidence d'un vice-roi. « Sa position sur l'Euphrate, dit M. Joachim Menant[102], lui assurait cette supériorité inévitable… Lorsque le moment fut venu où l'empire assyro-chaldéen dut atteindre son plus grand développement, ce ne fut pas Ninive qui devint la reine du monde, mais Babylone qui, vaincue et saccagée, resta cependant la capitale du grand empire de Chaldée… Elle devint, pour ainsi dire, à cette époque (625 à 536 av. J.-C.), une ville nouvelle. À part quelques traces de restauration d'Assarhaddon, on ne rencontre rien qui rappelle la ville antique, et Nabuchodonosor (*Nabou-Koudour-ousour*) paraît en être le véritable fondateur. »

Cette ville nouvelle que Nabuchodonosor créait ainsi sur emplacement de l'une des plus anciennes cités du monde, était la seconde Babylone, possédant maintenant, par le port de Térédon, un débouché sur une mer intérieure, sur le golfe Persique. Aussi, l'un des premiers soins du grand régénérateur de la basse Chaldée fut-il le creusement du « canal royal » de Pallacopas : cette puissante artère faisait de l'Euphrate la principale voie commerciale du monde et permettait à Babylone de devenir l'entrepôt des richesses de l'Inde, que les derniers souverains ninivites avaient annexée au domaine historique du monde occidental. La conquête persane vint bientôt mettre fin à l'œuvre grandiose de Nabuchodonosor et de ses successeurs. Mais Darius Hystaspes eut beau démanteler les fortifications de la cité rebelle, Xerxès eut beau ruiner ses temples, Babylone, au temps d'Hérodote, ne semblait avoir rien perdu de sa splendeur[103]. Ce n'était point le courroux, c'était plutôt le manque d'intelligence des vainqueurs qu'elle avait à redouter, car les rois de Perse, « habitués aux routes des plateaux, et sans expérience des choses de la mer, arrêtèrent le mouvement des échanges entre l'Inde et la Mésopotamie. Voyant dans les fleuves des lignes de défense et non des routes, ils en coupèrent le cours par des barrages afin d'empêcher la navigation et de se garantir contre les tentatives d'attaque[104]. » Heureusement, la conquête macédonienne vint entraver, avant qu'il fût trop tard, ces œuvres de réaction. Alexandre ne se contenta pas de restaurer la voie ouverte par Nabuchodonosor vers le golfe Persique, il fit creuser à Babylone même un port capable de contenir mille vaisseaux, construits sur place avec les cyprès de la Babylonie ; il surveillait en personne le nettoyage du canal de Pallacopas[105]. Une mort prématurée empêcha seule le héros macédonien d'établir sa capitale dans la superbe cité de la basse Chaldée. Séleucus Nicator, jaloux d'attraper son nom à la fondation d'une ville opulente, transporta les richesses de Babylone à Séleucie sur le Tigre et porte ainsi un coup mortel à la prospérité de la glorieuse cité de Nabuchodonosor ; mais les destinées de la civilisation de l'Asie antérieure, une fois arrivée à sa période méditerranéenne, ne dépendaient plus du site de sa capitale. Le Chat-el-Arab étant maintenant navigable, il importait peu que l'entrepôt du commerce de la mer des Indes restât à Babylone ou fût établi en quelques dizaines de kilomètres, au nord-est, à Séleucie (Ctésiphon), ou à Bagdad, un peu plus en amont. Ce dernier déplacement eut pour conséquence naturelle la création du port de Bassorah, qui, au temps des khalifes, comptait près d'un million d'habitants.

La civilisation assyro-chaldéenne sortait donc triomphante de l'épreuve. En pleine période méditerranéenne, Bagdad et Bassorah deviennent un des centres de ce grand travail, dont la principale conséquence fut l'impulsion islamite, par laquelle les nomades de l'Arabie furent lancés sur l'Occident. Lorsque Tarik, le célèbre lieutenant du khalife, traversant le détroit qui rappelle son nom, préparait la fondation des royaumes mauresques de l'Espagne, il apportait à la grande Méditerranée européenne le tribut légitime de sa modeste rivale de l'Orient. Les croisades représentent la contrepartie chrétienne de ce grand courant du moyen âge, mais aucune des dominations frankes dans le Levant n'eut les destinées glorieuses des États musulmans de Valence, de Grenade et de Cordoue.

Géographiquement, l'Europe continentale se rattache à la Méditerranée par le littoral de la Provence, et c'est par l'influence latine dans la Gaule narbonnaise qu'elle débute aussi dans l'histoire collective du genre humain. Mais, jusqu'au moyen âge, ses peuples ne figurent dans les annales du monde que suivant la part de chacun aux grandeurs ou à la décadence de l'empire méditerranéen, unifié par « la paix romaine » ; pendant le moyen âge, ils ne vivent dans l'histoire que par les épaves plus ou moins nombreuses qu'ils avaient su recueillir dans le grand naufrage. Leur culte est gréco-sémite[106], leur politique césarienne ; leur science est arabe ou juive et leur art byzantin. L'architecture seule fait exception. Avec Charlemagne et après lui la papauté et l'empire, les Guelfes et les Gibelins ne font que transporter au-delà des Alpes les coordonnées du monde méditerranéen ; mais l'Europe continentale qui, par le fait de ce déplacement, devenait le foyer central d'une civilisation dont, aux temps classiques, elle était une simple annexe, possède aussi, et des fleuves travailleurs, et des mers intérieures. C'est à ces méditerranées du nord, moins ensoleillées et plus réduites, que, poussées par le grand courant universel, viennent aboutir toutes les civilisations locales de la Seine, du Rhin, du Danube, etc., tout ce que notre moyen âge apporte avec lui de neuf, de spontané, d'autochtone. Aussi, sur les rives de la mer du Nord (Angleterre, delta rhénan, Danemark), et de la Baltique (Suède, Livonie, Russie), ne tarde-t-il pas à s'allumer des foyers secondaires dont les destinées varient, mais dont l'importance s'accroît de siècle en siècle. Les républiques de Pologne, de Lithuanie, d'Ukraine

Léon Metchnikoff

s'échelonnent le long de la grande route continentale, entre la Baltique et la mer Noire.

Le moyen âge en Europe et dans l'Asie antérieure nous apparaît simplement comme un épisode de la vaste période de l'histoire qui a pour théâtre le milieu méditerranéen et qui, pour le monde occidental, avait été inauguré par l'avènement des fédérations phéniciennes. Quant à l'extrême Orient, la civilisation aryo-indienne, longtemps attardée sur les nombreux affluents des deux grands fleuves de la péninsule, vient à peine d'atteindre le delta gangétique qui lui ouvre un débouché maritime, très médiocre, d'ailleurs, vers l'archipel Malais de l'Indo-Chine. Les Chinois ont appris à régulariser le cours capricieux du Hoang-ho et du Kiang, et à en exploiter les richesses avant de conquérir le bassin de la rivière des Perles, de celle du Fokien et du littoral qui leur offre les avantages de deux méditerranées, la mer Jaune et ses dépendances, et la mer du Tonkin ou de Cochinchine. Victoires toutes pacifiques, du reste, ayant plutôt pour objet les alluvions laissées par les crues du fleuve Bleu et du fleuve Jaune que les peuplades hétérogènes, ethnologiquement si peu connues, qu'ils s'incorporaient dans leur route vers le Tropique du Cancer et vers l'Océan.

Tout grand fleuve aboutit à la mer ; toute civilisation fluviale à ses débuts, doit, à moins de périr ou de s'absorber dans un courant plus large, se développer naturellement en une civilisation plus vaste, une civilisation communicative, expansive et maritime. Une Alexandrie ne manque pas de naître à l'embouchure d'un Nil quand le terrain a été convenablement préparé, quand les richesses nécessaires à son épanouissement ont été acquises, quand les peuples avoisinants ont pu être initiés à la solidarité, et assouplis par de longs rapports internationaux et pacifiques : mais un peuple épuisé peut ne plus posséder assez d'énergie et de vitalité pour franchir victorieusement la barre fatale ; si l'Alexandrie du delta nilotique ne fut jamais une cité égyptienne, c'est que les Égyptiens n'avaient suffi qu'à une partie de la tâche.

Les civilisations ne sauraient être qu'autochtones, primaires, isolées comme celles que nous avons vu se développer dans certains milieux fluviaux — ou communiquées, secondaires, transmises — et se transmettant elles-mêmes indéfiniment, englobant dans leur sphère des régions et des nations diverses. De

CHAPITRE VI : LES GRANDES DIVISIONS DE L'HISTOIRE

même que l'isolement, l'expansion à ses degrés. La transmissibilité des civilisations, bien grande déjà dès le début de la période méditerranéenne, ne fera que s'accroître quand l'histoire aura quitté les rives des mers intérieures, pour se transporter vers un milieu plus vaste, l'Océan.

Mais tout océan, l'Atlantique principalement, n'est qu'une méditerranée plus étendue ; toute mer intérieure n'est qu'un diminutif de l'Océan. L'usage n'en a pas moins consacré la distinction établie entre le moyen âge et les temps modernes : du reste, la différence d'envergure entre ces deux périodes est en raison directe du rapport de la plus vaste des méditerranées à l'Océan tout entier. On est convenu d'accepter comme ligne de démarcation la découverte du Nouveau Monde par Christophe Colomb. Or l'une des conséquences les plus naturelles et les plus directes de cet événement fut la décadence rapide des nations méditerranéennes au profit des pays qui s'ouvrent sur l'océan Atlantique, le Portugal, l'Espagne, les États néerlandais, l'Angleterre, la France, qui ne tarda pas longtemps à profiter des avantages de sa position isthmique entre la Méditerranée et l'Océan.

Cette nouvelle et dernière période de l'histoire universelle, la période des *civilisations océaniques*, est bien jeune encore en comparaison des deux précédentes : celle des *civilisations fluviales* et celle des *civilisations méditerranéennes* ; mais l'on pourrait déjà y établir une subdivision importante. En effet, depuis l'origine des temps modernes jusqu'à la seconde moitié du siècle présent, l'Atlantique, seul des cinq océans qui baignent notre planète, semblait posséder le privilège de servir de principal théâtre aux triomphes de la civilisation. Il n'en est plus de même depuis une trentaine d'années : les progrès rapides de la Californie et de l'Australasie, l'ouverture de la Chine et du Japon au trafic international, le développement considérable de l'émigration chinoise et l'extension des Russes jusque dans la Mandchourie, aux portes de la Corée, ont définitivement annexé le Pacifique au domaine du monde civilisé.

Pourtant, nous ne proposerions point pour cette seconde division de l'histoire moderne le nom de *période du Pacifique* ; il exprimerait mal l'important mouvement qui s'accentue sous nos yeux : la conquête du Grand Océan à la civilisation n'a point détrôné

Léon Metchnikoff

l'Atlantique, comme celui-ci l'avait fait de la Méditerranée sa rivale, par le coup mortel que la découverte de l'Amérique porta aux navires de l'oligarchie italienne. Au contraire, par l'isthme de Suez, cette annexion du Pacifique au domaine de l'histoire universelle a fait renaître le commerce dans la grande mer intérieure. L'océan Indien, à son tour, acquiert une importance croissante, et les récents voyages de Nordenskiöld au nord de la Sibérie montrent que l'océan Boréal, n'est pas, au point de vue de la civilisation, une non-valeur aussi absolue qu'on le supposait. Et qui peut dire ce que l'avenir réserve à l'océan Antarctique, seul resté en dehors du mouvement général ?

Ainsi, cette migration si capricieuse en apparence de la civilisation d'un pays vers un autre à des époques différentes, cette valeur historique des divers milieux géographiques, si variable dans le cours des siècles, présente en réalité un ordre partait, une régularité remarquable. Le milieu géographique de la civilisation évolue avec le temps : limité d'abord à une partie plus ou moins restreinte du bassin de certains fleuves exceptionnels — nos grands fleuves historiques — il s'élargit à un moment donné pour devenir méditerranéen, puis océanique, ou plutôt atlantique, avant de s'universaliser, d'embrasser toute la partie habitable du monde.

C'est ce qu'avait entrevu l'Allemand C. Böttiger, lorsque, dans la préface de son grand volume sur la Méditerranée[107], il écrivait ces lignes mémorables : « La Méditerranée fut ce milieu intermédiaire où s'effectua la transition des anciennes cultures fluviales, du monde *potamique,* celui que nous représentent encore aujourd'hui la Chine et l'Inde[108], etc., au monde océanique des temps modernes. Ainsi », ajoute-t-il à la fin de cette préface ou les trois milieux, tels que nous les avons retracés plus haut : fluvial ou *potamique,* méditerranéen ou *thalassique* et *océanique* sont déjà explicitement mentionnés, « l'*eau* n'est pas seulement l'élément vivifiant dans la nature, mais aussi le véritable moteur de l'histoire universelle (*die eigentliche Zugkraft in der Weltgeschichte*). Ge n'est pas seulement en géologie et dans le domaine de la vie végétale, mais aussi dans l'histoire des animaux et des peuples, que l'*eau* nous apparaît comme le principe qui fait évoluer les civilisations, des pays arrosés par de grands fleuves vers le littoral des méditerranées, et, de là, vers l'universalisation par les océans. »

CHAPITRE VI : LES GRANDES DIVISIONS DE L'HISTOIRE

Le tableau suivant montrera, avec plus d'évidence encore, le lien intime qui rattache chacune des grandes phases ou périodes de l'histoire universelle à un ensemble déterminé de conditions géographiques :

I. Temps anciens, période fluviale. Elle comprend l'histoire des quatre grandes civilisations de l'antiquité, en Égypte, en Mésopotamie, dans l'Inde et en Chine, qui ont eu pour milieu géographique des régions arrosées par certains fleuves ou couples de fleuves célèbres[109]. Ces quatre histoires ne sont pas synchroniques : le groupe oriental (la Chine et l'Inde) présente, dès le début, un retard considérable sur les deux civilisations occidentales (l'Égypte et l'Assyro-Babylonie). Dans les subdivisions chronologiques qui vont suivre, nous aurons exclusivement en vue le groupe occidental, plus précoce, et qui, grâce précisément à la Méditerranée, a exercé sur les destinées de l'Europe, et par conséquent du monde entier, une influence beaucoup plus directe et beaucoup plus puissante. Cette période primaire peut être divisée en deux époques :

1° Époque de l'*histoire des peuples isolés*, qui, en Occident, se clôt vers le XVIIIe siècle avant Jésus-Christ[110].

2° Époque des *premiers contacts des peuples historiques*, depuis les premières guerres de l'Égypte et de l'Assyro-Babylonie jusqu'à l'avènement des fédérations puniques, vers l'an 800 avant Jésus-Christ[111].

II. Temps moyens, période méditerranéenne. Elle comprend près de vingt-cinq siècles, depuis la fondation de Carthage jusqu'à Charles-Quint, et se subdivise comme suit :

1° Époque de la *Méditerranée*, où les foyers principaux de la civilisation sont représentés, simultanément ou à tour de rôle, par les grandes oligarchies méditerranéennes : phénicienne, carthaginoise, grecque, italienne, et, enfin par l'empire des césars jusqu'à Constantin.

2° Époque des *méditerranées*, qui débute par la fondation de Byzance, c'est-à-dire par l'annexion de la mer Noire au théâtre historique et qui embrasse tout le moyen âge européen.

Léon Metchnikoff

III. Temps modernes ou période océanique, caractérisée par la prépondérance marquée des États de l'Europe occidentale ayant un débouché sur l'Atlantique. Cette période, quoique bien jeune encore en comparaison des deux précédentes[112], n'en comprend pas moins deux subdivisions :

1° Époque *atlantique*, depuis la découverte de l'Amérique jusqu'à la « fièvre d'or » en Californie, aux progrès de la colonisation anglaise en Australasie, à la conquête russe des bords de l'Amour, à l'ouverture du Japon et de la Chine.

2° Époque *universelle*, encore à ses débuts.

Cette division de l'Histoire, on le voit, est absolument celle que nous avait imposée notre étude première sur la marche du progrès social à travers le temps, marche correspondant à son tour aux trois étapes ascendantes de l'évolution organique dans la nature.

L'objet de ce travail, avons-nous besoin de le redire ? est de rechercher les voies naturelles, mais souvent mystérieuses, par lesquelles les différents milieux géographiques ont façonné les destinées des nations, en assurant à leurs occupants la suprématie sur d'autres régions habitées. Le problème est vaste, et nous ne l'aborderons pas dans son ensemble. Limitons-nous à des grands fleuves dont nous avons souvent prononcé les noms, et qui, des l'aurore des temps historiques, imposèrent aux populations riveraines le joug des glorieuses despoties, par lesquelles elles furent attelées à notre char de Djaggernhaut, au char de la civilisation et du progrès.

CHAPITRE VII : TERRITOIRE DES CIVILISATIONS FLUVIALES

Conditions thermiques des premières civilisations connues. — L'ascendant de l'Occident sur l'Orient depuis l'antiquité s'explique par des avantages géographiques naturels. — La zone des mers desséchées, *han-haï*. — Le territoire des civilisations anciennes ne pouvait être habité que par des multitudes solidaires, rigoureusement disciplinées, la nature particulière de ses fleuves ayant, des le début et sous peine d'extermination, imposé à ses habitants le joug du despotisme.

La portion de l'ancien continent où s'est écoulée la période fluviale de l'histoire universelle forme un tout bien concret, mais qui ne répond à aucune des divisions géographiques généralement admises. Trois d'entre les civilisations primaires ont eu pour théâtre le sol asiatique[113] ; le berceau de la quatrième appartient à une autre partie du monde.

Leur territoire est limité, au nord, par le rebord méridional de l'immense « diaphragme » de montagnes élevées et de hauts plateaux qui se déroule de l'Archipel à la Mandchourie et à la mer du Japon, en dressant une barrière naturelle dont la direction générale est plus ou moins indiquée par le 40° degré de latitude boréale. Le tropique du Cancer en borne l'extension vers le sud. Ce vaste quadrilatère ne dépasse pas, en latitude, 16 degrés et demi, tandis qu'il se déploie, dans l'autre sens, du 25° degré de longitude est de Paris au 120° environ, depuis la chaîne libyque, à l'ouest de la vallée du Nil, jusqu'à la mer Jaune. Le 30° parallèle formerait un axe médian, côtoyant ou traversant chacune des quatre régions distinctes de cette immense étendue. Trois d'entre elles, l'Égypte, l'Assyro-Babylonie et l'Inde, sont renfermées entièrement entre les isothermes moyens annuels de 20 à 26 degrés ; par sa partie méridionale, le territoire de la civilisation chinoise confine au premier de ces isothermes pour franchir, au nord, celui de 15 degrés. La civilisation peut donc se comparer à ces plantes robustes qui prospèrent dans des conditions thermiques diverses, et se rencontrent en des climats différant de plus de 10 degrés.

Léon Metchnikoff

Coupons cette zone immense par une ligne partant du massif de l'Hindou-kouch, au 65° degré E. du méridien de Paris, et dirigée au sud vers le golfe de Katch, en longeant la crête de la plus haute des chaînes sœurs du Soulaïman-dagh.

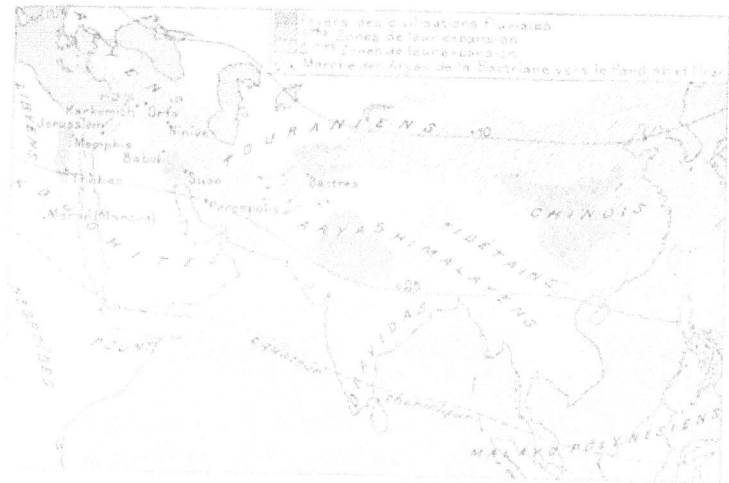

N°3. — Territoire des grandes civilisations historiques.

Ce rempart, élevé par la nature entre les civilisations de l'extrême Orient et celles de l'*Asie* des auteurs grecs, est, on se le rappelle, un des plus « isolants » entre tous ceux qui existent à la surface du globe : « Ses diverses chaînes, grès ou calcaires, sont presque uniformément parallèles : alignées du nord au sud, ou du nord-est au sud-ouest, elles ont toutes leur longue pente regardant vers le plateau (de l'Iran), tandis que du côté de l'Inde, les escarpements sont abrupts. En maints endroits, il est impossible d'en tenter l'escalade... »[114]

Cette disposition particulière des montagnes entre l'Hindoustan et l'Iran ne sépare pas seulement la zone des civilisations fluviales en deux moitiés bien distinctes, mais elle sépare aussi l'Occident et l'Orient. « Le groupe le plus fameux, continue l'auteur de la *Nouvelle Géographie Universelle*, est celui auquel on donne spécialement le nom de Trône de Salomon, *Takht-i-Soulaïman*... Le sommet du nord, qui est aussi le plus haut (3444 mètres), est une de ces nombreuses cimes sur lesquelles se serait arrêtée l'arche de Noé ; une niche pratiquée dans le rocher, près d'un groupe de pierres considéré comme un temple, est le trône ou s'asseyait Salomon pour contempler l'immense abîme du monde. En effet, de là haut, un Titan au regard d'aigle verrait à sa droite et à sa gauche deux mondes historiques, si différents par la forme, l'Orient et l'Occident. »

Mais, tout en condamnant la presqu'île Gangétique â la réclusion, la chaîne des monts occidentaux en favorise l'envahissement par des conquérants venus de l'ouest ou du nord-ouest. « Prenez n'importe à quelle époque, dit un savant anglais, l'histoire générale des peuples occidentaux, vous verrez que la question capitale y est toujours celle de la possession de l'Inde[115]. » Par contre, jamais, si ce n'est aux jours les plus ardents du prosélytisme bouddhique, nous ne voyons l'Inde prendre l'initiative d'une extension vers l'Occident.

À l'ouest de l'Hindou-kouch, et dans la partie la plus élevée du massif, la rivière du Koundouz descend du Koh-i-baba (père des monts), élevé de près de 5000 mètres, pour se jeter dans l'Amou-daria (Oxus) non loin de Balkh, l'ancienne Bactres ; elle s'est creuse un défilé tortueux et long, célèbre dans l'histoire sous le nom de Bamian. Au sud du Caucase indien, la vallée de la rivière de Kaboul, le Keph ou Kophès, vient presque rejoindre la première de ces brèches naturelles et offre plusieurs passages plus ou moins difficiles vers l'Indus. Le plus fameux, le Khaïber, évitant les gorges de la rivière de Kaboul, serpente au sud, puis à l'ouest du mont Tartara (2072 mètres)… les missionnaires bouddhistes connurent ce chemin, que prirent ensuite Mahmoud le Ghaznévide, Baber (le Grand Mongol), Akbar, Nadir, Ahmed-chah et les généraux anglais. Le col que choisit Alexandre et que paraissent avoir suivi les premiers conquérants de l'Inde est un de ceux qui passent au nord de la rivière de Kaboul, dans le pays des Youzouf-Zaï. » Aujourd'hui, les Anglais ont construit une voie ferrée qui, venant de Lahore et de Rewal-Pindi, et traversant Attok, rejoint la rivière de Kaboul à l'entrée même de la passe, non loin de Pechaver. Plus au sud, les défilés qui coupent les contreforts méridionaux du Trône de Salomon, ouvrent aussi un accès relativement facile de Kandahar à la vallée de l'Indus par le col de Bolan. Un chemin de

Léon Metchnikoff

fer anglais, partant de Chikarpour, traverse le désert de Katch-i-gandava, à l'ouest du grand fleuve, et s'élève sur le plateau. « Depuis l'antiquité la plus reculée, écrivait en 1602 l'historiographe d'Akbar, Kaboul et Kandahar sont regardées comme les portes de l'Hindoustan : l'une y donne entrée du Touran, et l'autre de l'Iran. » Et c'est la possession de ces portes, de ces clefs que se sont toujours disputée les fondateurs d'un « empire universel », les conquérants qui voulaient à la fois dominer l'est et l'ouest de l'Ancien Monde.

Mais toutes ces luttes appartiennent à une époque postérieure de l'histoire. Au temps des grandes civilisations fluviales, et grâce aux puissants murs de l'Hindou-kouch et du Soulaïman-dagh construit par la nature, l'Orient et l'Occident constituaient deux mondes à part, ayant chacun ses destinées propres et que, par conséquent, il faut étudier à part l'un de l'autre.

Ces deux vastes territoires nous offrent, il est vrai, certaines analogies de configuration : chacun d'eux se compose de deux régions nettement caractérisées ; on dirait presque deux territoires insulaires, ayant joué leur rôle particulier dans l'histoire : à droite, la Chine et l'Inde, à gauche, l'Égypte et la plaine tigro-euphratique avec l'Iran, qui est l'appendice naturel de celle-ci. Dans chacune de ces deux sections, les régions les plus orientales du groupe, la Chine, d'une part, l'Assyro-Babylonie de l'autre, se trouvent placées au nord de la région plus occidentale, l'Inde d'une part, l'Égypte de l'autre — et par suite, jouissent d'un climat plus tempéré, ou même, en nombre de lieux, souffrent d'un climat plus froid. Pour l'extrême Orient, comme pour le monde du Couchant, les deux centres de civilisation, le centre torride et le centre tempéré, sont situés, le premier au sud, et le second au nord du 30° parallèle.

Si l'on ne peut encore pertinemment affirmer que les civilisations les plus méridionales, celles de l'Inde et de l'Égypte, aient été les plus précoces, il est cependant hors de doute qu'elles furent les premières à s'éclipser. Des deux côtés du Soulaïman-dagh, les foyers torrides présentent aussi un caractère d'isolement beaucoup plus prononcé que les foyers tempérés : l'Égypte est une oasis au milieu d'un vaste désert ; l'Inde forme un triangle que les plus hautes montagnes du globe séparent du reste de l'Asie. La Chine primitive et la Mésopotamie « se déversent », au contraire, vers d'autres régions naturelles, qu'elles finissent par s'incorporer.

CHAPITRE VII : TERRITOIRE DES CIVILISATIONS FLUVIALES

Mais il existe aussi, entre l'Orient et l'Occident, des dissemblances non moins nombreuses. Si, d'un côté, l'écart isothermique entre l'Égypte et la Mésopotamie n'atteint pas quatre degrés, il est d'une dizaine de degrés entre le Pandjab et le bassin des grands fleuves de l'empire chinois. L'isolement de chacun des domaines des civilisations orientales est en outre beaucoup plus complet. L'inaccessible massif qui se greffe sur le Tibet et l'Himalaya, à l'est et au nord-est, massif que sillonnent les gorges parallèles des rameaux supérieurs du Yangtzé-kiang, du Mékong et du Salouen, sépare entièrement la Chine de l'Inde, tandis que, dans le monde occidental, la région tigro euphratique se rattache de près et très facilement au bassin du Nil par la presqu'île du Sinaï, tout en se reliant à l'Europe par l'Asie Mineure et les îles de la mer Égée. Vers l'époque des Hycsos[116], peut-être antérieurement, mais tout au moins une vingtaine de siècles avant Jésus-Christ, on peut constater déjà quelque rapprochement entre l'Égypte et le monde sémitique. L'Inde et la Chine, au contraire, s'ignorent jusqu'aux temps relativement modernes de la propagande bouddhiste. Et quand, enfin, elles franchissent leurs frontières, la rencontre se fait sur un terrain étranger, dans cette région sud-orientale, birmane, siamoise, malaise, annamite, qui, à plusieurs égards, mérite si bien son nom d'Indo-Chine, car elle a emprunté à l'Inde aryenne sa religion et la majeure partie de son art, et aux Fils de Han ses institutions politiques et son développement littéraire.

Un seul fait suffira pour montrer la puissance de cette barrière plantée par la nature entre le bassin du Gange et celui des grands fleuves historiques du Céleste Empire. Dans ce massif énorme, l'un des moins explorés du monde, on trouve encore, à quelques pas de civilisations plusieurs fois millénaires, les peuplades les plus rebelles à toute culture : Laotiens et Michmi, Mantzé, Moï, Payu[117] et tant d'autres encore, d'origine et de nature très hétérogènes, mais que les Chinois confondent sous l'épithète méprisante de *Si-fan*, « Barbares occidentaux ».

Les eaux qui baignent la presqu'île de l'Hindoustan accentuent encore plus son isolement naturel. Le golfe de Bengale est une des mers les moins hospitalières du globe, par suite de ses cyclones, des bas-fonds très nombreux dans sa partie septentrionale, de la violence et de la variabilité de ses courants. Sur la côte de Malabar, ceux-ci sont moins dangereux ; toutefois, les vents contraires y font tournoyer les flots en redoutables remous. La mer d'Oman est si peu maniable que les pêcheurs du littoral se servent d'embarcations munies d'un contrepoids flottant, par conséquent insubmersibles, mais aussi absolument impropres aux voyages de long cours. Le nom de Bab-el-Mandeb (porte de perdition, porte de celui qui va à la mort) donné au détroit réunissant la mer Rouge à l'océan Indien, témoigne de l'horreur que ses eaux inspiraient aux Arabes du moyen âge, des mariniers, pourtant, auxquels on ne saurait comparer les descendants des pâtres védiques. Inutile, du reste, de chercher, au large du bloc oriental des grandes despoties fluviales, ces chaînes d'îles et de promontoires, qui, dans la mer Égée et la Méditerranée africo-européenne, conduisirent de proche en proche les Phéniciens du littoral de la Syrie jusqu'en Espagne, puis leur ouvrirent le vaste Océan, après les avoir aguerris par un long apprentissage de la navigation sur la « mer entre terres ».

Ces traits généraux suffisent pour expliquer le manque de synchronisme constaté plus haut dans l'histoire des peuples célèbres de l'antiquité. Si même il était prouvé que les quatre grandes civilisations ne sont pas nées spontanément dans chacune des régions où nous les montre le début de leurs annales monumentales et documentaires, si l'on établissait qu'elles ont puisé à une source commune et encore inconnue, la période d'incubation n'en serait pas moins inégale dans ces divers pays, et l'évolution successive aurait marché plus ou moins rapidement suivant les lieux. Vers le quarantième siècle avant Jésus-Christ, l'Égypte possédait des monuments déjà vieux[118] pour les contemporains des fondateurs de Memphis, et qu'on dut restaurer sous les premiers pharaons de l'ancien empire. Si la Chaldée ne nous présente pas de vestiges aussi reculés, les progrès de l'assyriologie moderne tendent à reporter toujours plus haut les origines de la civilisation du bas Euphrate. En Chine, au contraire, les supputations les plus exagérées des annales du Céleste Empire ne remontent guère au delà de vingt-deux ou vingt-trois siècles avant l'ère chrétienne[119]. Sur les premières lueurs de la civilisation aryenne du Pandjab, l'incertitude est plus grande encore, mais le code de Manou (XIe siècle av. J. C.) nous dépeint un état social presque aussi archaïque, à plus d'un égard, que celui de l'Égypte sous les pharaons des premières dynasties memphites.

Ainsi, dès le début, l'Orient présente un retard considérable sur l'Occident, et cette résultante du relief du sol est encore manifeste aujourd'hui.

Aussi loin que reculent dans l'histoire les relations commerciales de l'Inde avec les autres pays civilisés, on voit toujours l'initiative de ces rapports appartenir aux peuples occidentaux : au Xe siècle avant Jésus-Christ, les Phéniciens s'aventuraient déjà dans les mers dangereuses de l'extrême Orient pour le compte des pharaons, et parfois pour celui des rois de la Judée. Le chapitre IX du 1er livre des *Rois* donne des détails intéressants sur la flotte équipée par Salomon « à Asiongaber, qui est près d'Elath, sur le rivage de la mer Rouge, au pays d'Edom. Hiram envoya de ses gens avec cette flotte ; c'étaient de bons hommes de mer et qui entendaient la navigation, pour être avec les serviteurs de Salomon dans cette flotte. Et ils allèrent en Ophir et prirent de là quatre cent vingt talents d'or qu'ils rapportèrent au roi Salomon. » Le chapitre X nous apprend qu'une fois « la flotte de Hiram, qui apportait de l'or d'Ophir, apporta aussi en fort grande abondance des pierres précieuses et du bois odorant (bois d'*almugghim*). Et de ce bois, le roi fit faire des balustrades pour la maison de Jehovah et pour la maison royale, et des harpes et des musettes pour les chantres. On n'apporta plus et on ne vit jamais de cette sorte de bois depuis ce jour. » Cependant ces expéditions phéniciennes, patronnées par Salomon et par Hiram, roi de Tyr, avaient un caractère régulier : « La flotte faisait voile de trois en trois ans, et allait en Tarsis ou elle prenait de l'or, de l'argent, de l'ivoire, des singes et des paons. » Le livre des *Paralipomènes* nomme aussi Asiongaber comme le port par excellence ou s'organisaient ces expéditions.

On a beaucoup discuté sur la situation géographique du mystérieux Ophir d'où les rois hébreux retiraient ces merveilleuses richesses. Certains auteurs soutiennent qu'il devait être en Afrique, d'autres, plus nombreux, le placent en Asie. Les flottes partant d'Asiongaber pouvaient bien faire escale sur quelques points du littoral africain et s'y procurer des dents d'éléphant, mais l'or, l'argent, les pierres précieuses, ou ne les trouvait guère que dans les pays indiens. Le curieux détail relatif à ce « bois odorant », à cet *ulmugghim* qu'on ne vit jamais depuis, fait penser au bois de santal, produit de l'Insulinde ou de l'Océanie[120]. Les hardis mariniers du littoral syrien auraient-ils, par exception, poussé leur course aventureuse jusqu'à des parages si prodigieusement éloignés ? On ne saurait l'affirmer ; aussi bien, dans quelque port de l'Indo-Chine, ils ont pu acheter cette précieuse essence à des navigateurs malais, ces « Phéniciens de l'océan Indien et de la mer du Sud », qui furent si longtemps les maîtres du trafic de l'Inde avec les habitants des côtes sud-orientales.

Le rôle inerte et passif que, depuis un temps immémorial, l'Inde subit dans l'histoire, correspond, on le voit, à sa situation désavantageuse sur le territoire des grandes despoties fluviales. Au contraire, l'Occident ne laissera jamais tomber de ses mains l'influence qu'ont su prendre en Orient les Phéniciens, admirablement servis par la position géographique de leur patrie, et surtout par leur apprentissage dans les eaux de la Méditerranée. Les Grecs apprennent d'eux la route des eaux périlleuses de l'océan Indien et de la mer Tonkinoise. L'étude du Périple anonyme du Ier siècle de l'ère chrétienne, a permis au colonel Yule[121] de tracer à peu près les voies que, sous les césars, suivaient les navigateurs grecs depuis la mer Érythrée jusqu'à la mer de *Tsin* ; un siècle plus tard, Claude Ptolémée distingue nettement le pays de Tsin ou *Sinæ,* c'est-à-dire la Chine, que l'on atteint par mer, du pays des *Seres,* c'est-à-dire de cette même Chine qui envoyait à Rome ses soies et ses étoffes par la route continentale de la Bactriane.

Pendant que l'expansion de l'Occident vers l'Orient retardataire continue ainsi jusqu'au début même de l'ère moderne, l'Inde et la Chine sont encore isolées l'une de l'autre et semblent pendant de longs siècles s'ignorer complètement. Tout ce que l'on sait des prétendus voyages de Lao-tsé, le grand idéaliste chinois, n'a qu'une valeur légendaire, et, fussent-ils réels, ce serait simplement un fugitif épisode. Les Chinois ne comptent dans l'histoire que depuis la fin du IIIe siècle avant Jésus-Christ, quand leur empire fut absorbé parla royauté des Tsin ; alors même ils ne se dirigèrent pas vers l'Hindoustan, dont ils semblaient ne point connaître l'existence, mais vers la Sogdiane et le pays des Ta-Van (Bactriane), par la vallée du Tarim, et en contournant par le nord-est Pamir, le « Toit du Monde ». L'Inde resta absolument étrangère à cette communion première de l'Orient et de l'Occident.

À partir des conquêtes d'Ou-ti (186-140 av. J.-C.) et de l'expédition

militaire de Tchang-Kien, le commerce de la Chine avec le Ta-
Van prit un développement considérable. Des caravanes, dont
quelques-unes comptaient plusieurs centaines de voyageurs, se
rendaient des bords du Tarim à ceux du Sir-daria[122]. Le docteur
Brettschneider[123] croit que les Fils de Han doivent à ce commerce
avec les peuples ile l'Asie centrale la connaissance de plantes utiles
dont quelques-unes encore fort importantes dans leur économie
nationale. Les légendes chinoises nous apprennent que le mûrier
et le ver à soie de la Chine lui viennent du Turkestan.

Au nord de la barrière qui limite le territoire des premières
civilisations historiques et le reste de l'ancien continent, se déploie
une vaste zone très caractéristique, à laquelle on ne connaît
de semblable en aucune notre partie du monde. Bastionnée
par l'énorme massif du Pamir et de l'Hindou-kouch, encastrée
entre l'Himalaya et les monts Célestes, Tian-chan, Tengri-
chan, Ala-tao, Tarbagataï, Altaï, etc., cette haute plaine s'étend
de l'ouest à l'est sur une quarantaine de degrés jusqu'à la chaîne
perpendiculaire du Khinghan qui la sépare des collines boisées
de la Mandchourie. D'autres puissants rameaux, orientés du S.-0.
au N.-E. (direction que R. Pumpelly et F. de Richthofen regardent
comme caractéristique du système *sinien* ou chinois), partent de
l'Hindou-kouch, auquel ils se rattachent par le nœud gigantesque
du Kara-koroum (muraille Noire) ; ils divisent l'immense plateau
en deux régions distinctes dont la plus septentrionale, de Bod-yu,
ou Tibet, à une altitude de beaucoup supérieure à celle de la contrée
méridionale. Ces chaînes sont le Kouen-loun, avec son appendice
de l'Altin-dagh, le Nan-chan et le Bayan-kara, enfin les monts des
Ordos qui se relient à la paroi perpendiculaire du Khingan, par la
très longue barrière dont la Grande Muraille, à l'ouest de Pékin,
couronne les sommets et suit les dépressions. Partagée entre le
Turkestan chinois, la Mongolie et la Dzoungarie, cette énorme
plaine forme un tout des mieux caractérisés : c'est l'Asie centrale
dans le vrai sens du mot[124].

Le haut plateau de l'Asie centrale est loin d'être partout aride et
dénudé, mais des déserts salés et sablonneux s'y succèdent par
intervalles, formant comme des tonsures, des plaques chauves parmi
les herbages touffus que broutent, depuis les temps préhistoriques,

les innombrables troupeaux des nomades, Touraniens, Mongols et Turco-Tatars de toute dénomination. À l'ouest, dans le Turkestan, ces îlots sont clairsemés et relativement petits : on peut en donner pour exemple les sables du Taklamakan entre la rivière Tarim et la chaîne de l'Altin-dagh ; à l'est, dans le Gobi, chez les Mongols, elles se multiplient et forment de véritables *cha-mo,* c'est-à-dire des mers de sable. Les Chinois ne se sont pas mépris sur la nature et l'histoire physique de ces déserts arénacés : ils ont donné le nom de *hanhaï,* ou mers desséchées, à ces fonds d'anciens bassins mis à nu.

Entouré, non moins que sillonné de montagnes abruptes, neigeuses, glacées, le plateau de l'Asie centrale est autrement riche en eau que le Sahara d'Afrique. On y voit, sur les cartes, figurer des lacs sans nombre dont quelques-uns, fort grands, le Balkach, le Koukou-nor ou lac Bleu, le Tangri-nor ou lac Céleste, le Kosso-göl, l'Issik-koul, bien qu'à vrai dire la plupart ne soient que des lagunes sans écoulement, aux contours indécis, à l'étendue variable, et sur lesquelles on peut étudier les phénomènes de desséchement progressif. Partout où le permettent la déclivité et l'imperméabilité du sol, de grandes rivières arrosent des vallées fertiles, mais ne parviennent point à porter leurs eaux jusqu'à la mer. Tel le Tarim, long pourtant de 2000 kilomètres.

Cet énorme bassin de fleuves sans émissaires ne comprend pas seulement le haut plateau de l'Asie centrale dans le sens géographique du terme : les ruisseaux qui descendent les pentes nord et nord-ouest de l'Hindou-kouch, du Pamir et du Tianchan s'unissent pour former deux rivières célèbres depuis la plus haute antiquité ; l'Oxus (Amou-daria), et le Yaxarte (Sir-daria). Dès que l'un et l'autre ont perdu leur caractère de torrents de montagne, ils entrent dans le lit de cette autre mer desséchée qui, à l'époque tertiaire, séparait l'Europe de la Sibérie. Leurs eaux, rendues paresseuses par le peu d'inclinaison du sol, filtrent peu à peu dans les sables du désert, et, de siècle en siècle, changent de direction. Autrefois elles arrivaient à la Caspienne ; elles n'atteignent plus que la mer d'Aral.

Ce haut plateau de l'Asie centrale et son annexe d'au-delà l'Oxus, font-ils partie du territoire des civilisations fluviales ? La réponse n'est point facile, et, à certains égards, ces contrées mériteraient plutôt le nom de « région des grandes barbaries historiques ». En effet, tout en longeant les frontières septentrionales d'anciennes et glorieuses civilisations, tout en empiétant sur leur sol par la Sogdiane et la Bactriane, elles n'en sont pas moins restées jusqu'à ce jour le domaine par excellence de la vie nomade et pastorale. Les cavaliers mongols et turkmènes ont fait plus d'une incursion dans les annales du monde, mais leur brusque apparition sous Attila, Djenghiz-khan, Tamerlan, aux temps obscurs des migrations préhistoriques, aussi bien qu'aux siècles de notre histoire, a toujours présenté le caractère de razzias barbares et de meurtriers cataclysmes.

Pourtant, à une époque indéterminée, antérieure aux origines de la civilisation aryenne dans le Pandjab, le pays situé entre l'Hindou-kouch et la Caspienne posséda son foyer de culture, distinct des quatre grandes despoties qui se sont épanouies au sud du « diaphragme ». La période primaire de l'histoire de la Bactriane s'est écoulée dans un si complet isolement qu'elle nous reste tout à fait inconnue. Là cependant les Aryens occidentaux firent leur apprentissage de civilisation fluviale avant d'émerger des ténèbres en pleine période méditerranéenne ; là naquit cette belle religion mazdéenne des Zaratouchtra (Zoroastres) qui, la première et bien des siècles avant les stoïciens, avant le christianisme et les mystiques de l'empire romain, proclama l'égalité des hommes sur cette terre et leur fraternité par le travail, pour le bien du monde et de l'humanité.

L'Oxus et l'Yaxarte devraient donc prendre rang parmi les fleuves historiques ; mais comme ils n'ont point d'écoulement vers une vraie méditerranée, leur civilisation n'a pu s'épancher dans le réservoir universel que par une voie indirecte, en mélangeant ses eaux avec celles de la puissante civilisation mésopotamienne : ils restent inconnus pour l'histoire jusqu'au milieu du VIIe siècle avant Jésus-Christ où le premier contingent d'émigrés de la Bactriane, avant-garde de nombreuses irruptions, envahit la région du mont Zagros sous la conduite d'Ourakchatara (le Cyaxare d'Hérodote), fondateur d'Ecbatane et de l'empire mède ; les derniers venus parmi les envahisseurs, les Perses mazdéens, ne tardèrent pas à se rendre maîtres du monde assyro-chaldéen. Mais si l'avènement des Iraniens inaugure peut-être une ère nouvelle de l'histoire générale

Léon Metchnikoff

de l'Occident[125], il n'ajoute pas d'autres domaines au territoire des civilisations primaires. Géographiquement, l'Iran n'est qu'un couloir, un passage entre la Bactriane et la Mésopotamie, l'Asie antérieure et l'Inde[126] ; historiquement, Mèdes et Perses s'y sont à peine arrêtés dans leur marche vers la « région des fleuves ».

Il y a plus : ce pays ultra-continental a été, dans l'histoire de l'Ancien Monde, une méditerranée véritable, mais la plus ingrate entre toutes : nous avons vu, en effet, que par cette voie si ardue la Chine est entrée en contact avec les peuples occidentaux. Confiné sur les rives de ce grand océan Pacifique aux mers bordières battues par les tempêtes, séparé de l'Inde par plusieurs rangées de chaînes inaccessibles, le Céleste Empire aurait été condamné à un isolement presque absolu, s'il n'avait eu, derrière lui, ces âpres chemins continentaux du Tibet et de la Mongolie. Si l'évolution historique de la Chine a été tellement lente qu'en regard des progrès rapides de l'Occident elle a paru souvent immobile, c'est que, dès le début, son cours normal s'est dédoublé, une partie se dirigeant vers les mers orientales, l'autre s'écoulant sur la région stérile et réfractaire de Si-Yu[127]. Les Chinois semblent avoir compris que ces plaines élevées ont rempli dans leur civilisation la fonction de déversoirs, car, dans la nomenclature officielle de l'empire du Milieu, leurs possessions de l'Asie centrale s'appellent les « Routes au nord et au sud des montagnes Célestes[128] ».

Après avoir délimité ce monde à part dans l'ancien continent, ce vaste territoire où l'humanité s'est éveillée à la vie historique, nous sommes forcés de nous demander à quelle particularité de sa situation géographique on doit rapporter le privilège d'avoir servi de berceau à l'histoire du genre humain.

Notre globe présente, dans ses régions les plus variées, des milieux aptes à dégager l'homme de l'animalité. L'archéologie préhistorique, cette science née d'hier, nous montre, dans tous les pays explorés, de nombreux vestiges d'art ou d'industrie, reliques de peuplades qui n'ont jamais figuré dans l'histoire. À l'époque néolithique déjà, et sur bien des points obscurs de l'ancien et du nouveau continent, on a dû inventer et perfectionner des outils plus ou moins ingénieux, domestiquer des animaux, ouvrir des ateliers pour la fabrication en grand des instruments de pierre, échanger les matières premières et les produits du travail. Des tribus, populeuses parfois, parvenues a s'adapter bien ou mal à leurs milieux respectifs, ont vécu — vivent encore — dans les coins reculés de la Terre, puis disparaissent, sans laisser d'autres traces que ces outils brisés, ces engins de chasse, de pêche ou de guerre, ces constructions lacustres, etc., que nous retrouvons ensuite avec étonnement dans les profondeurs du sol. Pour inscrire son nom dans les annales collectives du genre humain il faut avoir produit quelque chose qui instruise, intéresse ou surprenne la postérité, mais ce n'est certes pas à l'honneur posthume de figurer dans nos manuels d'histoire universelle que visaient, par exemple, les placides constructeurs des Pyramides sur lesquels, dans les sculptures et les peintures égyptiennes, on voit se lever le bâton du contremaître !

Tandis que les savants et les philosophes se demandent encore si la civilisation est un bien ou un mal, les véritables créatrices de cette civilisation, les grandes masses populaires, semblent toujours l'avoir regardée comme un mal auquel la force a dû les contraindre. Partout, au début de leurs annales, nous retrouvons la coercition la plus absolue, le despotisme le plus effréné ; partout ou elles l'ont pu, ces masses se sont soustraites à la corvée historique. Par quelle agence mystérieuse le territoire, unique au monde, où se développèrent les premières civilisations, a-t-il produit ces puissantes despoties qui transformèrent en nations des tribus, des peuplades éparses appartenant aux races et aux familles les plus différentes : Aryas et Sémites, Libyens au teint rosé, Kouchites à peau plus noire que les nègres, Touraniens, Chinois, Dravidiens, etc.

Nous ne saurions chercher le secret de ces destinées dans les conditions de climat, très loin d'être les mêmes pour les diverses parties de ces vastes régions. Le ciel de la Mésopotamie ne ressemble pas à celui de la vallée inférieure du Nil, et entre l'Inde védique et le bassin moyen des fleuves historiques de la Chine, les isothermes annuels s'écartent à peu près de 15 degrés. L'Afrique méditerranéenne, de la Cyrénaïque aux rivages atlantiques du Maroc, est comprise entre les isothermes de 25° et 20° (et pour maint endroit, 19°, 18°, 17°), qui limitent aussi la zone des trois principaux foyers de l'antique civilisation, l'Égypte, la Mésopotamie et le bassin indo gangétique ; la modeste chaîne des montagnes dites libyques, à l'ouest de la vallée du Nil, n'en interrompt pas moins brusquement, par environ 25° de longitude orientale de Paris, le territoire des formations historiques primaires. L'Europe, jusqu'à l'Angleterre et à la moitié méridionale de l'Irlande, appartient à la zone isothermique comprise entre 20° et 10° qui, vingt siècles plus tôt, possédait déjà des foyers de civilisation dans la Chine et la Bactriane : pourtant notre brillante culture européenne n'est pas le produit spontané du milieu, mais celui d'influences assyro-égyptiennes.

Th. Buckle a cru expliquer la différence entre nos civilisations actuelles et les grandes despoties anciennes de l'Orient, par la raison un peu spécieuse que l'Europe doit son rôle historique à son climat, l'Afrique et l'Asie à leur sol. Pour nous, la différence se réduit simplement à ceci : les civilisations européennes appartiennent à la phase secondaire ou méditerranéenne de l'histoire, dont la phase primaire se résume dans les grandes despoties fluviales. Sans doute, le territoire de ces despotes était d'une extrême fertilité, condition *sine qua non* qui a bien son importance au point de vue des origines de l'histoire, mais la richesse exubérante du sol ne justifie pas seule l'évidente prédilection de l'histoire universelle à ses débuts pour les rives des grands fleuves ou des couples de fleuves déjà si souvent nommés. Si la Maurétanie ne compte point au nombre des foyers primaires de la civilisation, ce n'est certainement pas que le terrain y fût aride, puisque ses inépuisables ressources et les privilèges de sa situation se montrent avec tant d'éclat sous les Carthaginois, puis sous les Romains, dès qu'une impulsion du dehors a fait participer cette contrée au mouvement du monde. En certaines parties du bassin du Congo, fleuve classique de la barbarie, la plantureuse fertilité du sol a entassé, ici, là, des agglomérations humaines aussi denses que celles des pays les plus civilisés, et pourtant on y pratique encore le cannibalisme.

Le fleuve, dans tous les pays, se présente à nous comme la synthèse vivante de toutes les conditions complexes du climat, du sol, de la configuration du terrain et de la constitution géologique. Sa course lente ou rapide, l'abondance et l'impétuosité de ses eaux dépendent des pluies, des neiges, de l'alternance des saisons, d'innombrables variations climatiques ; le relief des terres, le plus ou moins d'éloignement de la mer déterminent la longueur et les sinuosités de son cours ; la nature de son lit, l'indigence ou la prodigalité d'alluvions, de détritus organiques, de substances minérales en suspension, rendent ses flots clairs ou troubles, leur prêtent des propriétés, des colorations, des saveurs variées, augmentent ou diminuent leur puissance plastique ou leur pouvoir destructeur.

Un coup d'œil sur la mappemonde prouve que le rôle historique des fleuves n'est point proportionné à la longueur de leur parcours ou à leur volume d'eau : en thèse générale, on pourrait presque affirmer que les plus puissants d'entre eux n'ont point encore d'histoire. Le Nil compte, il est vrai, au nombre des géants du monde fluvial, non par l'abondance de l'eau, mais par la longueur du cours : il suit d'assez près le Mississippi-Missouri, dont l'importance, dans les annales du globe, n'a aucune analogie avec la sienne ; mais sa partie *historique* commence seulement près de Syène, en aval de la deuxième cataracte, et, comme « valeur utile », il a quelques centaines de kilomètres seulement[129]. L'Euphrate, même en y comprenant le Mourad-tchaï, est un pygmée en comparaison de l'Amazone ; et des deux rivières historiques de la Chine, c'est le plus court, le fleuve Jaune, qui, s'il est le « Fléau des Fils de Han », est aussi le générateur de leur empire. Le Yangtsé-kiang dépasse à peine le Hoang-ho et n'atteint pas les fleuves géants de la Sibérie, qui, cependant, comptent pour si peu dans l'histoire des civilisations, et qu'on cite toujours comme exemples de cours d'eau dont la valeur sociologique est paralysée par leur dépendance de l'océan Glacial. Ce fait, qui me paraît cependant fort contestable, peut avoir son importance géographique pour la question qui nous occupe : certes, des civilisations nées sur les bords de ces fleuves acheminés vers le vide glacé de la région arctique, n'auraient pu arriver par voie normale à leur période secondaire, c'est-à-dire à la période maritime, mais on ne voit pas de rapport appréciable entre l'embouchure boréale de ces fleuves et l'absence, dans leurs bassins, de toute civilisation historique. Aux temps primitifs, les grands cours d'eau qui forment l'objet de notre étude étaient, à ce point de vue, dans des conditions encore plus défavorables, car ils n'avaient pas de débouché du tout. Le delta nilotique et le Chat-el-Arab sont des produits de l'histoire et de la civilisation bien plus que de la nature ; le bas Indus s'épanche dans le désert en coulées inutilisables ; le Gange aboutit à un labyrinthe de marigots et de marécages, dont les miasmes ont fait consacrer à Kali, déesse de la mort et de la destruction, une partie notable de la présidence du Bengale ; autrefois, dès que le Huang-ho avait dépassé la ville de Kaïfoung-fou, il cessait d'être un fleuve et rendait inhabitable le vaste triangle limité au nord par son cours actuel vers le golfe de Pétchili, au sud par le lit qu'il a abandonné il y a une trentaine d'années. D'ailleurs, et même de nos jours, l'importance de son embouchure est restée à peu près nulle pour le trafic et la navigation.

L'Amour ne présente pas les inconvénients des grands fleuves de la Sibérie : en certains points la fertilité de ses bords est proverbiale, et sans les « civilisateurs » russes et chinois ses forêts séculaires, plusieurs de ses vallées latérales pourraient être le paradis des chasseurs et des pêcheurs, voire des agriculteurs exploitant les richesses du sol par petits groupes, chacun pour soi et pour sa famille. Le Yenissei, dans la partie supérieure de son cours, nous présente, comme l'Amour et son puissant affluent, le Soungari, l'intéressant spectacle de milieux peut-être trop favorisés à certains égards et qui, par cela même, offrent un mauvais terrain à l'histoire : ils permettent, en effet, à leurs occupants de s'attarder aux étapes inférieures, à la vie de trappeurs ou défricheurs de terres vierges. Récompensant largement le travailleur isolé, ils le dispensent de recourir à une coordination plus complexe des efforts individuels, à une forme plus haute de cette solidarité qui est la condition nécessaire de l'histoire.

Ces fleuves historiques, les grands éducateurs de l'humanité, ne se distinguent pas non plus des autres par le volume de leurs eaux : le Nil en roule trois fois moins que le Danube. Mais tous, sans une seule exception, présentent une particularité remarquable qui nous livre le secret de leurs glorieuses destinées : tous ils convertissent le pays qu'ils arrosent, tantôt en un grenier d'abondance où des millions d'hommes se procurent, par un labeur de quelques jours, leur subsistance annuelle, tantôt en charniers pestilentiels jonchés des cadavres de victimes sans nombre emportées par les crues, la famine et la contagion. Le milieu spécifique constitué par ces fleuves ne saurait être exploité que par le concours, sévèrement

CHAPITRE VII : TERRITOIRE DES CIVILISATIONS FLUVIALES

discipliné, d'équipes de travailleurs recrutés parmi les populations généralement hétérogènes d'aval et d'amont, et différant de langue, de race, de mœurs et d'aspect. Les canaux du Kiang-nan et les digues du Hoang-ho représentent probablement le travail collectif, savamment coordonné, de plus nombreuses générations que les pyramides et les temples de l'Égypte. La moindre négligence dans le creusement d'un fossé, dans l'entretien d'une levée, la simple paresse, l'égoïsme d'un homme ou d'un groupe d'hommes dans l'aménagement de la commune richesse liquide, devient, dans ces milieux exceptionnels, la source d'une calamité publique, d'un irréparable désastre général. Ainsi, sous peine de mort, le fleuve nourricier impose une solidarité, intime et de toutes les heures, à des multitudes qui s'ignorent ou se haïssent ; il condamne chacun à des labeurs dont l'utilité commune ne se manifeste que plus tard et dont, le plus souvent, du moins au début, ni la généralité, ni même la moyenne des individus ne peuvent concevoir le plan d'exécution. Voilà la véritable source de l'admiration craintive et respectueuse des peuples pour le Fleuve, pour ce dieu qui nourrit et ordonne, qui tue et qui vivifie, qui daigne dévoiler ses mystères à quelques élus, mais dont un simple mortel entend, sans les comprendre, les commandements inéluctables. Le Nil, par exemple, ne créait pas seulement chaque année le sol de l'Égypte par ses fécondantes alluvions, mais aussi cette remarquable société égyptienne égalitaire, matérialiste, prosaïque à l'origine[130], sans liens visibles de solidarité, où chacun, absorbé en apparence par le soin égoïste de sa conservation, ne s'en dévouait pas moins sans cesse au bien de la communauté et jouait, sa vie durant, son rôle de simple unité dans le grand tout avec cette ferveur du vrai croyant, bien différente de la torpeur qu'on apporte à l'accomplissement d'un vulgaire devoir revenant tous les jours.

C'est par « celui qui boit les pleurs de tous les yeux et prodigue l'abondance de ses biens[131] », que nous allons commencer l'étude un peu plus détaillée des quatre grands fleuves ou couples de fleuves historiques.

Léon Metchnikoff

CHAPITRE VIII : LE NIL

Caput Nili. – L'axe congo-nitotique. – Le fleuve de l'histoire et le fleuve de la barbarie. – Les *sedd.* – Le région des inondations. – Le despotisme pharaonique. – Le progrès en Égypte.

Au cœur même de l'Afrique, les pluies torrentielles de l'Équateur, en tombant dru sur la surface imperméable de l'une de ces terrasses qui sont la caractéristique du Continent noir, délimite à une région géographique très remarquable dont l'exploration, non encore tout à fait complète, date d'une quarantaine d'années. Ce que nous en connaissons aujourd'hui montre que les géographes du XVIe siècle possédaient déjà sur cette contrée des renseignements bien plus exacts qu'on ne le supposait naguère. D'après ces auteurs, en effet, les deux plus grands fleuves du monde africain, l'illustre Nil et l'obscur Congo, le Zaïré des Portugais, prenaient leur source dans une même mer intérieure, Atché Lounda, censée occuper tout l'espace où se trouvent les puissantes nappes d'eau, Nyassa (Maravi), Bangouelo, Moero Okata, Tanganîka, Kéréoué ou Victoria Nyanza, cette dernière ayant quelque droit à l'appellation de mer, puisqu'elle dépasse en étendue le lac dit mer d'Aral. Les espaces intermédiaires à ces grands lacs, dont les tributaires et les émissaires divergent en tous sens, sont en maints endroits de vastes lagunes, des marécages aux contours incertains ; aussi la région tout entière a-t-elle pu produire l'impression d'une mer sur des voyageurs qui la côtoyaient sans la parcourir. Les renseignements des Portugais leur venaient des *pombeiros,* conducteurs noirs des caravanes qui, tous les ans, partent du Bihé, sur les frontières du Benguela, pour la région des grands lacs et du bas Zambèse[132] ; naguère encore ces notions étaient générales parmi les Arabes et les Zanzibariens qui, de temps immémorial, commercent avec l'intérieur par la voie des stations situées à l'est du Tanganîka et sur le haut Congo. Après avoir lu la description de l'Afrique centrale dans un ouvrage espagnol datant de la première moitié du XVIIe siècle et publié à Madrid sous ce titre : *Relacion de la Mission Evangelica en el reyno de Congo de la serafica corporation de los Capuchinos,* on peut s'expliquer facilement que le célèbre

Bruce, une fois parvenu aux sources du fleuve Bleu ou Bahr-el-Azrak, ait cru et fait croire à quelques savants contemporains avoir définitivement résolu le problème presque cent fois séculaire du *Caput Nili,* problème qui, depuis la plus haute antiquité, a passionné tant d'hommes éminents[133] et coûté la vie à tant d'explorateurs !

Déjà, dans la dernière moitié du IIᵉ siècle après Jésus-Christ, Claude Ptolémée savait que le fleuve mystérieux arrive de l'hémisphère austral[134], des *montagnes de la Lune* ; et en effet, Ou-nyamouézi, le nom de la contrée au sud du lac Victoria, est composé de trois mots bantou : *ou* (pays), *nya*(particule de relation), *mouzi* (lune)[135]. D'après le grand géographe alexandrin, le Nil surgit de l'ouest d'un autre fleuve, le Rhaptus ou Rhapta, nom qui — Livingstone le faisait remarquer dans son *Dernier Journal –* n'est pas sans consonance avec celui du Rovouma.

De plus, et ceci semble prouver que Ptolémée ne cherchait pas ses renseignements dans les nombreuses légendes et les récits fantaisistes du temps, il fait passer les six rivières qui, suivant lui, formaient le *Caput Nili,* par deux grands lacs situés au couchant et au levant l'un de l'autre (le Tanganîka et le Victoria-Nyanza)[136]. En somme, la notion qu'il nous a laissée du grand fleuve n'était guère moins éloignée de la vérité que celle de Speke et de Grant, lorsque, il y a plus de vingt-cinq ans, ils dissuadèrent Mlle Tinné de continuer son voyage, car, disaient-ils, ils s'étaient assuré, *de visu,* que le Nil prend sa source dans le grand Nyanza. Toutefois les brillantes découvertes de ces deux officiers suffisaient pour résoudre la question des versants africains, et c'est en vain que Livingstone poursuivait ses recherches des origines du Nil dans ces dépressions lacustres du Bangouéolo qui appartiennent au bassin du Congo, ainsi que Stanley devait bientôt après[137].

En regard des idées à peu près vraies de Ptolémée, voyons quel était, aux derniers temps de l'empire pharaonique, le résumé de la sagesse égyptienne au sujet du grand mystère de la « Tête du Nil ». D'après Hérodote, le voile n'était levé que pour un seul homme, le scribe sacré du temple de la déesse Neit (Athéné, Minerve) à Naïs[138]. Comment le voyageur grec est-il parvenu à surprendre cet auguste secret ? On l'ignore, mais il nous le livre sans réserve : « Ce sont, dit-il, deux montagnes aux sommets pointus, *Krophi* et *Mophi,*

Léon Metchnikoff

situées entre la ville de Syène (Assouan) dans le domaine thébain, et la ville d'Éléphantine (Abou)[139]. »

On voit par là que, pour les anciens Égyptiens, les sources du Nil s'identifiaient avec la limite extrême de ses inondations bienfaisantes : ni eux, ni Hérodote qui, dans les chapitres XXIX, XXX, XXXI, donne l'itinéraire exact d'Éléphantine à Méroé par Tachompso, et plus loin, au pays des Automoles, n'étaient pas sans savoir que le fleuve existe bien au-delà de ses prétendues origines. Mais aux yeux de ces peuples, vivent seulement des inondations périodiques du Nil, de la substance même du divin Hapi, ce fleuve ne présentait plus d'intérêt, des que, encaissé entre les hautes murailles de sa prison nubienne, il ne pouvait sortir de son lit, abandonnant ainsi au souffle empoisonné du désert, à son antagoniste Set-Typhon, le pays qu'il traverse sans le féconder. Il nous semble plus extraordinaire que cette origine fût regardée comme un mystère redoutable, puisque le plus infime des pécheurs et des bateliers, ces corporations abjectes de l'Égypte ancienne, pouvait de son œil sacrilège profaner la sainteté de ces lieux.

Néron, passionné comme tous les césars[140] des premiers temps de l'Empire pour la question de la « Tête du Nil » envoya deux centurions à la recherche des véritables sources du grand fleuve : ils avaient réussi à le remonter plus haut que son confluent avec la rivière des Arabes, plus loin que n'importe lequel de nos voyageurs européens d'il y a cinquante ans[141], lorsqu'ils furent arrêtés par les *sedd* ou *seudd,* ces amas d'herbes flottantes auxquels on peut appliquer le nom d'« embarras », dans le sens qu'attribuent à ce mot les créoles de la Louisiane.

Ces émissaires avaient surpris sans doute le secret gardé par le trésorier hiérophante de la sagesse divine de *Saïs,* et, si impressionnés furent-ils par cette bizarre conception égyptienne d'un fleuve ayant ses sources à quelque 1500 kilomètres en aval du lieu jusqu'où ils l'avaient remonté, que, à leur retour, ils rapportèrent à l'empereur avoir réellement vu le Nil surgir d'entre les deux collines Krophi et Mophi, aux fontaines insondables. Une moitié des eaux du gouffre, disaient-ils, se dirige vers le nord et forme le Nil Hapi des Égyptiens ; l'autre s'écoule vers l'Éthiopie et s'y perd en des marais infranchissables.

Pour Ptolémée, comme pour nos explorateurs modernes, le problème des sources du Nil n'était donc qu'une simple question de géographie ; pour les Égyptiens même longtemps après la chute de leur empire, elle restait dans le domaine sacré des mystères de la religion, domaine où la solution la moins compatible avec les lois naturelles les mieux établies est précisément celle que le croyant embrasse avec le plus de ferveur… On n'avait jamais vu de rivière sourdre du milieu, voire même près de la fin de son cours ; mais, quel autre fleuve pouvait se comparer au Nil, au divin Hapi ? À mon avis, la simple juxtaposition des deux réponses au problème du *Caput Nili*, celle du géographe macédonien d'Alexandrie et celle des prêtres de Saïs, permet d'apprécier, d'un coup d'œil, la différence entre l'esprit de la civilisation méditerranéenne et l'esprit de l'ancienne Égypte ; les résultats militaires de l'expédition de Ptolémée Philadelphe amenaient le Grec Ératosthène, cité par Strabon, à conclure que le Nil à son origine dans les grands lacs de l'Afrique équatoriale, tandis que les ministres de Neit, de la Suprême Sagesse égyptienne, se transmettaient encore, comme un mystère vénérable et sacré, la fable de Krophi et de Mophi.

Si notre connaissance des origines du Nil n'est pas complète aujourd'hui, nous savons du moins que les deux fleuves géants de l'énorme continent africain, le Nil et le Congo, partent de sources distinctes, mais assez rapprochées. Le Tanganîka, qui se rattache au Congo par le Loukouga, et le Victoria-Nyanza, d'où sort le Nil, appartiennent à deux bassins différents. Il est vrai que de ce côté le faîte de séparation du Nil et du Congo se hérisse de pics élevés, de nature probablement volcanique, tels que le Ganbaragara, au nord-est du lac figurant sur nos cartes sous le nom de Louta-Nzighé, et le M'foumbiro, entre ce même lac et le plus fort des tributaires du Kéréoué-Nyanza, le Tangouré, provisoirement Nil Alexandra. Mais ces pics ne se relient par rameaux continus, ni aux massifs gigantesques des monts Kenia et Kilima-Njaro, ni à la rangée dite chaîne des Explorateurs, qui borde, à l'ouest, le M'voutan-Nzighé (Albert-Nyanza) ; plus au nord, la ligne de démarcation entre les bassins énormes du Nil et du Ouellé, le grand affluent du Congo, est généralement indiquée par de petits accidents de terrain ou même par des plaines à pente indécise ; à la saison des pluies, il est possible qu'une des mares ou lagunes si nombreuses de cette

Léon Metchnikoff

région mêle ses eaux à celles de ses deux grands voisins, et serve ainsi de trait d'union temporaire entre le Tanganika et le Kéréoné-Nyanza, entre le Congo et le Nil. Cependant, des origines de l'Ouellé, affluent du Congo, aux sources présumées des tributaires les plus méridionaux du Nil, on voit assez distinctement la ligne de démarcation courir du nord-ouest au sud-est. Prolongeons-la jusqu'aux limites du continent africain, nous obtenons un axe idéal se dirigeant du cap Spartel vers la mer de Zanzibar : si, maintenant, à partir de l'extrémité méridionale du Soulaiman-dagh, nous tirons, à travers l'Asie et l'Europe, une droite parallèle à la diagonale de l'Afrique par les sources du Nil, nous déterminons ainsi deux grands blocs continentaux de dimension et surtout d'importance historique très inégale, ayant chacun son fleuve géant né dans un commun berceau, la région des grands lacs de l'Afrique équatoriale. À droite de l'axe, le bloc « nilotique » nous présente bien quelques déserts, des espaces restreints où domine la barbarie, mais aussi, nous y voyons les territoires de toutes les grandes civilisations qui ont brillé dans les annales de l'Occident, de la plus haute antiquité aux temps modernes : l'Égypte avec l'Éthiopie ; les provinces méditerranéennes de l'Afrique : l'Asie antérieure, du delta de l'Indus au Caucase et à la Syrie ; l'Asie Mineure ; toute l'Europe centrale et occidentale avec les îles Britanniques, sans en exclure la Scandinavie méridionale et une partie de la Russie. Le bloc laissé à gauche comprend le reste de l'Afrique, c'est-à-dire le vrai continent Noir qui s'est montré, jusqu'à ce jour, si réfractaire à la civilisation et à l'histoire !

Les rapports purement quantitatifs entre l'étendue de ces deux grands blocs continentaux n'ont aucune importance ; de même l'ampleur du cours d'un fleuve, est, au point de vue de la géographie physique, un élément assez indifférent. Le Nil surpasse de beaucoup son voisin sud-occidental par le développement de son parcours, mais on dirait qu'il s'étire et s'amincit d'amont en aval, comme exténué sous l'effort qui le pousse vers la Méditerranée ; le Congo, au contraire, se pelotonne, se replie en courbes, en spirales majestueuses, frangées d'affluents puissants et nombreux ; l'ensemble des terres arrosées par ses eaux et celles de ses tributaires plus ou moins connus, y compris l'Ouellé, est supérieur en étendue au bassin du Nil. Et quant à sa richesse liquide, le Congo, bien que son régime soit encore peu connu, l'emporte manifestement sur son rival. Pourtant, jusqu'à nos jours, il est resté le fleuve par excellence de la barbarie, tandis que le Nil, s'il n'est pas le créateur premier et unique, est incontestablement l'un des principaux générateurs de ces civilisations glorieuses qui, depuis 6000 ou 8000 ans, ont brillé ou brillent encore dans le monde occidental.

Sous le rapport de la navigabilité, le Congo et le Nil ressemblent à tous les autres fleuves africains : descendant les terrasses superposées du continent Noir, ils se précipitent en rapides ou en véritables cataractes qui sont un obstacle au trafic et parfois l'interrompent complètement.

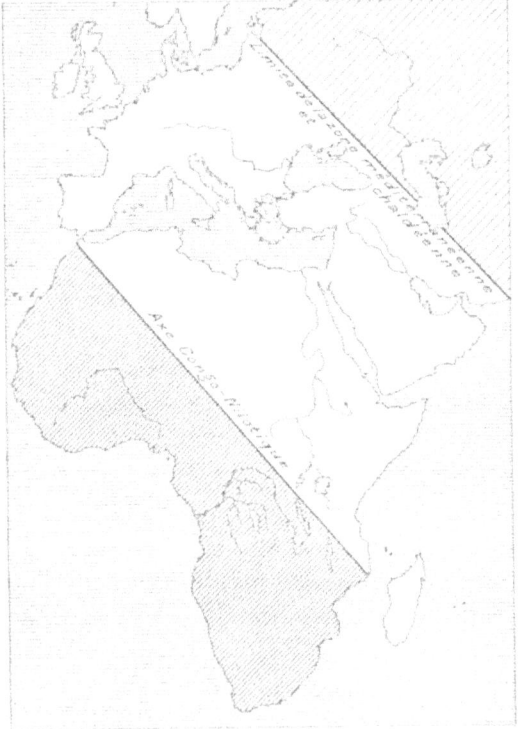

N° 4. Axe congo-nilotique et zone méditerranéenne.

Mais, à ces désavantages communs, s'ajoutent, pour le Nil, ces

Léon Metchnikoff

« embarras » ou *sedd* déjà mentionnés. « Au sortir du M'voutan-Nzighé, le fleuve est d'allure tranquille, et, large de 500 à 2000 mètres, il serpente en longs méandres entre deux rives verdoyantes. Dans le milieu du chenal, l'eau est profonde de 5 à 12 mètres, et de gros bâtiments pourraient, en toute saison, desservir les escales riveraines jusqu'à 200 kilomètres en aval du lac ; des îles boisées et des îlots, s'élevant hors de l'eau comme des bouquets de papyrus, bordent les rives ; souvent, surtout au commencement des crues, on voit des îles flottantes passer au fil du courant. Les matériaux originaires de ces îles consistent en traînées de feuilles et de roseaux qui viennent s'échouer sur des fourrés de hautes herbes aquatiques, se raidissant sous l'effort de l'eau comme des cordes d'ancre. Ces débris de plantes se décomposent et forment une première couche de terreau flottant qui ne tarde pas à se couvrir de végétation… Il arrive souvent que les débris végétaux s'accumulent en assez grande quantité pour que les masses flottantes prennent racine çà et là au fond du lit fluvial, et l'on a vu, dans le bassin du Nil, des rivières entièrement recouvertes par ces planchers mobiles et élastiques, sur lesquels se hasardent même les caravanes. C'est à la formation rapide des îles d'herbes que le Nil doit d'avoir été fréquemment bloqué dans cette partie de son cours, et forcé de se creuser de nouveaux lits. Dans les plaines qui s'étendent à l'ouest du Nil actuel, on remarque, en beaucoup d'endroits, les restes d'anciens courants, « fausses rivières » qui furent autrefois le Nil…

« Le flot des eaux pluviales, uni en un seul courant à Gondokoro et à Lado, présente un aspect imposant : mais, coulant dans une plaine à très faible pente, il se ramifie en de nombreuses rivières latérales. Le cours principal finit même par se bifurquer complètement ; tandis que le Nil proprement dit maintient d'abord sa direction vers le nord ouest, le Bahr-ez-Zarâf, ou « fleuve des Girafes », coule au nord, pour aller rejoindre le fleuve majeur après un cours errant d'environ 300 kilomètres à travers les savanes et les marécages : ce n'est pas une rivière, dit Marno, mais seulement un *khor*, une « coulée » qui d'ailleurs devient d'année en année plus difficile à visiter… Évidemment toute la région basse dans laquelle serpentent le Bahr-el-Djebel, le Bahr-ez-Zarâf, leurs innombrables affluents et les rivières qui viennent les rejoindre, fut jadis un vaste lac que les alluvions ont graduellement comblé. L'endroit où commence la berge septentrionale de cette ancienne mer intérieure, est indiqué par le brusque changement du cours du Nil au confluent du Bahr-el-Ghazâl ou « fleuve des Gazelles », qu'on nomme dans sa partie supérieure, Bahr-el-Arab, ou « fleuve des Arabes ». À ce tournant, appelé le « Joug des Rivières », tout le système des eaux, fleuve principal et coulées, doit se recourber vers l'est pour longer les hautes plaines du Kordofan. Un reste de lac, le No (Birket-el-Ghazâl), emplit encore une cavité de l'ancienne dépression, mais, sous l'action des courants, des crues, des apports, cette nappe d'eau, marécageuse sur les bords, change incessamment de forme… Sur toutes les cartes originales, les contours en diffèrent ; elle paraît diminuer maintenant, colmatée par les apports continuels du fleuve et des rivières ; en 1840, lorsque d'Arnaud en dressa la carte, c'était un bassin très considérable.

« Le Joug des Rivières est la partie du fleuve où les végétaux barrent le plus souvent le passage ; les îles flottantes qu'apportent les courants et les bayous latéraux, s'arrêtent aux brusques tournants et s'étendent, de rive à rive, en un radeau mobile. Arrêté par l'obstacle, le fleuve se déplace, mais d'autres *sedd*, retenus par des fourrés d'*ambatch* (plante ou bois plus léger que le liège), viennent bloquer le nouveau lit… Terre qui se forme, la couche de débris finit par se consolider ; elle se recouvre de papyrus, même de végétation arborescente, et des forêts croissent au-dessus d'un fleuve caché, qui continue lentement son cours dans ses profondeurs. Des familles nombreuses de la tribu des Nouêr installent leurs campements sur le tapis d'herbes flottantes, se nourrissant uniquement des poissons qu'ils pêchent en perçant le sol et des graines d'espèces diverses de nymphéacées. Sur les berges du fleuve et des marais, se voient en certains endroits des myriades de buttes argileuses élevées par les termites, et toutes assez hautes pour dépasser de leurs pointes le niveau des nappes d'inondation : suivant la hauteur des crues, les termites montent ou descendent d'étage en étage. Un des habitants les plus curieux de ces régions inondées est l'oiseau appelé « père du soulier » par les Arabes, à cause de la forme de son bec : c'est le *Balæniceps rex* des naturalistes. Quand on aperçoit de loin, sur une butte de termites, cet animal bizarre aux longues jambes, au plumage grisâtre, à la tête énorme, on se demande si l'on voit un oiseau ou un pêcheur Nouêr le corps frotté de cendre[142]. »

Léon Metchnikoff

Plus téméraire, ou mieux servie par les circonstances que les centurions romains, Mlle Tinné, en 1864, réussit à remonter le Nil, sur un bateau à vapeur, plus loin que le lac No et le Joug des Rivières ; mais, en 1880, l'Italien Gessi, à la tête de 500 soldats du khédive et de nombreux esclaves noirs, se débattit misérablement pendant trois mois au milieu de ces obstacles. Plus de la moitié des hommes fut emportée par la famine ou succomba aux miasmes délétères de ces amas énormes de végétaux en décomposition : les survivants, réduits à se nourrir de cadavres, durent leur salut à l'expédition amenée à leur secours par le célèbre explorateur et chasseur autrichien, Marno. Gessi, quelques mois après, mourut des suites d'une maladie contractée dans ces mêmes *sedd*, et son jeune libérateur ne lui survécut que peu d'années.

Le Nil, perdu au milieu des herbages, semble désormais impropre à toute navigation, mais la rivière des Gazelles, aux multiples affluents, vient lui verser les eaux recueillies entre le pays des Niam-Niam anthropophages et la contrée des Wadj ; son rapide courant a bientôt balayé les « embarras », et le grand fleuve, enrichi des apports de la région sud-abyssinienne que lui versent le Sobat et le Bahr-el-Azrek ou fleuve Bleu, devient accessible aux navires. Entre Khartoum et la jonction du Nil blanc et de l'Atbara, le passage se trouve intercepté de nouveau par la sixième cataracte, la première de celles qui se suivent à de faibles intervalles jusqu'à l'entrée de la Thébaïde à Assouan, où commence l'Égypte historique, la vallée des inondations. Sur tout son immense parcours, le Nil ne présente pas un seul tronçon navigable qui dépasse en longueur le tiers seulement de ce que nous offre le Congo, des Stanley Falls à Stanley Pool (1700 kil.) ; sans compter les nombreux affluents dudit Congo, dont plusieurs ont déjà permis aux vapeurs de pénétrer de quelques centaines de kilomètres, de plus de mille, parfois, dans l'intérieur du pays.

Pour la fertilité du sol et son adaptation au peuplement, le bassin du Congo est beaucoup plus heureusement doué que le bassin du Nil entre l'Ou-Ganda et l'Égypte. On en peut juger par l'aspect florissant des stations entourées de cultures que les trafiquants arabes et zanzibariens ont semées çà et là sur le haut Congo, à Nyangoué par exemple. Stanley, François, Wissmann, Grenfell et tant d'autres parmi les explorateurs actuels de ces régions, parlent avec étonnement de l'extrême densité des populations, sur la rive droite du Congo, entre Stanley Pool et l'Alima, et dans le pays des Bangala, ainsi que sur le Kassai et autres grands tributaires du fleuve de la barbarie. Certes, dans le voisinage même des centres les plus importants, on trouve aussi de vastes espaces presque déserts, mais, à peu d'exceptions près, ce fait n'est pas imputable à l'ingratitude du sol ou à l'insalubrité du climat : C'est que les traitants d'esclaves ont saccagé les villages et forcé les habitants à se réfugier au fond des forêts… Si l'homme-gibier, l'homme-nature trouve, et au delà, les moyens de subsister dans ces contrées, l'homme social, l'homme de la solidarité y est impuissant à se protéger contre des agresseurs qui, tout en étant bien inférieurs en nombre, l'attaquent avec les armes et l'organisation d'une société supérieure.

Mais à un certain point de vue, et en dépit des brillantes découvertes des explorateurs modernes, la révélation de la Minerve de Saïs sur Krophi et Mophi restera éternellement vraie : c'est près d'Éléphantine que se trouve, en effet, l'abîme mystérieux, le gouffre idéal qui partage le fleuve géant de l'Afrique en deux sections de longueur fort inégale, et très distinctes pour la sociologie et l'histoire : en aval, le Nil des inondations qui a créé l'Égypte, et, par conséquent, la commune civilisation occidentale ; en amont, le tronçon énorme qui, d'année en année et depuis tant de siècles, n'a créé et ne crée que le Nil inférieur et ses inondations. Si le grand fleuve n'avait ses origines dans la région de l'Afrique centrale, au-dessus de laquelle les vapeurs des deux Océans se condensent pour se déverser, dix mois sur douze, en pluies diluviennes sur un sol de roches imperméables faiblement incliné vers le nord-est, ses eaux seraient bientôt absorbées par l'ardent soleil de ces latitudes torrides, et bues par les sables du désert, longtemps avant d'arriver à la Méditerranée. Aussi, malgré l'intarissable abondance de ses sources équatoriales, nous voyons le divin Hapi, dès la première moitié de la route qui le conduit au pays de ses adorateurs, en danger de se perdre au milieu des marais pestilentiels du fleuve des Girafes et du fleuve des Montagnes, Bahr-el-Djebel ; grâce à la rivière des Gazelles, grâce surtout aux soins dont l'entoure la tendre Isis, la mère-nature, l'existence du fleuve merveilleux semble désormais assurée. Une fois échappé du « Joug des Rivières », il reçoit le tribut du puissant Sobat[143], le premier de ses affluents de droite, puis, comme pour l'empêcher de verser ses trésors aux sables arides et inutiles du désert, les deux rives nubiennes se haussent et s'étrécissent. Afin d'accélérer sa marche et d'éviter une évaporation trop prompte sous le ciel embrasé des tropiques, son lit, qui, jusque-là, n'avait qu'une pente très faible, descend par six gradins vers la Méditerranée.

Enfin le Hapi franchit la porte d'Éléphantine et entre dans la vallée des inondations, bande étroite découpée dans le désert sans bornes par deux rangées de collines granitiques et calcaires qui s'écartent tantôt et tantôt se rapprochent pour élargir ou restreindre l'amplitude des débordements fertilisants. Le mur oriental ou arabique le serre cependant de plus près, pour qu'à la fin de sa longue et glorieuse carrière, le Nil ne détourne pas ses flots vers la mer Rouge, ce qui eût été fatal pour l'Égypte et pour l'histoire du monde entier[144].

Le fleuve est enfin créé, mais pas encore l'Égypte, le verdoyant berceau de la civilisation occidentale. Tel que nous l'avons suivi depuis sa sortie du grand lac Kéréoué-Nyanza, le Nil serait toujours l'un des premiers entre les géants fluviaux de l'ancien et du nouveau monde, mais il n'aurait pas le caractère spécifique qui en a fait l'initiateur historique par excellence de l'humanité. Nourri à sa naissance de ces pluies équatoriales qui n'ont point de périodicité, il serait assez puissant pour franchir sans s'exténuer l'énorme étendue de plaines marécageuses ou arides qui le séparent de la mer, mais il ne déborderait pas, et l'Isis égyptienne n'aurait point connu son divin époux, producteur des récoltes abondantes, créateur de l'ordre moral et social ; elle languirait comme sa triste sœur Nephtis — la Terre en dehors de la limite des inondations — livrée aux embrassements stériles de Set-Typhon, le dieu satanique du désert, du désordre et de la désolation. Mais, entre le Nil et le golfe Arabique, se dresse le massif de l'Abyssinie, qui attire les nuées et les vapeurs de l'océan Indien. Quand le soleil est au zénith de notre hémisphère boréal, des pluies diluviennes s'y déversent avec une violence inconnue ailleurs ; des torrents mugissants se forment en quelques heures, rongeant les flancs abrupts des roches, ou s'y creusant des lits profonds. Plus d'une fois, l'irruption des eaux sauvages a balayé jusqu'au dernier homme les bataillons en campagne ou les caravanes qui, pendant la saison sèche, profitent des *koualla* ou coulières formées par les crues, pour gravir les parois escarpées des montagnes, ou plutôt les pyramides à sommet tronqué du pays. Le Sobat, l'affluent le plus méridional de la rive droite du Nil, participe, en une certaine mesure, de la nature périodique des torrents de l'Abyssinie ; le Nil Bleu et l'Atbara sont bien plus encore sous la dépendance des saisons tropicales : c'est par leurs crues, et seulement alors, que le Nil déborde dans les lieux où le permet l'abaissement de ses berges en aval de la première cataracte.

« Les eaux du Nil, dit Winwood Reade[145], sont transparentes et limpides ; celles de l'Atbara et du Nil Bleu apportent de leur pays natal un résidu noir que le fleuve étend par couches sur toute la vallée comme une sorte d'engrais ou de limon fertilisant. Aussitôt que le flot est rentré dans ses limites naturelles, les habitants n'ont plus qu'à confier leurs semailles à cette boue onctueuse et bienfaisante ; leurs labeurs sont dès lors terminés : ils n'ont plus à craindre l'inclémence des saisons, à tourner vers le ciel leurs regards anxieux. Pour convertir leurs semailles en récoltes d'une abondance prodigieuse, il ne leur faut plus que du soleil, et, en Égypte, on est sûr d'avance de n'en jamais manquer. Ainsi, sans le Nil Blanc, les eaux abyssiniennes auraient été absorbées par le désert ; et, sans les fleuves torrentiels de l'Abyssinie, le Nil Blanc serait resté un fleuve inutile comme tant d'autres : le fleuve est créé par les pluies équatoriales ; le pays, par les pluies tropicales condensées au-dessus de la citadelle majestueuse des monts de l'Abyssinie. »

Pour ce qui est des inondations mêmes, les choses sont bien telles que Winwood Reade les a indiquées : le fleuve Blanc apporte la *masse* et, à cette masse, le fleuve Bleu et l'Atbara communiquent le don merveilleux de se répandre dans les campagnes favorables à l'heure propice pour l'agriculture... Mais en ce qui regarde la *qualité*, la propriété fertilisante des dépôts nilotiques, les rapports ne seraient-ils pas plutôt diamétralement opposés ? La boue noire qui forme la masse se compose, il est vrai, des détritus de toute nature arrachés par l'impétuosité des torrents aux flancs schisteux du massif abyssinien, mais l'essence fécondante de ce limon n'est-elle pas due principalement aux particules en décomposition des *sedd*, des « embarras » du Nil, poussées dans le grand courant

Léon Metchnikoff

par la puissante impulsion du Bahr-el-Ghazal, qui balaye les marais fétides du lac No ? Seuls, ces débris de nature essentiellement organique ne suffiraient pas, sans doute, pour recouvrir d'une couche d'humus fertilisé le sol aride de la vallée égyptienne ; mais, avant d'arriver au gouffre imaginaire de Krophi et de Mophi, ils ont été largement brassés avec les sédiments blanchâtres du Sobat et les dépôts noirâtres du Bahr-el-Azrek et de l'Atbara. Peut-être est-ce à quelque réaction chimique s'effectuant sur le mélange même de ces détritus, si différents par leur provenance et leur coloration respectives, que le limon nilotique doit ses remarquables vertus, mais ni la Neit divine du temple de Sais, ni les derniers progrès des explorateurs n'ont encore révélé ce « mystère » du fleuve Nil.

N° 5.

On sait seulement qu'avant de déposer ses alluvions précieuses sur la terre inondée, Hapi le bienfaisant les soumet à un triage préalable : par suite de leur moindre pesanteur spécifique, les débris organiques des *sedd* surnagent dès l'abord et déterminent le phénomène du *Nil vert*, la phase première de la crue. L'eau du grand fleuve, qui d'ordinaire est très bonne et très douce, est alors empoisonnée et on se garde de la boire. Tout danger a disparu à la phase secondaire, celle du *Nil rouge*, bien qu'il ait alors une apparence des plus étranges et semble rouler du sang. Si on en laisse reposer l'eau dans un verre, on voit une sorte de boue noire se précipiter vers le fond, mais la partie supérieure reste rouge et opaque, et le mélange n'a ni goût, ni propriété désagréable.

Tel est ce mystère du Nil, cet ensemble complexe de conditions physiques si extraordinaires que nous en chercherions vainement d'analogues dans toutes les autres régions de la planète. Ce milieu géographique sans pareil, cette Égypte si souvent comparée à un monde à part, à un microcosme isolé du reste du globe par les déserts, a eu nécessairement des destinées historiques exceptionnelles, et si l'histoire et l'archéologie n'ont pas encore montré scientifiquement le vrai berceau de notre civilisation occidentale dans cette « Terre d'inondation », *Pe-to-me-ra*, l'étude géographique des lieux me semble prêter une grande vraisemblance à cette hypothèse. À tout le moins, c'est incontestablement dans la vallée du Nil que les liens étroits qui, partout et toujours, rattachent les destinées historiques d'un peuple à son habitat se manifestent sous leur aspect primordial.

Nous venons de voir comment la nature crée le Nil, et comment le Nil crée l'Égypte : examinons maintenant, le plus brièvement possible, comment l'Égypte a créé notre histoire.

Mais, tout d'abord, une question s'impose : ces inondations périodiques et fécondantes du Nil sont-elles un bienfait indiscutable, un don gratuit de la nature, assurant à peu de frais aux habitants de la vallée égyptienne un bien-être matériel supérieur à celui dont ils auraient joui en d'autres contrées ?

Depuis Hérodote jusqu'à nos jours, on a tant insisté sur les bienfaits exceptionnels des débordements du Nil, que la question pourrait sembler oiseuse. Les surnoms honorifiques et caressants que les laboureurs indigènes ont toujours donnés au grand fleuve : sous les pharaons, *Tsaf-en-Ta*(Nourrisseur du Monde), et, sous les oppresseurs actuels du fellah, *Abou el-Baraka* (Père de la Bénédiction), confirmeraient cette idée, et l'hymne que les Égyptiens des anciens temps[146] avaient déjà composée pour célébrer la gloire du Nil, paraîtrait ne plus laisser l'ombre d'un doute à ce sujet.

« Salut, ô Nil ! ô toi qui t'es manifesté sur cette terre, et qui viens en paix pour donner la vie à l'Égypte ! Dieu caché, qui amènes les ténèbres au jour où il te plaît de les amener, irrigateur des vergers qu'a créés le soleil pour donner la vie à tous les bestiaux, tu abreuves la terre en tout lieu, voie du ciel qui descend... Seigneur des poissons ! quand tu remontes sur les terres inondées, aucun oiseau n'envahit plus les biens utiles. Créateur du blé, producteur de l'orge ! il perpétue la durée des temps. Repos des doigts est son travail pour les millions des malheureux. S'il décroît, dans le ciel les dieux tombent sur la face, les hommes dépérissent. Il a fait ouvrir par les bestiaux la terre entière, et grands et petits se reposent.... Se lève-t-il, la terre est remplie d'allégresse, tout ventre se réjouit, tout être a reçu sa nourriture, toute dent broie. Il apporte les provisions délicieuses, il crée toutes les bonnes choses, le seigneur des nourritures agréables, choisies ; s'il y a des offrandes, c'est grâce à lui. Il fait pousser l'herbe pour les bestiaux, il prépare les sacrifices pour chaque dieu. L'encens est excellent qui vient par lui. Il se saisit des deux contrées[147] pour remplir les entrepôts, pour combler les greniers, pour préparer les biens des pauvres. Il germe pour combler tous les vœux sans s'épuiser ; il fait de sa vaillance un bouclier pour les malheureux. On ne le taille pas dans la pierre ; les statues sur lesquelles on place la double couronne, on ne le voit pas en elles ; nul service, nulle offrande n'arrivent jusqu'à lui. On ne peut l'attirer dans les sanctuaires ; on ne sait le lieu où il est.... Point de demeure qui le contienne, point de guide qui pénètre en son cœur... Tu as réjoui les générations de tes enfants ; on te rend hommage au sud, stables sont tes décrets, quand ils se manifestent par devant tes serviteurs du nord. Il boit les pleurs de tous les yeux, et prodigue l'abondance de ses biens[148]. »

Cet hymne, si remarquable par son contraste avec les exagérations lyriques de ceux des Védas et des autres productions connues de ce genre, ne doit pas, ce nous semble, être attribué à quelque scribe laïque ou à l'un de ces nombreux fonctionnaires nourris dans les palais et les bureaux, et qui, depuis les plus anciens temps, pullulaient en Égypte, ou bien à un hiérophante laissant couler sa vie dans l'oisiveté contemplative des sanctuaires ; il me paraît marqué au coin de la poésie populaire : le « voyant » qui l'a trouvé a intimement connu la dureté des corvées et les angoisses de la faim : le « repos des doigts », la « réjouissance du ventre » et la « dent qui broie », ont plus de prix à ses yeux que les litanies inventées par d'extatiques adorateurs pour glorifier d'autres dieux. Le chantre nilotique s'élève à la poésie sans répudier les menues banalités de la vie quotidienne, et même, dans les rares moments où il paye son tribut au pathos inséparable de ce genre de composition, il exprime un fait palpable et réel, mais d'une manière dont la portée véritable pourrait échapper au premier abord : « Dieu caché qui amènes les ténèbres au jour où il te plaît de les amener... qui perpétues la durée des temps » : c'est que, en effet, les saisons égyptiennes se règlent par le Nil ; les temps, les générations ne poursuivent leur course que parce qu'il plaît au Nil de refaire tous les ans son prodigieux travail. Cet hymne est, au fond, tout à fait fétichiste, la déification pure et simple d'un phénomène naturel très concret, envisagé sous le plus matériel des points de vue : s'il atteint pourtant à des hauteurs que nulle théosophie n'a jamais dépassées, c'est que le fleuve-dieu est d'une nature absolument exceptionnelle, unique. « On ne le taille pas dans la pierre... on ne peut l'attirer dans les sanctuaires... on ne sait le lieu où il est » ; d'autres expressions analogues et rappelant celles qu'inspirait aux prophètes d'Israël un monothéisme des plus raffinés, ne sont, dans la bouche du glorificateur du Nil, que la sobre expression d'une réalité géographique particulière à son pays. L'auteur de cet hymne nous paraît à la fois un grand poète et un scrupuleux et précis enregistreur : on ne saurait exprimer les bienfaits du Nil avec plus d'exactitude et en aussi peu de mots.

Mais, toute brillante qu'elle est, cette médaille a aussi son revers ; pour que le Nil soit « bon », pour qu'il « apporte les provisions délicieuses, faisant pousser l'herbe pour les bestiaux et préparer les sacrifices pour chaque dieu », il faut que la crue atteigne seize coudées, et elle est loin d'y arriver invariablement et régulièrement.

Léon Metchnikoff

Le régime de ces inondations est trop complexe pour ne pas être soumis aux chances du hasard, et si le niveau du débordement reste de trois coudées seulement au-dessous de la crue normale, — « dans le ciel les dieux tombent sur la face, les hommes dépérissent », et on a les « vaches maigres », un de ces Nils désastreux dont parle la Genèse. Sur le massif abyssinien, les pluies tropicales sont sujettes à bien des variations ; si elles dépassent de beaucoup la moyenne, les eaux montent précipitamment, emportant les habitations et les hommes. Certes, dans tous les pays de culture, les mauvaises années alternent plus ou moins avec les bonnes, mais nulle part le contraste ne saurait être aussi affreux que dans cette verdoyante vallée du Nil, où de si nombreuses populations se trouvent sur un territoire uniforme, auquel le désert sert de toutes parts de limites[149].

Mais, sans nous arrêter davantage sur ces écarts funestes, qui, heureusement, sont toujours exceptionnels, examinons les crues du Nil sous leur aspect le plus favorable : la terre de Ménès apparaît sur la scène universelle comme une Minerve sortant de la tête de Jupiter, armée déjà de presque toutes les inventions techniques spontanément réalisées par elle, mais surtout possédant une organisation sociale déjà très compliquée. Pour apprécier les avantages naturels d'un milieu si particulièrement favorisé par l'histoire, les monuments, si antiques qu'ils soient, ne sauraient nous être d'une grande utilité : il faudrait nous représenter la vallée du Nil telle qu'elle s'offrait à ses premiers occupants, et non telle que l'a faite le travail accumulé de tant de générations obscures, antérieures à l'éclosion du despotisme pharaonique. Pour ce travail de reconstitution de géographie proto-historique, nous ne sommes pas abandonnés aux seules ressources de l'imagination, et, sur une échelle très réduite, ce qui se passe sur le haut fleuve nous montre approximativement ce qu'était l'Égypte à l'état de nature. Ne perdons pas de vue, toutefois, que, par sa situation moins élevée au-dessus du niveau des eaux, la vallée inférieure du Nil est autrement exposée que le désert de Nubie aux caprices du fleuve. Pas plus que de nos jours, les flots débordés ne pouvaient, tous les ans, se superposer avec une précision mathématique, et toute variation dans la direction des coulées devait nécessairement bouleverser le sol, déplaçant, à toute nouvelle crue, les apports des années précédentes. Au retrait, chaque élévation du terrain offrant un obstacle à l'écoulement des eaux, chaque ravine, chaque dépression retenait une flaque devenant bientôt mare infecte, exhalaison meurtrière. Loin de ressembler à l'Égypte fertile qu'admirait Hérodote, l'Égypte « naturelle » ou primitive, ne pouvait présenter à ses premiers colonisateurs que l'image plus ou moins exacte de ce chaos primordial dont les auteurs bibliques ont peut-être puisé la notion première au pays des pharaons[150], et qui contient en son sein les éléments de toutes les « nourritures agréables, choisies », et de « tout ce qui est bon », mais reste à l'état de Néant, jusqu'à ce qu'une volonté puissante et intelligente l'ait convenablement façonné. Or, bien différent en cela du Yahveh des Hébreux, qui, lui-même, avait accompli ce travail pour le plus grand bien de la race humaine, le divin Hapi l'abandonnait tout entier à l'initiative et aux soins de ses adorateurs. Avant de prodiguer ses dons au peuple de ses élus que, sans préjugé de couleur ou d'origine, il recrutait parmi les Noirs, les Rouges, les Jaunes et les Blancs, il le soumettait à une rude épreuve, et des hordes sauvages, semblables à celles qui, fièrement indépendantes, prospèrent sur les bords du Congo, des tribus éparpillées sans lien de solidarité intime et efficace, eussent été impitoyablement condamnées à périr de misère et de maladies dans cette admirable vallée du Nil.

« Maintenir au fleuve un lit fixe, répandre par des canaux secondaires s'embouchant sur son cours le contact fertilisateur des irrigations sur la plus grande surface possible ; obliger, par une série de digues transversales à la vallée, les eaux de l'inondation à séjourner quelque temps sur les terres en y déposant paisiblement leur limon, de manière à les colmater au lieu de les dénuder ; assurer et protéger les sites choisis pour les centres d'habitation, afin de les empêcher d'être, eux aussi, envahis et emportés par le flot démesurément grossi, organiser des machines d'une conception simple, faciles à construire et à manœuvrer, qui permettent d'élever l'eau de façon à lui faire arroser des terrains dont l'inondation n'atteint pas le niveau ; enfin, lorsque le fleuve commence à baisser, faciliter la retraite régulière de la nappe liquide, de manière à ce que tout rentre graduellement dans son lit, et qu'il ne reste pas de ces mares dont les exhalaisons corrompent l'air ; voilà le programme complet des travaux indispensables que les Égyptiens

Léon Metchnikoff

durent exécuter pour profiter complètement du bienfait naturel dont la Providence avait gratifié le pays où ils avaient établi leur demeure et pour lui faire rendre tous ses fruits. C'est par là qu'ils furent amenés tout d'abord à achever, en l'assurant, la prise de possession du sol.

« Les nécessités résultant des conditions physiques du régime des irrigations, qui seules donnent la fécondité à l'Égypte, ont exercé sur l'histoire de ce pays une influence décisive et qu'on ne saurait méconnaître. Le système des travaux qui régularisent et étendent les effets favorables de l'inondation, forme un ensemble dont toutes les parties tiennent par un lien nécessaire et dont l'action doit se combiner des cataractes de Syène à la mer. Qu'une seule partie soit négligée, le reste périclite. Qu'une des provinces du cours supérieur laisse encombrer ses canaux et cesse de les entretenir, le régime se trouve modifié pour les autres provinces et, sur une vaste étendue de territoire, sinon sur le pays tout entier, la fertilité du sol, le succès de la culture sont compromis. Il est donc indispensable qu'une surveillance uniforme, qu'une direction commune s'étende à tout l'ensemble du système, et y préside avec une active vigilance…. Et ces conditions physiques n'ont pas seulement imposé l'unité à l'Égypte. Elles semblent l'avoir nécessairement condamnée au despotisme…. Aucun peuple n'a porté aussi loin le respect du pouvoir royal, n'en a exalté la conception à une pareille hauteur, ne l'a aussi complètement regardé comme divin. C'est que nulle part le peuple, dans ce qui faisait la condition même de la vie matérielle, dans la production de ce qui était indispensable à sa nourriture, n'en sentait autant l'action et la nécessité.[151] »

Et le savant auteur auquel j'emprunte ce passage, après avoir ainsi noté avec clairvoyance et précision les origines toutes géographiques du despotisme égyptien, s'écrie : « L'école déterministe en histoire peut ici se donner carrière pour soutenir qu'il est des fatalités inéluctables de la nature, qui pèsent sur l'homme sans qu'il puisse en secouer le fardeau, ne permettant la liberté qu'aux habitants de certains pays et de certains climats, et imposant à d'autres peuples de rester à jamais courbés sous le bâton d'un despote…. Oui, il existe une sorte de fatalité de nature qui exerce son action sur les habitants de tel ou tel pays, et qui résulte de la combinaison d'une infinité de circonstances extérieures. »

CHAPITRE VIII : LE NIL

Cet aveu nous est précieux de la part d'un écrivain aussi compétent et d'un adversaire avoué du matérialisme philosophique. Mais le savant archéologue, le dernier défenseur de l'arbitraire providentiel dans l'histoire, nous accorde plus que ne saurait accepter un déterministe convaincu. C'est qu'au fond, nous l'avons déjà vu, l'école déterministe est bien moins fataliste que M. Fr. Lenormant lui-même dans le passage cité, et ne peut admettre, sans faillir à l'évolution, son principe essentiel, une « fatalité inéluctable » de la nature, qui pèse sur l'homme « au point de le condamner à la stagnation, à l'immobilité ». Malgré les particularités si caractéristiques de l'Égypte, les destinées historiques de son peuple n'y procèdent pas, irrévocablement et invariablement, de l'ensemble des conditions physiques du sol. Mais dans la vallée égyptienne, comme dans tous les pays de l'univers, l'état politique et social des habitants découle, naturellement et logiquement, du rapport entre le caractère de la coopération imposée par le milieu, d'une part ; d'autre part, de l'aptitude des populations à fournir, grâce à un concours libre et volontaire, grâce une organisation sociologique d'un ordre élevé, la quantité et la qualité du travail collectif exigé par le milieu. Les deux déterminantes, le milieu lui-même et la faculté d'adaptation de ses habitants étant des éléments variables, il s'ensuit, au contraire, que les destinées historiques des peuples cantonnés dans quelque région que ce soit, devront nécessairement varier. Certes, sauf pour un nombre assez restreint de cas particuliers mentionnés déjà, on peut faire abstraction des changements géologiques et climatiques, lents et comptant pour peu dans les annales de l'humanité ; par contre, les modifications que l'industrie humaine, le travail accumulé des générations successives produisent dans la nature d'un pays ont une fort grande importance, et l'école déterministe ne saurait les ignorer sans mentir à son principe fondamental. Ainsi, les colonisateurs préhistoriques de la vallée du Nil léguèrent à leurs descendants de l'époque memphite un milieu ambiant très différent de celui que, plus ou moins directement, ils avaient eux-mêmes reçu des mains de la nature : plus tard, d'importants travaux, la création, par exemple, du grand réservoir de Fayoum, modifièrent considérablement les conditions physiques qu'avaient dû accepter les Égyptiens des dynasties thébaines. Et combien

Léon Metchnikoff

plus variable encore l'aptitude des hommes eux-mêmes, ou plutôt celles des générations consécutives, à la coordination volontaire du travail collectif imposé par le milieu ! Héritier des habitudes de labeur et de sociabilité péniblement acquises par ses ancêtres, familiarisé par un long usage avec l'utilité de certains ouvrages dont ses prédécesseurs n'auraient su ni concevoir ni comprendre les plans compliqués, ayant acheté par nombre d'expériences une notion plus consciente des liens qui le rattachent à la patrie ou à la communauté, l'individu des âges postérieurs porte de plus en plus librement sa part du commun fardeau, et sent de moins en moins la nécessité d'un pouvoir extérieur pour régler, à la satisfaction de tous et de chacun, le jeu complexe du mécanisme social exigé par le milieu. Soumises à mille et mille influences, les voies de l'histoire, comme celles de la nature, ne sont jamais rectilignes, mais, par le seul fait de l'agglomération du travail et de l'expérience des générations successives, la règle générale, la norme ne saurait être que le progrès, tel que nous l'avons défini plus haut. L'amplitude et la rapidité des variations progressives croissent nécessairement à mesure qu'augmente la puissance de l'homme sur l'espace et le temps ; la valeur historique des âges n'est point proportionnée à leur durée. L'humanité, à ses premiers siècles, n'avançait qu'à pas de tortue sur ce même chemin qu'aujourd'hui nous parcourons à toute vapeur, et si nous jugeons des temps anciens sans tenir compte de cette « perspective historique », une illusion inévitable nous montre un arrêt, une halte, là où, en réalité, nos pères marchaient péniblement, mais sûrement, vers le progrès. C'est à un mirage analogue qu'il faut rapporter le prétendu caractère « immuable » de l'ancienne Égypte, si complaisamment dépeint par tant d'auteurs, depuis Hérodote jusqu'à Charles et François Lenormant, en passant par Bossuet, et que les découvertes modernes ont renvoyé au domaine de ces fictions vénérables, tombées en poussière au premier souffle de la science et de la vérité.

Même dès le début, le milieu nilotique n'imposait pas fatalement le despotisme à ses habitants : c'est la solidarité qu'il leur conseillait, et cette solidarité fit la grandeur de la civilisation égyptienne, tandis que rien ne la rendait indispensable dans telle ou telle des nombreuses régions où l'homme isolé, aidé simplement des membres de sa famille, peut suffire à ses besoins sans beaucoup se

CHAPITRE VIII : LE NIL

préoccuper de ses voisins ou de la communauté. Plus fidèlement que le pieux auteur des *Origines de l'histoire d'après la Bible*, l'anarchiste Élisée Reclus interprète la réalité géographique lorsqu'il s'exprime en ces termes : « Le Nil, propriété commune de la nation, inonde toutes les terres à la fois, et, avant que les géomètres eussent cadastré le sol, il devait les rendre propriété commune ; les canaux d'irrigation, indispensables pour la culture, depuis que l'exploitation du sol a dépassé la zone des terres régulièrement inondées, ne peuvent être creusés et entretenus que par des multitudes de travailleurs, piochant en commun. Il ne s'offre donc que deux alternatives au cultivateur : être tous associés, égaux en droit, ou tous esclaves d'un maître, natif ou étranger[152]. »

Ce fut la seconde alternative, « tous esclaves », qui se réalisa. Les mots d'évolution, de progrès, eussent été vides de sens, si, dès son premier pas sur la scène historique, l'humanité eût déjà su résoudre le problème de la solidarité volontaire, posé dans ses termes extrêmes, et dans les conditions les plus difficiles. Pour qu'il y eût une Égypte et une histoire universelle, il fallait un « Dispensateur du Nil », mais cette nécessité est d'ordre purement psychologique. Le meilleur des pharaons ne pouvait rien ajouter à la faculté d'adaptation du peuple appelé à vivre dans ce milieu, pas plus que la couleur éclatante d'un drapeau n'augmente la force physique des combattants. Comme tous les symboles et les fétiches, le roi n'avait d'autre vertu que celle à lui prêtée par ceux qui le façonnaient. Il ne pouvait être ni le plus fort, ni le plus sage, ni le plus habile des hommes, car, devant l'insondable « Mystère du Nil », tous étaient également impuissants et aveugles. À entendre M. Marius Fontane, le pharaon, du moins, dépassait les autres Égyptiens par son astuce et ses ruses : « Tandis que « les sujets » pouvaient, nous dit-il[153], croire que le « maître » savait les mystères du fleuve, le souverain, lui, n'ignorait pas sa propre ignorance, et, pressentant une puissance supérieure à la sienne, l'orgueil du pouvoir ne l'aveuglait pas. » La suggestion est ingénieuse, mais elle me paraît inadmissible : pour jouer un rôle honorable dans le panthéon de l'histoire, il faut avoir été sa propre dupe. D'ailleurs l'auteur des *Égyptes* ne se contredit-il point en écrivant plus loin : « Il ne semble pas que, dans l'histoire des hommes, on puisse citer une divinité plus noblement adorée que ne l'a été le Nil :

Léon Metchnikoff

c'est que le Nil fut, sans doute, le seul dieu que ses propres prêtres crussent possible, le redoutant. » Pour remplir « noblement », en toute conscience, sa fonction d'interprète des divins décrets du Nil, le pharaon avait à sa disposition un infaillible moyen : imiter scrupuleusement l'exemple de ses prédécesseurs, surtout dans ce que cet exemple présentait de plus incompréhensible. Ainsi s'expliquent, à mon avis, le traditionalisme à outrance, le ritualisme rigide et méticuleux, l'imitation servile du passé qui constituaient le fond de la morale et des mœurs égyptiennes.

Memphis, la résidence du pharaon, se nommait aussi la « demeure de la divinité », *Ha-ka-Ptah*, dont les auteurs classiques ont fait *Ægyptos :* en conséquence on a souvent affirmé que, déjà de son vivant, le pharaon était regardé comme dieu, mais pour que cette thèse fût scrupuleusement vraie, il faudrait que les Égyptiens eussent possédé une conception de Dieu distincte de celle des pharaons ; or les archéologues ont eu beau fouiller tous les recoins du panthéon des premières dynasties, ils n'y ont trouvé, sauf les rois morts et leurs images, que deux autres occupants : le bœuf, l'animal de labour par excellence, et le bélier dont plus tard, à l'époque des Ptolémées, les cornes ornèrent le front du Jupiter Ammon, si vénéré dans tout l'empire méditerranéen. Il semble donc que les Égyptiens ne furent amenés à l'idée de Dieu qu'en projetant, pour ainsi dire, dans le monde supérieur, leur représentation concrète du pharaon, le mandataire du Fleuve. Non seulement à son origine même, mais encore pendant toute la première période de l'histoire égyptienne, le pharaon tient lieu de toutes les institutions religieuses et sociales[154] : Il résume et absorbe en lui seul la quintessence de la coercition dans une indivision tellement absolue, qu'il serait difficile de l'exprimer dans notre langage moderne trop précis et trop logiquement articulé. Aussi loin que nous le suivions en remontant l'histoire, cet absolutisme nous apparaît sous un jour singulièrement doux et humain ; dès les temps les plus reculés, l'Égypte semble avoir ignoré les supplices féroces qui déshonorent le despotisme patriarcal du Céleste Empire. Ce seul fait ne suffirait-il pas à prouver que, dans la vallée du Nil, le pouvoir absolu n'a jamais été contesté par ses victimes ? Mais il y a plus : pendant toute la durée des dynasties memphites, l'autorité discrétionnaire des pharaons est tellement sûre de son droit, de sa force, de sa nature divine, qu'elle ne se manifeste que par des actions absurdes, absolument inutiles ou inconsciemment préjudiciables au bien de la communauté. D'après les monuments de l'ancien empire, le rôle d'un pharaon de cette époque se réduisait : 1° à s'adresser un culte à lui-même[155] ; 2° à faire construire des pyramides, c'est-à-dire à gaspiller les vies de ses adorateurs par dizaines de mille, pour ériger les monstruosités gigantesques qui font l'étonnement des siècles !

Je ne sais quelle révolution cachée se produisit dans les institutions et les mœurs de l'ancien empire, mais il est certain qu'avec la xiie dynastie les choses changèrent tout à coup de nature. Voici en quels termes Amen-em-hat Ier, le fondateur de cette glorieuse lignée de pharaons nouveaux, célèbre son activité ; il dit à Ousour-te-sen, son fils et son héritier : « Soit que les sauterelles aient organisé le pillage, soit qu'on ait machiné des désordres dans le palais, soit que l'inondation ait été insuffisante et que les réservoirs se soient desséchés, ou qu'on se soit souvenu de ta jeunesse pour agir (contre moi), je n'ai jamais reculé depuis que je suis né… J'ai fait labourer la terre jusqu'à Abou ; j'ai répandu la joie jusqu'à Adhou, je suis celui qui fais pousser les trois espèces de grains, l'ami de Neprat (le dieu des récoltes). Le Nil a accordé à mes prières l'inondation sur tous les champs : point d'affamé sous moi, point d'altéré sous moi, car on agissait selon mes ordres, et tout ce que je disais était un nouveau sujet d'amour. J'ai terrassé le lion et capturé le crocodile…. Agis mieux que n'ont fait tes prédécesseurs, maintiens la bonne harmonie entre tes sujets et toi[156]. »

Ce conseil d'agir mieux que ses prédécesseurs eût paru un blasphème aux rois des dix premières dynasties, sous lesquelles on ne savait qu'imiter servilement l'exemple des ancêtres. Les bases de la morale avaient changé. Un pharaon voulant être autre chose que le grand prêtre de son propre culte, un pharaon se préoccupant du maintien de la bonne harmonie entre lui et ses sujets, et leur ordonnant des travaux de nécessité générale au lieu de les exténuer à la corvée des pyramides, voilà certes un fait bien remarquable : le maître veut, en quelque sorte, légitimer son rang, par des soins et des œuvres dont profitera le vulgaire. Un despote absolu qui doute de sa raison d'être divin et s'en cherche une nouvelle d'ordre utilitaire, a fait un pas décisif vers sa déchéance ; un progrès énorme a été accompli. Sans doute, les Amen-em-hat suivent encore les traces

Léon Metchnikoff

de leurs prédécesseurs ; ils construisent des pyramides, mais ces pyramides sont de brique, et leurs dimensions sont très modestes devant les géants de pierre des siècles passés.

Ce notable recul dans l'art de bâtir les nécropoles royales, cette diminution de leur volume semble à certains archéologues une raison suffisante pour affirmer que, depuis l'apparition de l'Égypte sur la scène historique, on la voit toujours décroître et déchoir[157]. Mais, aux yeux de l'historien, il est visible, au contraire, qu'une évolution éminemment progressive s'est produite peu à peu. Ce même Amen-em-hat Ier ne l'avoue-t-il pas ? « Voici, on rassembla des armes contre moi, et je devins aussi faible que le serpent des champs. » Et ce progrès social n'est nullement acheté par une décadence sérieuse des arts techniques. Les Amen-em-hat ne construisent pas de pyramides semblables à celles de Giseh, mais ils font creuser le lac Mœris, ce réservoir de près de 3000 millions de mètres cubes d'eau, qui joue un rôle si important dans l'économie hydrologique de l'Égypte : nos ingénieurs modernes ne se lassent pas de l'admirer.

De l'avènement de la XIIe dynastie à la déchéance manifeste de l'époque saïte, l'histoire de l'Égypte n'est plus qu'une longue succession de phases marquant la décomposition du pharaonisme primitif, en même temps que de nouvelles étapes sur la route du progrès. L'absolu pharaonique des âges memphites se scinde d'abord en deux parties, le temporel et le spirituel, le roi et le prêtre, qui ne tardent pas à devenir des antagonistes acharnés[158]. Si, sous les souverains memphites, les hiérophantes étaient encore semblables aux scribes profanes, aux fonctionnaires civils[159] soumis au pouvoir royal, ils n'en constituaient pas moins une sorte de caste, et cette caste, dans la suite des siècles, tenta souvent de s'affranchir de la domination rivale. Les deux adversaires pactisent parfois pour prolonger leur commune agonie, mais n'en sont pas moins condamnés à s'entre-dévorer, deux absolus ne pouvant exister côte à côte. Puis la gangrène ne tarda pas à envahir l'un et l'autre : les compétitions dynastiques, l'ambition des monarques, la bureaucratie fatidique des scribes... toute cette lèpre dont le pouvoir discrétionnaire apporte les germes en naissant, aurait suffi pour ronger, jusqu'au dernier lambeau de chair vive, ce corps superbe autrefois, si la conquête étrangère n'était venue rejeter le pharaonisme moribond hors de l'arène historique. Mais, bien avant la chute politique de leur empire, les véritables pharaons avaient cessé d'exister : depuis l'expulsion des Hycsos et la restauration des dynasties nationales, ceux qui portaient encore ce nom n'étaient plus que les surintendants d'une administration routinière, ou plutôt de simples capitaines préposés à la sauvegarde ou à l'élargissement des frontières et au commandement des soldats. Or le divin Hapi ne portait dans sa couronne aucun symbole guerrier, et les « Dispensateurs du Nil », dès que le flot de l'histoire les eut arrachés de leur sol natal pour les lancer sur les champs de bataille, ne tardèrent guère à disparaître devant des rivaux plus jeunes et mieux armés, devant les monarques pillards de la Mésopotamie.

Léon Metchnikoff

CHAPITRE IX : LE TIGRE ET L EUPHRATE

Le bassin du Tigre-Euphrate et l'Asie antérieure. — Les rois astrologues de la Chaldée et les pharaons thébains. — La période mésopotamienne. — La civilisation égyptienne comparée aux civilisations de l'Assyro-Babylonie.

L'Égypte est une oasis fertile, séparée du monde entier par des déserts sablonneux, des solitudes rocheuses, la mer et de vastes marécages. Toute autre la région du Tigre et de l'Euphrate, qui nous apparaît comme une enclave, comme le panneau central d'une mosaïque superbe dont les pièces périphériques, au premier coup d'œil, du moins, sembleraient dignes d'avoir leur caractère propre, tandis qu'elles sont, historiquement et géographiquement, subordonnées au Naharaïm, c'est-à-dire au « Pays des Deux Fleuves », à la Mésopotamie.

À ne considérer de l'Euphrate que sa rive droite, on pourrait le prendre pour une réduction du fleuve géant de l'Afrique : après avoir contourné Karkemich, la célèbre cité des Hittites, il est serré de près par les sables du désert immense qui se prolonge sans interruption, sans limites, jusqu'au Nedjed et jusqu'à la lisière des terres habitables de l'Arabie. Les coulées, les marigots, les amas lacustres qu'il forme en aval des ruines de Babylone et dont l'ensemble porte le nom de lac ou plutôt de lagune de Nedjef, ont quelque analogie avec le Fayoum ; la région du Chat-el-Arab rappelle assez exactement le delta du Nil. Cette dernière ressemblance serait plus frappante encore si nous pouvions reconstituer la partie nord du golfe Persique, telle qu'elle existait avant l'exécution des travaux gigantesques auxquels la Chaldée fut redevable de ses splendeurs historiques, et dont l'abandon est incontestablement une des causes de la dégradation de ce pays glorieux. Dans toute la région située à l'ouest et au sud-ouest de l'Euphrate, les terres habitables n'ont d'autres limites que celles que, chaque année, le fleuve trace lui-même, au hasard de ses inondations.

Mais toute similitude avec le Nil disparaît dès qu'on passe à la rive gauche du fleuve babylonien, ou qu'on étudie le pays dans son ensemble. Au nord et à l'est, des chaînes de montagnes, hérissées de cônes volcaniques au nombre desquels comptent l'Ararat, le Tandourek, l'Ala-dagh, tous dépassant l'altitude de 3500 mètres, forment, au bassin du Tigre et de l'Euphrate, un rebord élevé qui l'isole du pays subcaucasien et du plateau de l'Iran. C'est au nord, surtout, dans la région des sources, que cette barrière naturelle entre la mer Noire et la contrée mésopotamienne se présente sous un aspect imposant, presque formidable. Les chaînes de l'Anti-Caucase ou Alpes d'Arménie s'élèvent à une hauteur considérable, et leur configuration tourmentée, les escarpements arides, les pitons déchirés qui dominent les éboulis, accentuent encore l'aspect sauvage du pays. Pourtant, « malgré la barrière des Alpes pontiques, la plus grande partie de l'Arménie méridionale est soumise à l'influence des souffles pluviaux de l'ouest, qui se dirigent de la mer vers le plateau de Sivas, puis vont s'engouffrer dans les vallées occidentales, ouvertes en forme d'entonnoir. C'est ainsi que toute la haute vallée du Kara-sou, jusqu'au bassin d'Erzeroum, reçoit les vents de la mer Noire. Ils soufflent principalement pendant l'hiver et recouvrent de neige l'amphithéâtre des monts autour des sources de l'Euphrate ; les vents du nord et de l'est, déviation du grand courant polaire qui traverse le continent de l'Asie, apportent un air sec qui dissout les nuages ; mais il arrive aussi que de brusques tempêtes, provenant de l'ouest, se terminent par de violentes averses… Sur le versant septentrional, l'excédent d'humidité que reçoivent les Alpes arméniennes forme des rivières telles que le Tchorouk et le Karchout, dont le volume est très considérable en proportion du bassin, et, sur le versant méridional, il alimente l'Euphrate et le Tigre, dont les flots, réunis dans le Chat-el-Arab, dépassent tout autre courant compris entre l'Inde et le Danube et même sont près de deux fois supérieurs au Nil. Dans le circuit atmosphérique et fluvial, c'est la mer Noire qui, par les pluies et le lit de l'Euphrate, se déverse incessamment dans le golfe Persique[160]. »

Au lieu de créer un infranchissable rempart entre la Mésopotamie et les pays pontins et caucasiens, les massifs de l'Arménie ne sont donc, en réalité, qu'un immense barrage interceptant, au profit de la région tigro-euphratienne, les vapeurs fécondantes de la mer Noire et de la Méditerranée. La configuration du sol est sensiblement la même en deçà et au delà de l'Anti-Caucase, et, pour trouver une véritable limite naturelle, il faut arriver au littoral du Pont-Euxin, aux grandes chaînes du Caucase et aux rives de la Caspienne. Si les escarpements des Alpes d'Arménie sont arides, abrupts et dénudés, les vallées qui serpentent entre ces massifs rayés de neige et vêtus de laves, et les terrasses qui descendent en échelons au sud et au sud-est de l'Ararat — le Masis des anciens — peuvent compter au nombre des contrées les plus favorisées de la nature. C'est, par excellence, un pays de contrastes, aux hivers aussi froids que ceux de Moscou, aux étés plus torrides[161] que ceux de mainte région tropicale. Aussi la végétation alpestre vient-elle s'y mêler avec la flore des pays chauds ; les vignobles d'Erivan, dans l'Arménie russe, produisent des vins non moins capiteux que les meilleurs crus de l'Espagne, tandis que ceux de Mouch et des alentours du lac Van, au sud de l'Anti-Caucase, peuvent se comparer aux vins de Bourgogne. En nombre d'endroits, le sol, cultivé par les méthodes les plus arriérées, donne deux belles moissons par an ; chênes, pins, érables, frênes, châtaigniers, térébinthes, sapins, toutes les essences de l'Europe centrale et méridionale revêtent les coteaux de forêts giboyeuses ; plusieurs de nos arbres fruitiers sont sans doute originaires de cette contrée[162], où le mûrier même brave les froidures extrêmes de l'hiver. Mais la richesse principale de la contrée, c'est le verdoyant pâtis, don tout gratuit de la nature : de nos jours, comme aux temps antérieurs à l'histoire, des millions de chèvres et de brebis trouvent leur nourriture sur ses pentes herbeuses. Les chevaux arabes et turkmènes, transportés à des époques inconnues dans certaines vallées alpestres, y ont produit des variétés nouvelles, dont celle de Kara-bagh ou « Jardin noir » est fort estimée dans les pays d'alentour : de tout temps cette région fut le paradis de nombreuses bandes de pasteurs et de chasseurs nomades, aux mœurs rudes et grossières, aguerris aux intempéries, jaloux de leur indépendance personnelle et peu soucieux des liens de solidarité, luxe inutile au milieu de leur vie d'aventures. Depuis les siècles préhistoriques, les Kondraha des inscriptions de Persépolis, Kardoukhes ou Gordiens des anciens auteurs, rôdaient sur les deux versants des Alpes arméniennes, comme de nos jours les Kourdes, qui, sans souci des frontières politiques, conduisent leurs troupeaux sur les bords du Goktcha ou sur ceux du lac Van, et passent à leur gré de la Caucasie à la Mésopotamie, et de celle-ci

CHAPITRE IX : LE TIGRE ET L EUPHRATE

à celle-là.

Or nous savons déjà que, en des conditions semblables, une région abandonnée à son propre sort ne pouvait être le berceau du despotisme, et, par conséquent, avoir un nom dans l'histoire universelle à l'époque de ses sédimentations primaires, c'est-à-dire des grandes civilisations fluviales. Et de fait, bien que l'Arménie ait le droit d'être fière de ses splendeurs passées, bien que Priam et Nabuchodonosor aient recherché son alliance, sa civilisation, dont les traditions nationales font remonter les commencements jusque vers 2350 ans avant Jésus-Christ, est d'origine secondaire, dérivée, exotique. Ce n'est pas au pays qui les voit naître, que le Tigre et l'Euphrate doivent de compter au nombre des fleuves initiateurs de l'histoire.

Au sud de l'Ararat, du Tandourek, les massifs s'abaissent pour former des chaînes parallèles qui, courant vers le sud-est, des sources de l'Araxe et du lac Ourmiah au littoral aride du Mekran, séparent le bassin mésopotamien du haut plateau de l'Iran, en longeant la rive gauche du Tigre. Certains sommets isolés de la chaîne centrale — le Revand de la mythologie persane, appelé aujourd'hui Elvend, au sud-ouest d'Ecbatane (Hamadan), et l'Alidjouk au sud d'Ispahan — se dressent de 3000 à 4000 mètres ; le mont culminant, le Kouh-i-Dena, avec son altitude de 5200 mètres, serait, après le Demavend, le plus élevé de l'Asie antérieure[163]. Du côté des hautes terres de l'Iran, des sources du Kizil-Ouzen au Baloudchistan, ces massifs forment comme une muraille unie, flanquée, par endroits, de contreforts et de rameaux secondaires, qui s'abaissent graduellement vers le sud est. Au pied de cette paroi, à plus de 1500 mètres au-dessus du niveau de la mer, se groupent les villes historiques les plus renommées de la Perse et de la Médie : Ecbatane, Ispahan, Persépolis, Chiraz. Du côté du Tigre, au contraire, le mur unique est remplacé par un nombre infini de chaînes parallèles, formées de nummulites et de grès récents, interrompus par des brèches tortueuses, et que l'Anglais Raverty a très bien comparées à un bataillon rangé en « colonnes de compagnies ». De même que les brumes de la Méditerranée et de la mer Noire, interceptées par les Alpes arméniennes, se déversent dans l'Euphrate, les souffles humides de l'océan Indien, s'accumulant au-dessus de ces montagnes, forment les torrents

Léon Metchnikoff

nombreux qui entaillent leurs flancs abrupts, et se réunissent en rivières considérables, les deux Zab, le Dialah, le Kerkha, sans compter des centaines d'affluents secondaires du Tigre. Bien moins élevées que le massif principal, ces chaînes bordières du Tigre, le mont Zagros des anciens, et les montagnes du Louristan, sont cependant, sur le versant occidental, d'un accès des plus difficiles. Les cassures de la roche déterminent, en plusieurs endroits, des parois verticales de 500 et de 600 mètres, forteresses naturelles qui dominent la plaine mésopotamienne et que lès habitants appellent *diz*. De nos jours encore, les pillards kourdes savent y braver pachas turcs et gouverneurs persans.

Grâce aux coupures nombreuses dues en partie aux rapides affluents de la rive gauche du Tigre (elles ont valu à la contrée le nom de Teng-sir ou « Pays des Brèches »), les cols se pressent à travers les chaînes du Kourdistan. Depuis la plus haute antiquité, la grande route de guerre, le grand chemin des caravanes, de la Mésopotamie vers l'Orient et de Ninive à Ecbatane, s'engageait dans les défilés du Dialah. En hiver, et pendant les crues, ces « portes » sont souvent infranchissables, ce qui opposait un obstacle à l'expansion de la civilisation mésopotamienne vers l'est, tandis que, du côté de l'Iran, ces mêmes sommets servaient de citadelles inexpugnables d'où les armées disciplinées de la Médie et de la Perse dominaient aisément les basses terres du Pays des Deux Fleuves.

Si par le Mourad-tchaï, dont les sources sont à peu de distance de celles du Tigre, l'Euphrate appartient dès ses origines mêmes à la région kourdo-arménienne qui s'incline manifestement vers le golfe Persique, son autre grand tributaire, le Karasou (Eau noire) des Turcs, semble l'assigner momentanément à l'Asie Mineure. Au-dessous du confluent du Phrat et du Kara-sou, en amont de Malatia, après avoir contourné l'éperon oriental du Taurus et repris, depuis Samosate, son cours primitif vers l'occident, le grand fleuve mésopotamien se dirige vers la Méditerranée. Mais sous le 36ᵉ parallèle, et comme dépité de ne point mêler ses eaux à celles de l'Oronte par le Sadjour, il se retourne définitivement vers le sud-est pour se rapprocher du Tigre : « Vers l'ouest de la Mésopotamie, vers le nord-ouest de la Syrie, point de ces obstacles qui ralentissent, ou qui même parfois arrêtent toute marche en avant, qui refoulent violemment tout commerce et ne laissent rien passer. Des gués de l'Euphrate au pied de l'Amanus et du Taurus, le pays est presque partout susceptible de culture, et certaines parties sont même d'une fertilité merveilleuse : voyez l'oasis de Damas…. L'Amanus, malgré l'âpreté de ses rochers, et le Taurus lui-même, malgré l'élévation de ses pics neigeux, se laissent franchir par plusieurs passes, qui ont été pratiquées de tout temps. De l'autre côté des défilés, on ne rencontre pas ici, comme dans le Kourdistan, une formidable rangée de chaînes parallèles qu'il faut escalader successivement. Derrière les cols de l'Amanus, on voit s'ouvrir la vaste plaine cilicienne : quand on a franchi ceux du Taurus, on débouche sur les plateaux où nulle part la vie n'est impossible, où, sur bien des points, elle est heureuse et facile ; dans le steppe herbeux qui se prête à l'élève des troupeaux, autour des grands lacs qui donnent le sel à profusion, le long des fleuves qui ont déposé sur leurs bords une terre grasse et féconde. Coupés par de spacieuses vallées qui sont autant de chemins préparés par la nature, ces plateaux descendent en pente douce vers le couchant, comme pour laisser plus aisément glisser sur leur surface inclinée les hommes et les idées… Cette vaste étendue de pays qui sépare la vallée de l'Euphrate des côtes où s'élevèrent les premières cités grecques qui comptent dans l'histoire, on ne saurait la considérer comme un espace vide et un terrain de libre parcours. Au contraire, dans toute cette région que le Taurus coupe en deux parties inégales, sans interrompre cependant les communications, on relève aujourd'hui les vestiges d'une culture qui a eu son indépendance et son originalité. Partout, dans la vallée de l'Oronte comme sur le plateau central de l'Asie Mineure, on signale les monuments d'un art qui, tout en ayant certains rapports avec celui de la Mésopotamie, s'en distingua pourtant par des traits qui lui sont propres[164]. »

L'Assyro-Babylonie, entourée de toutes parts, à l'exception du midi, de régions géographiques distinctes, mais non indépendantes, et qui se trouvent soudées pour ainsi dire au bassin du Tigre et de l'Euphrate, forme, on l'a vu plus haut, la partie centrale d'un monde intermédiaire à l'Inde et à la Grèce, monde dont nous connaissons déjà les limites orientales, entre le Soulaïman-dagh et le bas Indus, tandis que, vers le couchant, sa zone d'expansion atteint les rives

Léon Metchnikoff

de la Méditerranée et de la mer Égée. Cette situation des deux grands fleuves historiques de l'Asie antérieure au milieu même d'une région si vaste et si variée, suffirait à expliquer la naissance, dans ce glorieux berceau, d'une civilisation dont les destinées ne sauraient être aussi uniformes, aussi « rectilignes » que celles de sa rivale africaine des bords du Nil. En effet, sauf peut-être aux temps les plus reculés et les plus obscurs de ses premières origines, son histoire subit les influences multiples des pays voisins ; en même temps, à partir du Xe siècle avant l'ère chrétienne, elle exerce les siennes sur le territoire immense qui s'étend de la mer Caspienne au littoral phénicien, et des monts de Salomon au royaume de Lydie, entraînant dans le même tourbillon les Touraniens et les Aryens de l'Iran, les Juifs de la Palestine et tous les Sémites du grand domaine syro-mésopotamien, avec les populations presque européennes de l'Arménie et de l'Asie Mineure. Nous pourrions faire remarquer ici que les destinées de la Mésopotamie sont toujours restées conformes au relief orographique de son terrain qui s'incline et s'ouvre vers l'occident, tandis que, du côté de l'Orient, il est dominé par les hautes terres de l'Iran et du « Pays des Brèches » ou Teng-sir.

On se sert souvent presque au hasard des termes : Mésopotamie. Assyro-Babylonie, Chaldée, pour désigner, tantôt l'ensemble des pays arrosés par le Tigre et l'Euphrate, tantôt seulement une partie plus ou moins déterminée de leur vaste bassin. La nomenclature biblique était beaucoup plus précise ; elle appelait *Khasdim* (Chaldée), la partie méridionale, aux environs et en aval de Babylone, et *Aram Naharaïm* ou « Syrie des Deux Fleuves », la partie septentrionale ou ninivite de la contrée. Hérodote[165], à qui remonte peut-être cette confusion, dit notamment que « la terre, en Assyrie, ne s'essaye pas à produire la vigne et le figuier ». Or cela n'est exact que pour la Babylonie ou Chaldée, car une grande partie de la Mésopotamie au nord de Babylone, celle précisément que Strabon nomme *Aturia*[166] (Assyrie), donne du vin d'excellente qualité ; le figuier y prospère en plusieurs endroits, comme sans doute au temps où le célèbre historien visita le pays. Le fait est que la Mésopotamie, dans le sens littéral du mot, la contrée entre les deux fleuves avant leur jonction à Korna, avant même leur réunion près de Bagdad par de nombreux canaux, présente plusieurs zones ou régions géographiques entièrement distinctes, qui se succèdent du nord au sud. J'ai déjà parlé de la plus septentrionale d'entre elles, la contrée des Alpes arméniennes, tourmentée, âpre, d'aspect presque terrible avec ses volcans énormes aux pentes anfractueuses, scarifiées, ses grands lacs (Van et Ourmiah), contrée qui, vers Kharpout et Diarbekir sur l'Euphrate, Sert et Djoulamerk sur le Tigre et le grand Zab, s'abaisse en terrasses recouvertes de bois épais ou de plantureux pâturages. En s'avançant vers le sud, le voyageur qui a dépassé le Karatcha-dagh, dernier des contreforts anti-caucasiens, se trouve dans une plaine faiblement ondulée, de formation secondaire, au relief uniforme, et dont quelques collines seulement, aux alentours de Ras-el-Aïn et d'Orfa, interrompent la monotonie. Celle-ci, cependant, ne fatigue point le regard, car si l'hiver a été doux, ce qui est généralement le cas, si les pluies de l'automne et du printemps se sont déversées avec leur habituelle abondance sur cette terre privilégiée, la fertilité du sol éclate avec une vigueur et une richesse de sève étonnantes. Hérodote s'abstient de préciser la hauteur qu'y atteignent les orges, parce que, dit-il, « ceux qui n'ont pas vu le pays de leurs propres yeux, dans la bonne saison, ne pourraient le croire ». Nous sommes ici dans la zone où le froment, cette plante civilisatrice par excellence, croît à l'état sauvage[167]. Tous les arbres fruitiers de l'Europe méridionale et centrale : pêchers, abricotiers, grenadiers, figuiers, orangers, mûriers, amandiers, oliviers, cerisiers, poiriers, forment de véritables forêts ; la vigne court sur le sol. Les terres en friche se revêtent d'herbes et de fleurs en telle abondance, que les chiens de chasse qu'on y laisse courir reviennent tout panachés de pollen de couleurs différentes[168]. Les étés, très chauds, très secs et très longs, parviennent à peine à brûler cette végétation, et à mettre à nu la terre qui apparaît alors grisâtre, effritée, imprégnée de sel marin et comme rongée de lèpre[169]. Cette région, patrie de la plupart de ces animaux[170] qui sont devenus nos compagnons obligés, répond mieux que toute autre à l'idée d'un Paradis, d'un Eden verdoyant où l'homme, à l'état de nature, pourrait vivre dans l'oisiveté et la primitive ignorance. Aussi, et bien que très près du berceau d'une des plus anciennes et puissantes civilisations, les ruines y sont relativement peu nombreuses, toutes sur la rive droite du Tigre, et toutes, à l'unique exception de Nimroud ou *Kalach*, datant tout au plus de seize siècles avant l'ère chrétienne. Nemrod, « le grand chasseur devant l'Eternel », n'aurait pu mieux choisir le terrain de ses exploits, et la vie du chasseur n'a jamais été propice aux origines de l'histoire. Mais la Genèse nous dit expressément que le « commencement de son règne » avait été Babel, Erekh, Accad et Calneh, c'est-à-dire le pays situé au sud de cette Mésopotamie fortunée. Or, à mesure que nous avançons vers le midi, vers la région babylonienne où le Tigre et l'Euphrate se rapprochent et mêlent déjà leurs eaux par un grand nombre de bras, de canaux, de rigoles, et où, autrefois, ils se jetaient séparément dans le golfe Persique, la contrée change sensiblement de nature et d'aspect. Là, plus de pluies printanières ni de pluies automnales : comme dans la vallée égyptienne, la fertilité du sol ne s'y manifeste que dans les lieux vivifiés par le débordement des fleuves. D'après G. Rawlinson[171], c'est aux environs de Hit sur l'Euphrate, et, sur le Tigre, un peu au-dessous de Samarah, que le voyageur dit adieu à la plaine légèrement ondulée de la Mésopotamie, déjà à une certaine élévation au-dessus du niveau de la mer ; en suivant le courant de l'un ou de l'autre fleuve, on entre dans une région basse, absolument plate et à pente presque insensible, formée d'alluvions récentes, presque toutes déposées par les inondations, et qui se prolonge sans interruption jusqu'au golfe Persique. C'est là, par environ 34° de latitude N., que l'illustre assyriologue anglais place la vraie limite septentrionale du pays biblique de Senaar ou Sinhar, des Khasdim (Chaldée) ; l'Assyrie, pour lui, commence au delà.

Et le contraste est en effet frappant, tant au point de vue de l'aspect, de la constitution géologique du sol, qu'à celui du climat, de la végétation, des populations peut-être, mais, à coup sûr, des destinées historiques : au nord, les plaines de formation secondaire, relativement élevées et ondulées, et dont la merveilleuse fécondité est due aux pluies abondantes des saisons équinoxiales. Au sud, les terres basses et plates, produisant seulement de maigres salsolées, et l'absinthe au parfum amer, partout où ne pénètre point la fertilisante inondation, dirigée par le travail coordonné de multitudes d'hommes qui ont sacrifié leur indépendance individuelle à une solidarité intime et de toutes les heures. Au nord, « les fils de Sem, Assour, Arpaxad, Loud et Aram » ; au sud, « une grande quantité d'hommes de nations différentes[172] », cette confusion d'idiomes que la Bible a symbolisée dans l'épisode fatidique de la tour de Babel, et où l'on entrevoit au premier plan l'engeance réprouvée de Cham, ces Kouchites (*Kosséens, Kissiens*) à peau noire, déjà rencontrés en Égypte, et que les auteurs classiques nous représentent comme des Éthiopiens immigrés de l'Afrique tropicale. Au nord, dans l'Asie sémite, les palais des Salmanassar, des Saryoukin, des Sennachérib incendiaires des villes, écorcheurs et mutilateurs de leurs peuples toujours rebelles ; au sud, dans la pacifique Chaldée, ces observatoires à étages superposés, si semblables aux pyramides archaïques de l'Égypte, du sommet desquels, aux temps les plus reculés, les astrologues couronnés, les Ourcham, les Hamourabi, interrogeaient le ciel, étudiaient le cours des astres, et se livraient à de savants computs, guidés par le désir d' « approfondir les mystères des Fleuves pour le bonheur de leurs sujets[173] ».

Dans la Chaldée proprement dite, on peut distinguer deux régions différentes, dont la plus septentrionale, où se trouvent les ruines de Babylone, n'a point été créée, mais simplement fécondée par les crues annuelles du Tigre et de l'Euphrate ; tandis que la seconde, la partie du sud, fut à la fois créée et fécondée, comme la vallée égyptienne du Nil. Or, c'est précisément dans la basse Chaldée, dans cette véritable *Pe-to-me-ra* (Terre d'inondation), que nous transporte la *Genèse* pour nous faire assister au début de l'histoire des peuples civilisés ; et s'il existe un point sur lequel les recherches de la moderne assyriologie tombent pleinement d'accord avec la tradition biblique, c'est bien certainement sur celui-ci. « La civilisation primitive de la Chaldée, comme celle de l'Égypte, a eu pour berceau la partie méridionale d'un grand bassin fluvial, une région dont le sol est formé de terres d'alluvion, qui ne cessent de s'accroître aux dépens de la mer. Dans la vallée du Tigre et de l'Euphrate, comme dans celle du Nil, ce furent, tout d'abord, les plaines du bas pays qui virent l'homme se dégager par degrés de la barbarie et s'essayer à la vie policée ; puis, avec le temps, dans l'une et l'autre contrée, cette culture s'étendit et gagna, de proche en proche, le long de ces fleuves, en remontant de leur embouchure vers leurs sources. La Thèbes de l'Égypte ne naquit, ou du moins ne grandit que bien des siècles après Memphis. De même, en Mésopotamie, le siège de la royauté chaldéenne fut d'abord dans les villes qui, comme Our et Larsam, étaient assez voisines de la

Léon Metchnikoff

mer... C'est d'aval en amont que la religion s'est propagée avec ses rites et ses symboles, qu'ont été transmis les systèmes de signes qui se sont adaptés successivement à des langues différentes, et qu'enfin se sont répandus tous les arts et tous les procédés... La plus anciennement formée était la civilisation chaldéenne ; elle eut ses centres principaux dans des villes toutes bâties sur le terrain d'alluvion, entre le 30° et le 33° degrés de latitude septentrionale ; la plus célèbre de toutes, c'est Babylone. L'autre peuple, celui que nous désignons par le titre d'assyrien, tire de la Chaldée les premières semences de la civilisation ; aussi sa puissance et sa gloire sont-elles de date plus récente[174]. »

N° 6. — Anciennes villes de la Chaldée.

CHAPITRE IX : LE TIGRE ET L EUPHRATE

« Toute la partie inférieure de la vallée, dit à son tour G. Maspero[175], n'est qu'un terrain de formation relativement moderne, créé par les alluvions du Tigre, de l'Euphrate et des rivières comme l'Adhem, le Gyndès, le Khoaspès qui, après avoir été longtemps indépendantes et avoir contribué à combler la mer dans laquelle elles se jetaient, ont fini par devenir de simples affluents du Tigre. Aujourd'hui encore, le delta du Chat-el-Arab avance rapidement, et l'accroissement du rivage monte à près d'un mille anglais par soixante-dix ans ; dans les temps anciens, le progrès des terres était plus sensible et devait s'élever à environ un mille tous les trente ans. Il est donc probable, qu'au moment où les colons descendaient dans la vallée, le golfe Persique pénétrait à quarante ou quarante-cinq lieues plus haut qu'il ne fait aujourd'hui. Le Tigre et l'Euphrate se jetaient dans la mer à quelque distance l'un de l'autre, et ne confondirent leurs eaux que plusieurs siècles plus tard. La région des alluvions, et surtout la partie de cette région qui confine aux rives du golfe Persique, servit d'asile aux premiers colons. C'était une immense plaine basse dont aucun accident de terrain ne rompait la monotonie. L'Euphrate, mal encaissé dans ses rives, lançait, à droite et à gauche, des branches dont les unes allaient rejoindre le Tigre, et les autres se perdaient dans les marais. Une partie du sol, toujours privée d'eau, se durcissait aux rayons du soleil brûlant ; une autre disparaissait presque en entier sous les monceaux de sable qu'apporte le vent du désert, le reste n'était qu'une lagune empestée, encombrée de joncs énormes, dont la hauteur varie entre douze et quinze pieds. Pour faire de ce pays désolé un des plus riches, sinon le plus riche pays de l'univers, il fallait régler le cours des eaux, répartir équitablement, au moyen de canaux et de digues, l'inondation qui tendait à se porter sur certains points de préférence à certains autres[176], » faire exactement, en un mot, ce que firent les ancêtres des Égyptiens quand ils vinrent s'établir dans la vallée du Nil. Se refusant à choisir pour berceau une de ces régions fortunées qui s'étendent du nord au sud et du mont Ararat à la Babylonie, l'histoire, dans l'Asie antérieure, s'est attachée au contraire, à la terre la plus triste, la plus dénuée, et dont, sous peine des plus grands désastres, la constitution particulière condamne les habitants à la coordination très savante et très complexe de leurs efforts individuels.

Hérodote a fort bien saisi la remarquable analogie des conditions

Léon Metchnikoff

naturelles offertes, par l'Égypte et par la Chaldée, au développement des grandes sociétés historiques épanouies dans leur sein, mais il établit que cette analogie ne va pas jusqu'à l'identité : « En Assyrie[177], dit-il, l'eau du fleuve nourrit la racine du grain et fait croître les moissons, non point comme le Nil, en se répandant dans les campagnes, mais à force de bras, et par le moyen des machines à élever l'eau. » La part du travail de l'homme, dans la création et la fertilisation annuelles du milieu chaldéen, est plus importante et plus permanente que dans la vallée du Nil. Les crues de l'Euphrate et du Tigre n'ont ni la périodicité ni la régularité des inondations nilotiques, dont le régime est moins complexe, et par conséquent moins exposé aux chances aléatoires. Il serait très intéressant d'étudier en détail les diversités historiques que cette variété dans l'unité des circonstances géographiques du milieu a engendrées entre la Chaldée et l'Égypte ; mais les éléments d'un semblable travail ne sont pas à notre portée. Malgré tous les progrès accomplis ces dernières années par les efforts combinés des Rawlinson, Layard, Smith, Oppert, Ménant, Schrader et tant d'autres savants anglais, allemands et français, nos connaissances assyriologiques sont loin d'être à la hauteur de l'égyptologie moderne ; il est même à croire que les civilisations anciennes de la basse Chaldée ne reparaîtront jamais à nos yeux aussi complètement et avec autant d'éclat que la civilisation nilotique. Les constructeurs des observatoires et des palais chaldéens n'avaient pas à leur disposition les calcaires indestructibles des pyramides et les éternels granits roses des carrières d'Assouan ; les cylindres d'argile de la célèbre bibliothèque d'Assour-bani-pal à Ninive, en tombant avec les rayons de bois qui leur servaient de supports, se sont brisés en mille fragments, dont on n'a pu retrouver et raccorder qu'une très minime partie. D'ailleurs, l'écriture cunéiforme était restée de tous points inférieure à l'hiéroglyphie égyptienne, et Fr. Lenormant[178] l'a dit avec raison : « Une bonne moitié de ce que nous possédons de monuments de l'écriture cunéiforme, se compose de guide-ânes qui peuvent nous servir à déchiffrer l'autre moitié, et que nous consultons comme le faisaient, il y a deux mille cinq cents ans, les étudiants de l'ancien pays d'Assour. » Les écrits de Bérose nous sont parvenus dans un état beaucoup plus incomplet et fragmentaire que ceux de Manéthon, son illustre rival égyptien.

CHAPITRE IX : LE TIGRE ET L EUPHRATE

Il est vrai que, produit d'un milieu analogue, la civilisation de la basse Chaldée devait nécessairement faire, dans l'histoire universelle, double emploi avec la civilisation des bords du Nil. De cet Ourcham dont le sceau a été retrouvé par Ker Porter[179], et dont le nom même est sujet à contestation, nous savons seulement qu'il avait sa capitale à Our, la Mougheir moderne, et, qu'à certains égards, on peut le considérer comme un Ménés chaldéen. Mais à travers l'épais brouillard qui recouvre pour nous ces temps archaïques, on devine néanmoins, dans ces *Sakka-Nakou*, rois divins ou rois-pontifes de la Chaldée, personnifications vivantes du pouvoir spirituel et temporel, une image assez exacte des pharaons de l'empire memphite. Et lorsque beaucoup plus tard, on entend enfin la voix de l'un de ces despotes, ce Hamourabi qui nous a légué, il y a cinq ou six mille ans, le premier document explicite de l'histoire du bassin tigro-euphratien[180], on voit revivre en lui un de ces Amen-em-hat thébains, constructeur de canaux, d'œuvres d'utilité publique, que leur commande la voix auguste du Fleuve dont seuls ils scrutent les mystères sacrés : « J'ai approfondi les secrets des Fleuves pour le bonheur des hommes… j'ai porté les eaux des branches mineures du Fleuve dans le désert, et je les ai fait déverser dans des fossés desséchés ; j'ai donné ainsi des eaux perpétuelles aux peuples des Soumir et des Accad…. J'ai changé les plaines désertes en plaines arrosées ; je leur ai donné la fertilité et l'abondance ; j'en ai fait un séjour de bonheur[181]. » Si, comme le pharaon nilotique, il n'a pas laissé à la postérité de mystérieux labyrinthe élevé sur les bords d'un lac artificiel semblable à celui du Fayoum, c'est du moins à lui que la tradition fait remonter l'origine du Nahar-Malkha. Le grand Canal royal, plus tard repris en sous-œuvre par Nabuchodonosor et remanié dans l'intention de faire de Babylone un port de mer, ne pouvait servir qu'aux fins de la colonisation et de l'agriculture, à une époque où la civilisation chaldéenne fuyait encore le littoral du golfe Persique comme l'Égypte thébaine avait fui les bords de la Méditerranée.

Ce parallélisme étroit de l'histoire des deux pays persiste donc jusque dans la phase secondaire où le despotisme, d'abord absolu et indivis, produit spontané des causes cosmiques, s'humanise en quelque sorte, et cherche à se légitimer en devenant utilitaire. Seulement, tandis que, dans la vallée du Nil, cette évolution s'accompagne d'une certaine différenciation qui, du despotisme inarticulé de l'époque memphite, dégage le despotisme sacerdotal, distinct du pouvoir royal, l'indivision persiste dans la Chaldée, et, pour longtemps encore, la royauté y garde le caractère magique. Par contre, la magie y prend un caractère décidément astrologique et devient un mélange inextricable de superstition et de véritable science.

Laplace affirmait déjà[182] que les connaissances astronomiques et cosmologiques des Chaldéens étaient autrement réelles et profondes que la science présumée des prêtres égyptiens : mesures de l'espace, calcul décimal, cercle zodiacal avec sa division en 360 degrés, conception d'une année solaire distincte de l'année lunaire, semaine de sept jours, division du nychthémère en douze heures équinoxiales égales à vingt-quatre heures ordinaires, tout cela est l'œuvre des rois astrologues de la basse Chaldée[183]. C'est que la nature particulière des crues de l'Euphrate et du Tigre, si différente de celles du Nil, faisait visibles à tous les yeux les incompréhensibles influences du ciel sur les phénomènes « fluviaux » et partant, sur les destinées de l'homme et de toute sa race. La seule ligne de démarcation que, d'ailleurs, on puisse tracer entre la moderne philosophie réaliste de la nature et les superstitions de la magie et de l'astrologie des Chaldéens, c'est la notion exacte que nous possédons de ces influences, de leur essence, de leurs limites.

Les différences des milieux géographiques ne tarderont pas à créer, entre les civilisations de l'Égypte et celles de la Chaldée, des divergences très accusées. Bien que la basse Chaldée représente, sans contredit, la partie la plus isolée du bassin tigro-euphratien, son isolement est loin d'être aussi complet que celui de la vallée du Nil ; les influences du dehors se manifestent de bonne heure dans l'histoire mésopotamienne. Le Khoaspès, jadis fleuve indépendant du Tigre, draine les eaux du rebord méridional du plateau de la Médie : dans sa course rapide vers le golfe Persique, il fend des montagnes qui s'abaissent graduellement vers le sud, mais dont le socle, appartenant à la zone des hautes terres de l'Asie centrale, domine les plaines d'alluvion de la basse Chaldée. C'est là le royaume d'Élam de la Bible, où, dès l'aurore de l'histoire, on voit des cités nombreuses, des châteaux forts plutôt : Madactou (Badacta des auteurs classiques), Khamanou, Naditou, sièges de brigands couronnés, plus ou moins puissants, mais tous réunis, même à une époque antérieure à Abraham, sous l'autorité d'un prince ou chef suprême, embusqué dans sa forteresse de Suse[184], au confluent des deux branches maîtresses du Khoaspès[185]. Cette contrée d'Élam ou de Susiane a eu ses jours de gloire, et, depuis les temps anciens, son nom se trouve intimement lié à l'histoire de Babylone ; mais nous ne connaissons point de civilisation élamite autre que celle de la Chaldée[186]. Les villes méridionales de la Susiane, là où pouvaient monter les inondations, se distinguaient à peine des autres cités tributaires de Larsam, Our, Barsip, Bab-Ilou, Sippar, les grandes capitales du bas pays. Dès les plus vieilles et confuses traditions de l'Asie antérieure, les rois de l'Élam semblent tous taillés sur le modèle de Khodour-Lahomor, le contemporain d'Abraham : « Il prit toutes les richesses de Sodome et de Gomorrhe et tous leurs vivres ; puis il se retira. Il prit aussi Lot, fils du frère d'Abraham, qui demeurait à Sodome, et tout son bien, puis il s'en alla[187]. » S'abattant comme des oiseaux de proie sur les opulentes cités de la plaine pour en piller les trésors, ils apportent à l'histoire de la Chaldée l'élément de lutte avec les nations guerrières du voisinage qui, par suite de l'isolement de la vallée du Nil, fait presque entièrement défaut dans les annales primitives de l'Égypte. Parfois, et durant quelques générations, les Élamites réussissaient à garder les vaincus sous leur joug. Un prédécesseur de ce même Khodour-Lahomor, qui, aidé du roi de Sinhar (basse Chaldée), ravagea la « vallée de Siddim ou de la mer salée », avait déjà soumis l'empire chaldéen ; il fut le chef de la dynastie babylonienne, la troisième de Bérose, improprement appelée dynastie médique, puisque ses origines élamites ne font aucun doute et que l'Élam est une contrée distincte de la Médie, dont le centre politique fut toujours Ecbatane. On a pu préciser la date de cette conquête (2295 avant Jésus-Christ), grâce à un acte officiel du roi d'Assyrie Assour-bani-pal ; lorsqu'en 660 de l'ère ancienne, ce monarque s'empara de Suse, il déclara, en sa qualité d'héritier et de vengeur des rois chaldéens, que son entrée triomphale dans la capitale de l'ennemi traditionnel avait lieu seize cent trente-cinq ans après l'établissement de la dynastie susienne dans la basse Mésopotamie. Les Babyloniens, d'ailleurs, n'avaient subi que pendant cent cinquante ans le joug des Élamites, et l'on voit les monarques indigènes replacés sur

Léon Metchnikoff

leur trône dès l'an 2047, sous le onzième successeur de Khodour-Nakhonda, le fondateur de cette lignée étrangère.

L'histoire de ces régions n'est guère connue, et il serait difficile d'apprécier nettement l'influence que purent avoir les menaces perpétuelles, et parfois réalisées, de dévastation ou de conquête et quels changements furent amenés dans cette institution des rois-pontifes chaldéens qui furent, du temps de Hamourabi, si semblables aux pharaons de l'Égypte. Abstraction faite de passagères défaillances, les souverains de la basse Chaldée purent défendre contre les Élamites l'intégrité de leur empire, sans se départir de leur caractère originel d'astrologues couronnés et d'« approfondisseurs des mystères des Fleuves ». Puis, à mesure que remontait le long du Tigre, vers les monts du Kourdistan, la civilisation née dans le réseau confus des îles, des alluvions, des marécages assemblés en delta par l'union du Tigre et de l'Euphrate, des bandits plus nombreux et non moins aguerris que les Élamites, descendent par les âpres cluses du « Pays des Brèches » ou Teng sir. Nous ne saurons probablement jamais les luttes tragiques que les *Saka-Nakou*, excavateurs des canaux et constructeurs des observatoires sacrés de l'archaïque Chaldée, soutinrent incessamment, et durant de longs siècles, contre les chasseurs de lions et de taureaux sauvages, et contre les pâtres nomades de Mésopotamie ; mais, en définitive, la suprématie de l'ancienne Babylone, héritière légitime de tant de cités glorieuses de la plaine, survécut à bien des dangers, à bien des défaites partielles, jusqu'à cette invasion égyptienne qui, par contre-coup, l'entraîna vers la Syrie[188]. Après s'être brisées de siècle en siècle contre le roc inébranlable de la civilisation chaldéenne, les hordes pillardes de ses assaillants avaient naturellement fini par se constituer en petits États guerriers, groupés hiérarchiquement autour du centre naturel de leurs razzias, incursions et déprédations. Tous les monticules du triangle formé par le Tigre, au-dessous du confluent du Chabour et le coude méridional du grand Zab, les hauteurs qui, à l'ouest de Souleïmanieh, dominent les défilés et les cluses, semblent, dès les temps les plus anciens, avoir été couronnés de forteresses bâties autour du temple d'une puissante divinité dont le roi local aurait été le mandataire : Anou, Assour, Istar, etc. Certains de ces temples-citadelles étaient même consacrés à plusieurs dieux à la fois, tel, notamment, celui qui commandait la célèbre vallée d'Arbelles, et dont le nom sémitique, Arba-Ilou, signifie les « quatre divinités ». La Mésopotamie avait toujours tiré ses dieux de la Chaldée, et un roi assyrien du IXᵉ siècle avant Jésus-Christ appelle encore le Sinhar, le « Berceau de son pays[189] ». Tous les rois féodaux de la contrée se donnaient pour ancêtre commun l'antique Sar-Youkin Iᵉʳ qui, d'après les recherches de l'archéologie moderne pourrait avoir vécu vers l'an 3750 avant l'ère chrétienne, et qu'il ne faut pas confondre avec le grand Sar-You-kin, le Sargon des auteurs classiques, père de Sennachérib et destructeur du royaume d'Israël[190]. Le dieu dont le représentant terrestre subjuguait le plus de vassaux était, naturellement, considéré comme le plus fort, et l'armée qui combattait sous son oriflamme passait pour être le « peuple élu ».

Nombre de ces forteresses des dieux ou rois chasseurs de la Mésopotamie ne nous ont même pas légué leur nom, mais toutes, en dernier lieu, durent se soumettre à un autre *kaleh*, à une autre citadelle, Nimroud, dont l'emplacement, d'après la légende, aurait été choisi par le « puissant chasseur devant l'Éternel ». Sa situation sur une butte naturelle au confluent du Tigre et du grand Zab, lui assurait la prééminence définitive : là convergeaient, en effet, les éléments mobiles des rapaces tribus guerrières des montagnes kourdes et des Alpes de l'Arménie ; là fleurit plus tard Ninive, le « repaire des lions, la cité sanguinaire », capitale de l'Asie antérieure sous le terrible Sennachérib.

Le nom d'Assyriens, c'est-à-dire du peuple d'El-Assour, ne semble guère antérieur à l'époque où Samsé-Raman II bâtit un temple au dieu El-Assour, à Chargad, dans l'enceinte fortifiée qui, depuis Ismi-Dagan (environ 18 siècles avant l'ère chrétienne), servait déjà de résidence à ses ancêtres, mais qui portait précédemment le nom du dieu Anou auquel elle avait été consacrée. S'assimilant peu à peu les divinités et les rites, l'écriture, les arts et sciences de la Chaldée, les rois de la Mésopotamie finirent, au cours du deuxième millénaire avant Jésus-Christ, par dominer tout le bassin moyen de l'Euphrate et du Tigre ; ils devinrent alors les rivaux dangereux des Babyloniens, affaiblis par leurs guerres continuelles contre les pharaons des XVIᵉ, XVIIᵉ, et XVIIIᵉdynasties. Cependant, d'après Bérose, le règne de l'Assyrie, ou pour mieux dire, la

Léon Metchnikoff

période assyrienne de l'histoire de l'Asie antérieure, ne commence que vers 1270, lorsque Touklat-Ninib, roi d'El-Assour, détrôna Nazimouroudas, roi de Babylone, et réunit à ses vastes domaines le pays de Sinhar ou Chaldée, par une annexion d'ailleurs non définitive.

Les Mésopotamiens du Nord, hommes de proie par excellence, habitués aux intempéries, formés à la rude école de la chasse au lion et au taureau sauvage, possédaient au suprême degré les vertus physiques et morales qui font les guerriers invincibles. Nul peuple ne les valait en adresse, en courage, en ruse, en endurance ; mais nul peuple non plus ne poussa si loin le culte de la force brutale et la passion de la guerre, l'amour du pillage et de la dévastation. El-Ilou, le Fort, « celui qui fait peur », était, en leur langue, le nom même de la divinité. Se considérant d'abord, à l'exemple des pharaons et des rois de la Chaldée, comme des incarnations, et, plus tard, comme des représentants du Fort par excellence, du dieu de leur kaleh, les *Sar* assyriens châtient comme une impiété toute résistance à leurs armes. De là cette cruauté calme, froide, implacable, que respire chaque ligne des inscriptions léguées à la postérité pour célébrer leurs exploits. À la civilisation laborieuse de la Chaldée, préoccupée du « mystère du Fleuve et des Cieux », de la régularisation du cours des eaux, de la fertilisation des champs, succède une période de ravages que les ravageurs eux-mêmes dénoncent au monde comme leur titre de gloire. Dans les inscriptions qu'on en a retrouvées, Sennachérib énumère par dizaines les villes dont il dit : « Je les ai prises et rasées de fond en comble », et d'autres sur lesquelles il s'est « abattu comme un ouragan » et qu'il a « converties en monceaux, de cendres…. À leur place, j'ai fait le désert et un amas de ruines, j'ai balayé le pays ennemi comme avec un balai de flammes. » Dans le curieux document connu sous le nom de *Cylindre de Taylor*, il s'exprime comme suit : « Mes trophées nageaient dans le sang, ainsi que dans une rivière ;… mes chars de guerre, qui écrasent hommes et bêtes, broyaient les membres palpitants des ennemis. Je me suis érigé des trophées avec des amas de cadavres mutilés ; à tous ceux qui tombaient vivants en mon pouvoir je faisais couper les mains. » Assour-bani-pal, le célèbre bibliophile de Ninive, devait encore surpasser son aïeul dans l'art de torturer « les impies », ceux qui ne voulaient pas se laisser piller. Témoin les inscriptions de Kouyoundjik. Un roi par lui vaincu eut le malheur de ne pas succomber sur le champ de bataille : « Je l'emmenai, dit le conquérant, à Ninive ma capitale, et je l'y fis écorcher vif. » Le jeune roi d'Élam, défait par Assour-bani-pal, cherche à lui échapper par le suicide : « Je ne permis point qu'on l'enterrât, mais je lui infligeai une seconde mort en faisant décapiter son cadavre. » Et d'une autre de ses victimes : « Je fis crever les yeux à ses fils ; quant à lui, je ne le livrai point aux chiens : chargé de chaînes, il fut muré vivant dans l'intérieur de la Porte du Soleil à Ninive…. Je fis monter au ciel la fumée de trente-quatre villes incendiées…. À tous ceux dont la bouche avait blasphémé mon nom ou le nom de mon Seigneur El-Assour, je fis couper la langue et je la hachai en menus morceaux ; le reste du peuple fut conduit devant les grands taureaux (*Kheroubim*) de pierre que Sennachérib mon grand-père a élevés ; on les y jeta dans un fossé ; on leur coupa les membres, puis je les fis dévorer par les chiens, les fauves et les oiseaux de proie pour réjouir le cœur des grands dieux, mes Seigneurs. »

Ainsi le style officiel de nos relations de batailles, et, plus encore, ces litanies au Dieu des armées qui se chantent dans les églises à l'occasion d'une victoire, remontent, par un curieux fait d'atavisme, à ces inscriptions des rois de l'Assyrie. Les superbes bas-reliefs d'albâtre, apportés par les Botta, les Place, les Rassam, dans les grands musées de l'Europe et dont les reproductions ornent les livres si connus de Layard, de Perrot et Chipiez, de Kaulen, etc., nous montrent qu'aux *Sar* mésopotamiens revient le triste honneur d'avoir inventé ces hideux supplices — pal, croix, four ardent, écorchement, mutilations — toutes ces tortures dont les despotes temporels et spirituels ont si largement profité pour répandre la terreur.

11 ne faudrait pas attribuer à une perversité d'instinct, à une férocité de race, la cruauté révoltante que respirent les inscriptions assyriennes de la période la plus brillante des Sargonides, et qui contraste si fort avec l'esprit pacifique des anciens rois astrologues de la Chaldée ; cette cruauté découle logiquement de la situation. Ce que nous appelons la mission historique des rois assyriens, leur rôle strictement déterminé par le milieu, c'était de propager, dans les régions qui encadrent le bassin du Tigre et de l'Euphrate, les

Léon Metchnikoff

précieuses acquisitions de la civilisation chaldéenne qu'ils avaient eux-mêmes dérobées par lambeaux. Et, pour l'accomplissement de cette œuvre, avaient-ils, à cette époque, d'autres moyens que la coercition à outrance, le despotisme absolu, le culte de la force divinisée ? Les richesses accumulées pendant les longs siècles de la prépondérance chaldéenne, dans le bas pays dominé par les citadelles naturelles du « Pays des Brèches » et les buttes de la Mésopotamie, ne pouvaient manquer d'exciter la concupiscence de ces pillards. Et quand ils eurent appris qu'il était préjudiciable à leurs intérêts de tuer la poule aux œufs d'or — c'est-à-dire de raser du sol ces opulentes et industrieuses cités pour « offrir au ciel l'holocauste de leur fumée » — ils n'eurent, pour affirmer leur droit de souveraineté, d'autre procédé praticable que la terreur. « Ils n'ont jamais fait d'effort suivi pour rattacher les uns aux autres, par des liens solides, tous ces peuples qu'ils avaient successivement vaincus et foulés aux pieds…. À aucun moment, les chefs de cet empire n'eurent même le soupçon de la politique habile à laquelle les Romains durent de s'assimiler les peuples qu'ils avaient soumis[191]. » Ils ne surent même jamais s'élever à la hauteur du procédé si simple que leurs successeurs iraniens pratiquèrent plus tard en grand : placer, à la tête des provinces conquises, des satrapes ou représentants du roi. Les Sar assyriens, après avoir pillé les richesses accumulées sous le paisible sceptre des monarques chaldéens, après avoir rasé les cités, n'y laissaient que l'image de leur divinité, et en imposaient l'adoration aux vaincus. Le plus souvent, ils faisaient périr dans d'affreuses tortures le chef ennemi et le remplaçaient par son héritier légitime, puis ils s'en allaient, sans autre garantie d'obéissance et de fidélité au tribut imposé que la terreur inspirée par l'attente de leur retour. De là cette férocité froide et calculée dont les textes[192] nous donnent une idée si vivante ! De là aussi cette pompe, cette mise en scène, cet orgueil dans la cruauté qui est le trait distinctif des mœurs assyriennes !

Effrayer à jamais les vaincus par l'appareil des supplices, ce but, les chroniques nous apprennent qu'il ne fut pas toujours atteint, surtout quand les vainqueurs négligèrent la suprême ressource d'emmener captifs devant eux la presque totalité des hommes et des femmes de la nation domptée. Tels ces troupeaux de prisonniers, ceux d'Israël entre autres, que, sur les bas-reliefs, on voit traînés

CHAPITRE IX : LE TIGRE ET L EUPHRATE

aux corvées par une corde fixée à un anneau passé dans la lèvre. Règle générale, au lendemain de la défaite, les cités et les provinces les plus maltraitées essayaient de secouer la chaîne, tandis que l'ennemi était occupé à mettre à feu et à sang quelque autre peuple, toujours soumis et toujours révolté.

Donc, par la nature de son œuvre, l'empire assyrien appartient à la phase de propagation, à la phase secondaire de l'évolution historique, prélude sanglant de la période méditerranéenne. Mais par ses procédés, par ce que l'on pourrait appeler ses méthodes, il nous apparaît comme une création tout aussi spontanée du milieu qui l'a vu naître, que le despotisme absolu des pharaons memphites et des rois-astrologues de la Chaldée dont il est l'hypostase féroce et militante. Sans leurs antécédents chaldéens, les populations mésopotamiennes n'auraient probablement jamais dépassé le degré de culture qu'occupent encore de nos jours les montagnards du Kourdistan, de l'Azerbeidjan occidental et du Kouristan ; mais, sans les Sargonides, la civilisation pacifique de la Chaldée aurait mis des milliers d'années à dépasser la région des bas fleuves, pour se répandre dans l'Asie antérieure jusqu'à la mer Égée. Et, d'un autre côté, l'art de propager les civilisations acquises, une fois né de l'avidité des peuplades du haut pays mésopotamien, ne pouvait s'attarder à la phase rudimentaire représentée à nos yeux, dans sa plus belle période de gloire, par le second empire assyrien. Ces répressions et ces rébellions en permanence, qui mettaient les peuples en contact douloureux et laissaient toutes les questions indécises comme à la veille des batailles, auraient inévitablement fini par l'exténuation complète des vainqueurs et des vaincus ; l'Asie antérieure eût été noyée dans le sang. Mais cette sanguinaire orgie de la violence divinisée devait, par une longue expérience, apprendre nécessairement aux intéressés une vérité si simple et cependant si mal comprise encore, c'est que la solidarité des faibles est le seul remède à l'oppression des forts. Six siècles avaient à peine passé depuis la date assignée par Bérose aux origines de la monarchie assyrienne, que nous voyons déjà des alliances offensives s'ébaucher entre les éternels vaincus de l'Élam et de la Chaldée contre les invincibles pillards du Naharaïm. À la mort de ce même Assour-bani-pal, qui se glorifie d'avoir dépassé en férocité les plus cruels de ses prédécesseurs, la Médie, dont la capitale,

Léon Metchnikoff

Ecbatane, s'abritait de temps immémorial sur le versant iranien de l'imposant massif de l'Elvend, surgissait tout d'un coup à la lumière de l'histoire comme place d'armes des rebelles de la Susiane, du bas pays du Khoaspès et de l'ancien empire babylonien. Hérodote nous apprend que Cyaxares, roi de Médie, profitant de l'embarras où se trouvait le *Sar* assyrien, engagé dans sa reconquête perpétuelle des pays de l'Ouest et du Sud, lui infligea une terrible défaite et assiégea le repaire même du lion, « la ville sanguinaire, toute pleine de mensonge, toute remplie de proie[193] ». L'Asie antérieure eût-elle été séparée du monde entier par des barrières naturelles plus infranchissables que le Caucase aux « portes nombreuses », ou que les chaînes et les déserts qui l'isolent de l'Asie centrale, ses destinées historiques, à partir de ce moment-là, auraient probablement suivi le même cours. Livrée à ses seules forces, Ninive, « cette prostituée pleine de charmes, experte en sortilèges, qui vendait les nations par ses prostitutions et les familles par ses enchantements, » eût également succombé devant la coalition des peuples vaincus. Élam, Babylone, la Susiane avaient trouvé leur centre stratégique à Ecbatane, et la tardive prophétie de Nahum allait se réaliser sans intervention étrangère : « Toutes tes forteresses seront comme des figues, et comme des premiers fruits que l'on secoue et qui tombent dans la bouche de celui qui veut les manger.... Voici, ton peuple sera comme autant de femmes au milieu de toi ; les portes de ton pays seront toutes ouvertes à tes ennemis ; le feu consumera tes portes... Le feu te consumera, l'épée te retranchera, elle te consumera comme les sauterelles... Il n'y a point de remède à ta blessure ; ta plaie est mortelle ; tous ceux qui entendront parler de toi battront des mains sur toi, car, qui n'a pas continuellement éprouvé les effets de ta malice ? »

En réalité, l'Asie antérieure, bien qu'encaissée entre des limites naturelles franchement accusées, n'est point isolée de l'Europe et du reste du continent ; l'apparition d'une des peuplades sauvages à peu près inconnues qui vivaient en nomades de l'autre côté des brumes du Pont-Euxin détermina la catastrophe qui devait faire éclater une situation dès longtemps tendue, et mettre fin aux grandeurs et aux turpitudes de l'empire d'Assyrie. Hérodote raconte ainsi l'événement : « Cyaxares, fils de Phraortes..., tenait Ninive assiégée après avoir remporté une victoire sur les Assyriens, quand intervint une armée de Scythes, commandée par leur roi Madyas, fils de Protothye ; elle était entrée sur le territoire des Mèdes en poursuivant les Cimmériens fugitifs, que d'Europe elle avait rejetés en Asie... Il y a, du Palus Mœtis au Phase, fleuve de Colchide, trente journées de chemin pour un bon marcheur ; de la Colchide à la Médie la distance est courte ; car, entre les deux contrées, il ne se trouve qu'une nation, les Saspires.... Les Scythes, toutefois, n'y entrèrent pas de ce côté ; ils prirent une route beaucoup plus longue en tournant le Caucase et en le laissant à droite. Auprès des monts, les Scythes et les Mèdes se heurtèrent ; ceux-ci furent vaincus et perdirent l'empire de l'Asie dont les Scythes s'emparèrent.... Les Scythes furent maîtres de l'Asie pendant vingt-huit ans, et, par leur brutalité, par leur ignorance, ils bouleversèrent tout : car, outre les tributs, ils exigèrent de chacun ce qu'il leur convint d'imposer, et, de plus, ils rôdèrent sans relâche çà et là, pillant à leur gré. Enfin, Cyaxares et les Mèdes en invitèrent le plus grand nombre, les enivrèrent et les mirent à mort. »

Chose curieuse ! Dans ce récit, au lendemain même de la mort du glorieux Assour-bani-pal, il n'est plus du tout question du *Sar* de la Mésopotamie, du maître qui pourtant semblait réunir en lui toutes les forces militantes de l'Asie antérieure. Organisée pour la conquête et la rapine, la royauté assyrienne se montre impuissante à protéger le pays contre des hordes barbares, dont la puissance devait être toutefois bien éphémère, puisque la force des Mèdes, ces vaincus de la veille, a suffi pour les faire disparaître de l'histoire. Le subterfuge par lequel Cyaxares sauva la Mésopotamie du joug des barbares est trop naïf pour qu'on le prenne tout à fait au sérieux ; aussi les partisans de la théorie des races ne voient-ils dans cette libération qu'une manifestation éclatante du génie aryen : le peuple privilégié surgit, et les Asiatiques de race inférieure, Scythes et Assyriens, rentrent dans le néant. Nous nous défions, comme de tout miracle, de cette apparition subite du génie aryen, précipitant en quelques heures la marche lente de l'histoire. Les travaux de J. Oppert[194]ont, du reste, établi que les Mèdes ne sont pas Aryens. Il y eut bien, parmi eux, une tribu (celle des Arya-zanta qui s'appelait et qui était Arya), mais la majeure partie de la nation était touranienne.

De fait, le rôle des Mèdes, dans cette crise importante de l'histoire de l'Occident, ne fut pas aussi exclusif que l'ont prétendu les auteurs

Léon Metchnikoff

classiques. S'ils eussent été seuls à la peine, ils se seraient bien gardé de partager avec d'autres les bénéfices de la victoire. Nous savons cependant qu'après l'expulsion ou l'extermination des Scythes, l'empire assyrien fut réparti entre Cyaxares et Nabopolassar, roi ou vice-roi de Babylonie. Le dernier rejeton des Sargonides, le dernier des lions de Ninive, Assour-édib-ilâni, périt dans son palais en flammes ; sa mort semble être l'origine de la légende grecque du festin de Sardanapale.

Nous avons déjà dit pour quelles raisons le second empire babylonien, surtout depuis Nabuchodonosor, fils de Nabopolassar, nous semble inaugurer la période méditerranéenne dans le « Pays entre les fleuves ». Si l'Égypte qui, par sa situation exceptionnelle, a été la patrie naturelle d'une des plus grandioses civilisations historiques, cesse d'être égyptienne dès qu'elle quitte les bords de son fleuve sacré pour le littoral de la Grande Mer, le Bassin du Tigre et de l'Euphrate avec sa riche ceinture de régions distinctes, offre, au contraire, un terrain propice au long déroulement de civilisations ayant pour première et commune origine le travail à la fois destructeur et réparateur de ses deux grandes rivières.

Ce n'est point le lieu de dire ici comment les Médo-Babyloniens, les Perses, les Parthes même, reprennent en sous-œuvre cette mission de propager la civilisation chaldéenne que les *Sar* mésopotamiens avaient failli noyer dans le sang. Depuis que les Perses, par leur mouvement vers la mer Egée, rejettent par contre-coup (suivant l'expression de G. Maspero) l'Europe sur l'Asie en préparant les campagnes d'Alexandre, le courant principal de l'histoire universelle quitte l'Asie pour se porter vers l'Occident. Mais, abstraction faite des legs précieux que la Chaldée a transmis à l'Europe par tant d'intermédiaires, Assyriens, Babyloniens du second empire, Iraniens, Hittites, Juifs, Phéniciens, Phrygiens, Lydiens, — le bassin de l'Euphrate et du Tigre a encore son histoire particulière. Seule de toutes les civilisations extra-européennes, celle de l'antique Aram Naharaïm franchit la période méditerranéenne sous les Macédoniens et les Séleucides (Babylone restaurée, Séleucie), pour arriver à la période océanique par le Khalifat arabe, qui engloba dans sa sphère les rives africaines et asiatiques de la mer des Indes. Et si elle a dû céder le pas à la civilisation de l'Europe avant d'avoir atteint la période de l'universalité, c'est que l'Océan vers lequel elle s'épancha, n'a pas, tant s'en faut, les privilèges naturels de l'Atlantique.

Mais le champ de nos études est limité au domaine des civilisations fluviales : il nous reste à examiner deux puissants couples de fleuves de cet extrême Orient qui, pour être séparé de nous par des déserts et d'infranchissables montagnes, n'en a pas moins joué un rôle important dans l'histoire générale de l'Ancien Monde.

Léon Metchnikoff

CHAPITRE X : L'INDUS ET LE GANGE

L'histoire dans l'Inde et l'Inde dans l'histoire. — Régime des castes. — Épuisement précoce de la sève indienne. Aryas et Dacyous. — Temps idylliques. — Anarchie communaliste des Védas. — Le Pandjab et l'Aryavarta oriental. Magadha, Tritsou et Bharata. — Rois et prêtres. — La limite extrême des civilisations fluviales.

L'Inde est, à bien des égards, un pays énigmatique et mystérieux. Son histoire est la plus indéchiffrable de ses énigmes, le plus obscur de ses mystères. D'autres nations de l'antiquité nous ont légué leurs vieux monuments, tandis que ceux qu'on admire dans l'Inde ne remontent pas, suivant les meilleures autorités[195], au delà du IIIe siècle avant Jésus-Christ : à peine peut-on se permettre de reculer cette date de cent cinquante à deux cents ans[196].

L'Inde antique ne put élever de temples, de tombeaux à l'épreuve des siècles, sculpter des colosses, tailler des bas-reliefs pour l'admiration de la postérité la plus éloignée ; elle n'écrivit point ses fastes[197] et ne revit pour nous que dans ses hymnes sacrés, ses poèmes épiques. Pourtant, si l'on négligeait sa part dans l'histoire universelle, comme Auguste Comte y semblait disposé, nous serions condamnés à ignorer les débuts mêmes de la poésie, de la philosophie, de la législation ; la plus profonde, la plus « catholique » dans le vrai sens du mot, c'est-à-dire la plus répandue de toutes les religions, professée par près de 500 000 000 d'hommes, le bouddhisme, serait pour nous un insoluble problème. L'humanité doit à l'Hindoustan les prémices poétiques et intellectuelles de son histoire, mais l'histoire même de la Péninsule est encore, et probablement sera toujours ignorée. Un voile impénétrable, impénétré, nous la cache à l'époque des plus anciens hymnes védiques, et plus tard aux temps qui se reflètent, ombres fantastiques et incertaines, dans les grandes épopées du *Ramayana* et du *Mahabharata*. Le *Manava dharma sastra*, le code de Manou[198] que l'on rapporte à diverses époques, du ixe au ve siècle avant Jésus-Christ, est déjà la pierre tumulaire d'une civilisation dont la marche nous est inconnue, mais qui, dans l'évolution du genre humain, a devancé les autres civilisations fluviales. Ni l'Égypte, ni l'Asie antérieure, n'ont conçu, comme l'Inde, un régime social gouverné, pour ainsi dire, par le jeu même de ses organes, reposant sur ses forces propres, sans l'intervention permanente d'un pouvoir coercitif ; elles n'ont pas eu l'idée d'un ordre établi sur des bases que nous trouvons absurdes et cruelles, mais auxquelles, du moins, ne pouvait toucher l'arbitraire divin ou royal. Le « Code » a beau prodiguer aux prêtres des attributions surhumaines, des privilèges monstrueux, le pouvoir des brahmanes, celui de Brahma même, ne saurait convertir un *Çoudra* ou un *Tchandala* en un *Vaicya*, ou dégrader un homme d'une caste privilégiée, si cet homme n'a pas négligé de remplir les devoirs et les formalités que lui impose son état. Par l'iniquité des castes, l'Inde inaugure l'histoire du droit.

Mais le code de Manou ne marque pas l'apogée de cette évolution, il le dépasse, en quelque sorte. Après avoir opposé, par le régime des castes, unebarrière infranchissable à l'arbitraire, l'humanité doit fatalement tendre à répartir d'une façon de moins en moins inique les privilèges et les charges, les douceurs et les amertumes de l'existence. Or, les lois de Manou fermaient à l'Inde cette route du progrès. Nous avons vu l'Égypte perfectionner son état social par la décomposition du despotisme absolu que lui imposait au début le décret inéluctable du Fleuve, c'est-à-dire le milieu topique. Ainsi semble avoir également procédé la Chaldée, sous l'égide des rois astrologues d'Our et de Babylone. De même, si postérieurement à la constitution des castes, elle eût conservé encore quelque aptitude à vivre pour l'histoire, l'Inde se serait nécessairement lancée dans la négation de la constitution brahmanique. Mais tout le code de Manouestpénétrécommed'unsentimentintérieurderenonciation, d'impuissance à continuer la mission glorieuse que les peuples du bassin indo-gangétique avaient remplie dans les temps antérieurs au brahmanisme. La note dominante est l'immutabilité, la mort : la « règle de la justice humaine », interprétée par les brahmanes, ne se contente pas de défendre un changement quelconque au régime des quatre castes ; elle prétend aussi, en dépit des Védas, reconnus cependant comme la source unique et divine de l'autorité, que ce régime existe de toute éternité ; qu'il est le signe distinctif du genre humain ; les peuples qui ne s'y conforment pas sont des *mletcha*, barbares d'essence inférieure à l'homme, ou des *vratrya*, rénégats plus dégradés que les Çoudras. L'abjection, *michada*, n'est point le lot des membres d'une caste inférieure, mais bien la conséquence du mélange des castes, des plus nobles, comme des plus infimes. Il semble puéril de considérer ce caractère d'inaliénabilité comme un produit direct de l'égoïsme brahmanique : en tout temps, en tout lieu, les classes privilégiées ont voulu perpétuer les avantages que l'évolution historique leur accordait momentanément : si les prêtres de l'Inde y ont longtemps réussi, c'est que l'Inde leur offrait des conditions exceptionnelles.

Les descendants de Pandou, lisons-nous dans le *Mahabharata*, réussirent, avec l'aide de Krichna, à triompher des Kouravas, leurs ennemis, mais au prix de si grands sacrifices que, la victoire obtenue, il ne leur restait ni force ni désir de vivre. On dirait que cette légende raconte les destinées du peuple hindou : il résolut triomphalement son problème historique, puis sembla se désintéresser des choses d'ici-bas pour s'abîmer dans les songes. Ce qui put lui rester de sève, il le dépensa en hautes spéculations métaphysiques ; plusieurs siècles durant, on ne connut de l'Inde que ses six écoles philosophiques[199] réputées orthodoxes, rattachant, par une filiation non interrompue, la démocratie égalitaire du bouddhisme au code brahmanique avec son inexorable division des castes. Comme les abbés voltairiens du XVIIIe siècle[200], ces philosophes n'avaient pas l'honnêteté ou la hardiesse d'abandonner franchement la religion nationale ; mais le Bouddha Çakya Mouni, ou tout autre fondateur de cette religion, n'eut d'autre mérite, en enseignant le dogme de l'égalité naturelle de tous les hommes, que d'oser proclamer sur la place publique une vérité démontrée déjà depuis Kapila. Trop peu soucieux des choses terrestres, Bouddha ne songea guère plus à l'abolition des castes[200], que le christianisme n'avait songé à l'affranchissement des esclaves[201], il se contenta de dépouiller la hiérarchie castale de toute sanction religieuse. Mais lorsque l'invasion macédonienne eut réveillé de leur torpeur séculaire les peuples du bassin indo-gangétique, une grande révolution éclata, dont le bouddhisme ne fut certes point le promoteur, mais qui donne à cette religion une importance non prévue ou même non désirée par ses premiers apôtres. Un Çoudra que les Pouranas nomment Tchandragroupta, et que nos savants identifient avec le Sandracottus à la cour duquel avait résidé le grec Mégasthène, tua le roi Nanda, le dernier rejeton de la dynastie kouravienne et réunit « sous un même parasol » les cent dix-huit peuples de l'Inde[202]. On ne sait pas grand'chose sur les faits et gestes des premiers souverains de cette nouvelle race royale, dont l'apparition seule était une violation flagrante des instructions de Manou ; mais le petit-fils et troisième successeur de Tchandragroupta fut le célèbre Açoka, si souvent comparé à Constantin ; il proclama la déchéance de la loi brahmanique et érigea le bouddhisme en religion d'État. À en juger par des monuments dont rien n'égale la splendeur, le règne d'Açoka et les années des premiers triomphes du bouddhisme furent la dernière période glorieuse de l'histoire de l'Inde ; encore ne devait-elle pas être de longue durée, puisque, au VIIe siècle de l'ère chrétienne, le pèlerin chinois Hiouen-Tsang trouvait la patrie de Çakya Mouni en pleine décadence. La victoire du bouddhisme avec Açoka n'avait pas été définitive, et le brahmanisme, qui apparaît déjà dans le code de Manou comme une doctrine morte, continue à empoisonner l'Inde des produits de sa décomposition, Civaïsme, Krichnaïsme, etc. D'ailleurs le bouddhisme, avec sa passion du repos[203], sa renonciation aux choses de ce monde, s'alliait trop au sentiment de lassitude qui caractérise la fin de la domination brahmanique pour amener une régénération vraie, durable, entière. Bien avant Mahmoud le Ghaznévide, qui, au Xe siècle de l'ère chrétienne, jeta l'Hindoustan dans le domaine de l'Islam, la plupart des anciens et puissants royaumes du bassin indo-gangétique se meurent de marasme. Depuis que son histoire se dépouille pour nous de son mystère, l'Inde nous apparaît comme une « belle au bois dormant » que voudraient conquérir tous les fondateurs de grands empires, les Anglais et les Russes de nos jours, comme autrefois Tekklathabalasar et Alexandre. Et elle accepte passivement son sort avec une indifférence d'hypnotisée.

Cette conception, réalisée rudimentairement par l'Inde, d'un ordre social réglé par le jeu même de ses rouages, nous frappe par ses analogies avec le panthéisme qui est au fond de toutes les doctrines religieuses hindoues, orthodoxes, réformées ou révolutionnaires : ce ne sont évidemment que deux faces d'une seule et même création. Mais où trouverons-nous la puissance créatrice ? Rien de plus facile que de désigner comme telle le prétendu « génie national », la synthèse des « aptitudes de race » qui explique tout,

Léon Metchnikoff

aux yeux de certains érudits, mais on ne résout pas un problème en se contentant de donner le nom d'*x* à la grande inconnue. Et, surtout à propos de l'Inde, une difficulté insurmontable se présente : Y a-t-il jamais eu une nation hindoue ? Si Mégasthène, envoyé de Séleucus Nicator à la cour de Tchandragroupta, comptait déjà cent dix-huit peuples distincts dans le bassin de l'Indus et du Gange, est-ce que maintenant encore, entre le versant méridional de l'Himalaya et l'île de Ceylan, n'habitent pas les « races » les plus disparates, avec toutes les colorations imaginables de la peau — du teint de « fraise à la crème » des belles Kachmiriennes au noir d'ébène de certaines tribus méridionales — avec les idiomes les plus variés, aryens, dravidiens, kohlariens, langues à flexion, agglutinantes, mono-syllabiques ? Le présent, comme le passé de l'Inde n'est que très relativement (et très peu) dominé par une sorte d' « unité aryenne ». Ethnologiquement, toute statistique y est impossible ; la très grande majorité des habitants se compose d'Aryas indianisés ou d'indigènes aryanisés, à tous les degrés possibles de métissage. Mais un rameau du tronc aryen ayant réussi depuis longtemps à imposer le sanscrit aux quatre cinquièmes des « Indiens », nous pouvons identifier, jusqu'à un certain point, l'histoire de l'Inde avec celle des Aryens orientaux, détachés de la souche commune on ne sait à quelle époque, et que les hymnes les plus anciens du *Rig-Veda* nous montrent déjà cantonnés dans le nord-ouest du Pandjab. Ce groupe dominant se recommande d'ailleurs par son incontestable parenté, ne fût-elle que parenté de langues, avec les nations civilisées de l'Europe. Or, rien n'est plus contraire aux castes que le « génie » des races aryennes, qui, toujours et partout, en Europe comme en Asie, l'Hindoustan seul excepté, sont restées absolument étrangères à cette institution. Tous les savants s'accordent à dire que, même dans l'Inde, les castes étaient inconnues pendant la période ancienne : le seul passage du recueil des hymnes sacrés qui mentionne la division de l'humanité en branches distinctes, issues de différentes parties du corps de Brahma[204], est généralement regardé comme une interpolation. Le mot même de *brahmane* est étranger à la lexicologie védique[205], et lorsque le prêtre de profession apparaît enfin dans les chants sacrés des Aryas du « pays des Sept Rivières », il y est appelé *pourohita*. Le contraste entre la rigide hiérarchie du code de Manou et l'anarchie communaliste des siècles antiques est trop accusé pour n'avoir pas attiré l'attention des savants, et, depuis Burnouf, on considère l'histoire ancienne de l'Inde comme le produit de la corruption du « génie aryen » au contact des peuples dravidiens et kohlariens, que les envahisseurs védiques trouvèrent dans l'immense plaine indo-gangétique : ce sont les peuples mentionnés si souvent dans les chants sacrés sous le nom de *Dacyous*, les « serfs », les « ennemis ».

Quoique l'apparition de l'Hindoustan dans l'histoire semble postérieure de plusieurs siècles à l'époque de l'Égyptien Ménés et des rois astrologues de la Chaldée, Th. Buckle ne se trompe pas de tout point quand il assigne aux traditions des Hindous une antiquité plus reculée qu'à celles des autres nations historiques ; cette assertion, il est vrai, ne doit pas être interprétée dans un sens purement chronologique ; elle signifie que, pour l'Égypte et la Chaldée, nous ne savons rien de l'état social d'avant la fondation des grandes despoties ; tandis que, pour l'Inde, les plus anciens hymnes du *Rig-Veda* nous esquissent le tableau de l'existence des prêtres et des agriculteurs du haut Pandjab avant la constitution des castes et la fondation des premiers empires. On connaît les traits principaux de cette peinture riante qui semble réaliser sous sa forme idyllique « l'état de nature » imaginé par les philosophes du XVIIIe siècle. « Le premier état social des Aryas, dit Marius Fontaine[206], apparaît tel qu'après lui nul rêve d'indépendance nationale n'ira au delà de ce qui fut en Sapta Sindhou. » Les envahisseurs aryens étaient moins avancés dans la civilisation que les Dacyous, ces ennemis qu'il leur fallait combattre et vaincre dans leur route vers la Djamna et le Gange, les « Dacyous opulents et fiers…, couverts d'or et de pierreries, s'enorgueillissant de leur force…, peuple riche en troupeaux, industrieux, habile à faire des chars et des vêtements, paré de bijoux[207]. Mais ce n'étaient certes pas des barbares, au temps où ils composaient les premiers chants védiques ! Aussi loin qu'on puisse remonter dans l'antiquité, on les voit connaissant l'agriculture et nombre de métiers utiles dont l'exercice est incompatible avec un état rudimentaire de la société : ils sont potiers, tisseurs d'étoffes, forgerons, tailleurs de pierre et de bois, voire même orfèvres[208]. Ils ne combattent pas en sauvages ; ils ont des cuirasses, des chars ; leur infanterie se compose de porte-glaives et d'archers armés de traits. S'ils ne peuplent point encore de villes (les premières cités aryennes ne sont mentionnées que dans les Pourana), la langue védique sait déjà distinguer l'agglomération urbaine, le *poura* des Dacyous, du village, *grama*[209]. Même avant l'époque des chants védiques, la famille aryenne était constituée sous une forme que n'a pas dépassée le code romain, fait d'autant plus remarquable que, de nos jours, le matriarcat à l'état primitif se retrouve encore dans le midi de l'Hindoustan. Point de trace, au foyer védique, de l'assujettissement de la femme, qu'on note presque partout à l'époque patriarcale. Le *pitar*, le « nourrisseur », le père de famille aryen, jouit, il est vrai, d'une certaine suprématie ; il est le *gourou*, ou maître spirituel, mais la situation subordonnée qui en résulte pour la femme n'est pas plus dégradante que celle que sanctionne le code français. Suivant la formule consacrée, la matrone romaine était *Gaïa*, partout où son mari était *Gaïus* ; chez les *vaïcyas* des premiers temps védiques, l'épouse du *grihapati* (maître de la maison) était *grihapatni*(maîtresse de la maison), et ne cessait jamais d'être sa compagne, même quand il apparaissait sous son caractère sacerdotal de *deva*, sacrificateur : si le père seul faisait les libations à Agni et à Soma, la *matri* « celle qui mesure », la mère prenait aussi sa part de la cérémonie en préparant les substances nécessaires. L'épouse védique est *dam*, dans le sens que nous-mêmes attribuons à ce mot : on n'en devient point l'époux par achat ou par violence ; on plaît aux dieux comme on plaît à sa bien-aimée, « en se rendant aimable[210] ». Des hymnes nombreux témoignent du prix que les Aryas attachaient à la beauté ; les délicatesses d'un amour, ni simplement platonique, ni grossièrement sensuel, ne leur étaient point inconnues[211].

Certains indianistes, et plus particulièrement Max Müller, exaltent l'esprit éminemment religieux des Aryas védiques. La plupart des hymnes du *Rig-Veda*, il est vrai, n'ont été composés que pour implorer ou glorifier les divinités, et celle qu'on célèbre est toujours la plus puissante, supérieure à toutes les autres. Mais il fut certainement une époque où le panthéon des *richis* (poètes védiques) n'était ni plus peuplé ni plus spiritualiste que celui des Égyptiens, quand, sauf le pharaon, ils ne connaissaient d'autres dieux que le bœuf et le bélier ; pendant de longs siècles, les Aryas du Pandjab adorent seulement Agni, le feu de l'âtre, et Soma, la boisson enivrante. Indra, le feu céleste, l'orage, ne vint que beaucoup plus tard. On trouve, de loin en loin, dans le *Rig-Veda*, des chants cosmogoniques et des pensées philosophiques, mais ils appartiennent à une époque postérieure comme le 120e hymne du livre X et dernier[212], que H. T. Colebrooke a depuis longtemps signalé à notre attention :

«… Il y avait les ténèbres, et tout était plongé à l'origine dans une obscurité profonde, Océan sans lumière. La semence, qui reposait, encore cachée dans son enveloppe, germe tout à coup par la vive chaleur. Puis vint s'y joindre, pour la première fois, l'amour, source nouvelle de l'esprit… Les poètes, méditant dans leur cœur, ont découvert ce lien entre les choses créées et ce qui est incréé. Cette étincelle qui jaillit partout, qui pénètre tout, vient-elle de la terre ou du ciel ? Qui connaît le secret ? qui nous a dit d'où est sortie cette création si variée ? Les dieux eux-mêmes sont arrivés plus tard à l'existence : qui sait d'où est tiré ce vaste monde ? Celui qui a été l'auteur de toute cette création, soit que sa volonté l'ait ordonné, soit que sa volonté ait été muette, le *Très-Haut Voyant* qui réside au plus haut des cieux, c'est lui qui le sait, ou peut-être lui-même ne le sait il pas ! »

Cet hymne, qui marque le point culminant de la croyance védique, n'en indique pas moins une certaine infériorité des dieux ; il les déclare « arrivés plus tard à l'existence » que la création. Il les subordonne en outre à ce Très-Haut Voyant qui a créé toutes choses sciemment ou inconsciemment, qui peut-être sait ou peut-être ignore le mystère de la création ;… mais, aux temps anciens, nulle mention ne fut faite de cet Être suprême, et de l'époque philosophique, si faiblement représentée dans le *Rig-Veda*, datent d'autres chants qui célèbrent la science, le scepticisme au détriment de la foi :

« La science est plus grande que tout ce qui est grand, et la prière, manifestation d'une croyance aveugle, est plus basse que tout ce qui est bas. La foi irréfléchie n'est pas *arya* (noble) ; elle doit retourner dans ces contrées lointaines d'où elle est venue. La science est forte, le penseur est résolu ; unis l'un à l'autre, ils doivent vaincre la foi. »

Au contraire, la nature des dieux des anciens temps védiques nous ramène à un fétichisme des plus grossiers. Agni, Soma, et, dans la suite, Indra, auxquels l'Arya du haut Pandjab consacre des chants sacrés, « réclament des offrandes, écoutent les invocations, accourent à l'autel où les libations sont préparées ; ils aiment les louanges comme les jeunes gens aiment la voix des jeunes filles ; tels que des cygnes voyageurs, des éperviers ou des buffles, ils se précipitent vers le soma. Accourez, buvez à votre soif, et donnez-nous des richesses et des enfants, ô dieux ! Soyez vainqueurs de nos ennemis ! Aswins unis à Mitra, à Varouna, à Dharna, aux Marouts, arrivez à la voix de votre chantre ! »

La piété de l'Arya est, on le voit, très peu désintéressée. S'il offre louanges et libations à ses divinités, c'est pour obtenir des biens, de la pluie, une postérité nombreuse, la perte de ses ennemis : « Les dieux doivent servir l'Arya comme les buffles et les chevaux... Les chantres n'ont donné la force à Indra que pour qu'il envoie de l'eau ; si dans ses mains ils ont placé la foudre, c'est pour qu'il frappe les Dacyous. » Passage caractéristique, car il reconnaît au poète, au hiérophante d'occasion ou de profession, un pouvoir sur les divinités mêmes. D'ailleurs ce sentiment se retrouve souvent dans le recueil védique : « Les dieux naissent du souffle du chantre inspiré », et, par suite, n'ont d'existence que par l'exaltation de leur évocateur. Pour affirmer que cette conception de la non-réalité des dieux est un trait particulier du « génie aryen », il faudrait connaître l'état mental des autres peuples à la période de leur évolution correspondant à celle des premiers chants du *Rig-Veda*. La comparaison est impossible, puisque aucune autre nation du globe ne nous a laissé de documents aussi primitifs ; mais cette faculté de créer les dieux, reconnue à l'inspiré par les hymnes les plus anciens, contient en germe, on le voit, le pouvoir exorbitant que les *Brahmana* et le *Manava dharma sastra* accorderont plus tard à la caste des prêtres : afin d'expliquer ce qui constitue pour nous l'iniquité suprême de cet ordre de choses, il n'est certes pas besoin de recourir à cette hypothèse, que le génie aryen s'est corrompu au contact des Dacyous jaunes ou noirs.

Il y eut évidemment une époque où les Aryas du Sapta-Sindhou ne connaissaient ni prêtres, ni rituel déterminé, où chaque père de famille invoquait les dieux créés de son souffle au gré de l'inspiration, et leur offrait, aidé de son épouse, les libations et les sacrifices. Chaque tribu avait ses divinités, inconnues ou indifférentes aux tribus voisines. Entre ces tribus, pas de lien fédéral ; l'unité nationale ne reposait que sur la communauté d'origine, de langage, d'institutions familiales et communales, sur l'adoration du foyer (*Agni*) et de ce soma « qui va du mortier au vase des sacrifices, donne l'ivresse, et avec l'ivresse tous les biens ». Ainsi, le second trait particulier de l'Inde brahmanique, sa propension à oublier la réalité pour se perdre dans une pieuse exaltation, à se plonger dans l'ivresse sacrée, aurait peut-être ses sources dans une tendance, une aptitude de race, déjà manifestée au début des temps védiques. L'incontestable liberté religieuse de cette période serait simplement le corollaire du défaut absolu d'organisation sacerdotale ou nationale permanente chez les Aryas des Sept Rivières. Tout le temps qu'ils restèrent cantonnés dans les fertiles et riantes vallées du haut Pandjab, leur vie politique se concentra exclusivement dans la commune autonome, — le *viç*[213], qui présente une analogie remarquable avec la *djemaa* des Kabyles, ou mieux encore avec le *mir* russe, car, au témoignage de savants auteurs, les *vaïcyas*, c'est-à-dire les communiers du haut Pandjab, procédaient périodiquement au partage des terres entre les ayant droit, comme cela se pratique encore en Russie. À la tête du *viç*, on voit un *viçpati*, sorte d'*amin* ou de *staroste*, chef électif de la communauté, fonctionnant aussi comme *radj*. Tous les chefs de famille jouissent des mêmes droits dans l'assemblée communale ; tous remplissent les fonctions de *deva* ou sacrificateur et poète d'hymnes religieux ; à l'heure du besoin, tous prennent les armes, c'est-à-dire deviennent kchatrya. Par tous ces droits et devoirs, tous les Aryas sont donc nécessairement égaux. Mais pendant un laps de temps dont la durée chronologique est inconnue, ce mot d'*Arya* ne fut nullement employé dans un sens ethnologique ; il signifiait simplement « homme libre », propriétaire ou maître de maison. Au-dessous de l'Arya il y avait le *daça*[214] (même vocable que le Dacyou) « serviteur », « vilain » ; les adorateurs des divinités védiques les supplient sans cesse de multiplier le nombre de leurs bêtes, de leurs enfants, de leurs *daças*. Ce nom s'applique plus tard à tous ceux que les Aryas réduisirent ou voulurent réduire en servitude, à tous les ennemis d'origine diverse qu'ils rencontrèrent dans leur expansion progressive du Pandjab vers le Gange, la Tchogra et les monts Vindhya, régions où l'on distinguait alors les Dacyous à

peau jaune et les Dacyous à peau noire, les *Anasa* (nez épatés[215]),
les *Vricha cipra* (museaux de buffle), les *Açoutripa* (carnivores,
aimant la vie d'autrui), les « loups au poil rougeâtre », etc. Certains
peuples d'origine incontestablement non aryenne, les Çoudras,
par exemple, n'étaient pas regardés comme Dacyous ; d'un autre
côté, le code de Manou, X, 43, mentionne des Dacyous parlant
une langue barbare et des Dacyous parlant l'aryen ; nombre de
castes dégradées, les Magadha, les Djalla, les Nata sont aryennes.
À l'époque brahmanique, il est vrai, les habitants du Pandjab, les
Magadha surtout ne sont plus considérés comme de vrais Aryas ;
on les accuse d'ignorer les Védas et les sacrifices, de manger de
la chair, de pratiquer comme les Naïrs les coutumes matriarcales,
d'avoir la peau jaune[216]. La civilisation de l'Inde n'est certes pas
une œuvre aussi exclusivement aryenne qu'on le prétend, mais
la confusion des races et des langues, témoin la légende de la
tour de Babel, a été bien grande aussi en Égypte et dans l'Asie
antérieure : tout ce qui, dans l'histoire du bassin de l'Indus et du
Gange, peut flatter nos modernes sentiments démocratiques, n'est
point exclusivement l'œuvre du génie aryen. Gardons-nous de
subordonner artificiellement à une idée préconçue les quelques
notions historiques éparses dans les Védas, les poèmes épiques,
les *Brahmana* et les *Pourana* ; n'attribuons pas en bloc à la corruption
de ce génie par l'influence de races réprouvées les institutions qui,
dans une société méditerranéenne ou océanique, devraient être
regardées comme des preuves manifestes de dégénérescence.
Comparée à l'anarchie communaliste des premiers temps védiques,
l'Inde du *Mahabharata* et du *Manava dharma sastra* présente le
spectacle d'une notable dégradation sociale, mais n'oublions pas
que l'Inde primitive, avec sa sève et sa verdeur, n'avait pas plus de
droit à figurer dans l'histoire que les libres djemaa des Kabyles
ou certaines communautés franches du centre de l'Afrique ; au
contraire, l'Inde brahmanique, que nous voyons étouffer dans le
cadre des castes, eut la gloire de devancer toutes les autres grandes
despoties fluviales, et d'accomplir jusqu'au bout la mission des
civilisations primaires. Sa part de labeurs, sa tâche particulière
ne fut point, purement et simplement, la constitution des castes :
autrement large est son œuvre ; seule dans les temps antiques,
nous le savons déjà, l'Inde est parvenue à réaliser un ordre social

réglé par son mécanisme intérieur, indépendant d'un pouvoir coercitif personnel et arbitraire. Pour résoudre ce grand problème de l'histoire universelle, elle exagéra jusqu'à l'absurde, jusqu'à l'inique, ces distinctions de classes qui se produisent partout, et qui, là comme ailleurs, sont dues à un ensemble très complexe de causes ethnologiques, sociales et politiques[217].

Si l'on attribue la constitution brahmanique à l'influence des populations autochtones ou immigrées depuis la plus haute antiquité dans l'Hindoustan, on ramène à presque rien l'importance historique de ces Aryas orientaux qu'on s'est plu cependant à nous présenter comme la race privilégiée de l'histoire. Rien n'est d'ailleurs plus arbitraire que d'appliquer aux termes *Arya* et *Dacyou* des hymnes védiques, la signification qu'ils ont pour les ethnographes et les anthropologistes modernes. Ce texte même du *Mahabharata*[218], où nous lisons que chaque caste de l'Inde, désignée par le mot *varna* (couleur) a sa teinte spécifique : le *blanc*, celle du brahmane ; le *rouge*, celle des kchatryas ; le *jaune*, celle des vaïcyas ; le *noir*, celles des çoudras, suffirait pour nous avertir qu'il ne s'agit point de nuances de la peau, ni de distinctions ethnologiques. S'il y eut jamais dans l'Inde une caste plus particulièrement aryenne ou blanche, c'est bien celle des kchatryas ; d'ailleurs, — les textes les moins contestés ne laissent aucun doute à ce sujet, — brahmanes, kchatryas et vaïcyas étaient indistinctement compris dans la dénomination d'*Aryas*(nobles) et de *Dvidjas* (deux fois nés)[219]. Le célèbre hymne des « grenouilles » est à cet égard fort instructif : après avoir comparé les Aryas « qui s'éveillent pour accomplir le rite sacré et chanter l'hymne », aux « grenouilles qui coassent quand les ondées célestes viennent à la terre, à la pauvre terre que l'été a rendue sèche comme une peau de bête étendue », le poète védique ajoute : « L'une mugit comme une vache, l'autre a le cri de la chèvre ; l'une est jaune, l'autre est verte. Elles ne sont toutes que des grenouilles, on les désigne par le même nom… Venant de toutes parts, leurs voix s'unissent dans un ensemble continu. Tels que les grenouilles sont les enfants des prêtres (c'est-à-dire les Aryas), qui, à l'approche de la nuit, versent le soma et murmurent autour du lac qui est le vase des libations. Que la grenouille inspirée ait le mugissement de la vache ou le cri de la chèvre, qu'elle soit jaune ou verte, sa parole vaut à l'Arya

Léon Metchnikoff

l'abondance des biens ; elle procure des vaches fécondes, des pâturages fertiles, elle prolonge la vie. » Cet hymne ne démontre-t-il pas que, dans l'Hindoustan, comme dans les autres pays historiques, la diversité des idiomes et des nuances de la peau fut dominée de bonne heure par une certaine unité nationale résultant de l'unité des institutions ; et celles-ci, déjà bien avant la fin de la période dite védique, avaient perdu le riant caractère de leurs premières origines.

Nul besoin de s'aventurer dans le dédale des subtilités et des hypothèses ethnologiques pour ramener sous la loi commune l'histoire ancienne du bassin indo-gangétique, et se rendre compte des transformations successives que les institutions politiques, sociales et religieuses de l'Inde ont subies avant d'atteindre à la rigidité sépulcrale du *Manava dharma sastra* : les principes généraux que nous avons déduits des annales de l'Égypte et de l'Assyro-Babylonie ressortent avec presque autant d'évidence de l'histoire compliquée et mystérieuse de l'Inde. Le contraste entre l'idyllique anarchie des premiers temps védiques et l'énervant despotisme des castes de la période brahmanique, correspond assez étroitement aux différences des milieux où se sont produites ces diverses phases ; la plus ancienne avait eu pour terrain les vallées élyséennes du Kophès, du Kachmir ; la dernière s'est déroulée dans le Madhya-desa, l'énorme plaine limitée au nord par la région pestilentielle des *teraï*, séparée, à l'est, du bassin du Brahmapoutra et du golfe du Bengale par la région infecte « où règne la déesse de la Mort[220] » ; elle n'offre d'issue vers le Dakchina-desa (le pays de droite, le Dekkan), au sud, que par les brèches sauvages des monts Vindhya ; à l'ouest, les déserts du Badjpoutana la séparent de la mer d'Oman.

« La plaine de Kachmir est, on le sait, une des contrées les plus belles de la Terre : les poètes hindous et persans l'ont chantée comme un lieu de délices et le nom même de Kachmir, repris par la tradition littéraire dans tout le monde civilisé d'Occident, est devenu synonyme de pays de merveilles et d'enchantement. Les voyageurs modernes, pourvus de tous les éléments de comparaison que leur donne l'exploration presque complète de la surface planétaire, confirment ce qu'ont dit les poètes de ce pays admirable… Le climat de Kachmir est unique dans l'Inde, et ressemble à celui de l'Europe occidentale, avec moins d'inconstance. » D'ailleurs, dans toute l'épaisseur de la région montagneuse, « des vallées comme celles du Kachmir s'ouvrent en cirques immenses où l'imagination populaire a vu des paradis habités par l'humanité pendant son âge d'or, et qui sont, en effet, des régions presque sans égales pour la salubrité du climat, la fertilité du sol, le charme et la magnificence des paysages reflétés dans les lacs et les eaux courantes, l'éclat du ciel qui s'arrondit au-dessus de l'amphithéâtre des neiges[221]. »

Tandis que, dans ces belles contrées où furent composés les plus anciens hymnes du Rig-Veda, et dans le voisinage de l'Hindou-kouch, l'abondance des pluies, jointe à la fertilité du sol, favorise la vie pastorale et l'exploitation agricole du sol par le travail libre de petits groupes indépendants, toute la vaste région qui, dans le code de Manou, porte le nom de « pays central », Madhya-desa, présente, au contraire, les caractères distinctifs de ces milieux favorables à l'histoire, tels que nous les avons déjà étudiés sur les bords du Nil et dans la « Syrie entre les Fleuves ». « La moindre irrégularité dans les balancements annuels du climat, suivant la pression atmosphérique, la marche des vents et des nuages, a les conséquences les plus graves en Hindoustan. Lorsque les pluies manquent ou se réduisent à de légères ondées, quand les rivières sont desséchées et les canaux taris, la famine est inévitable, et des millions d'hommes sont menacés de mort par inanition. Les disettes sont à craindre, surtout dans le Sindh et le Pandjab, dans le bassin gangétique et sur les côtes orientales, c'est-à-dire partout où la pluie moyenne est de 1 mètre à 1 m. 50 ; ces contrées se dépeupleraient périodiquement si les canaux d'irrigation ne permettaient de suppléer aux pluies. L'utilisation complète des eaux courantes, naissant pour la plupart en des régions où les pluies tombent en abondance, est le seul moyen d'assurer la réussite des récoltes, et, par conséquent, l'existence des cultivateurs dans le Sindh et toute la région du versant oriental de l'Inde…. Qu'une rivière se dessèche ou se déplace, les populations sont condamnées à périr, bien plus sûrement que si une armée de massacreurs avait envahi le pays[222]. »

À cette nécessité permanente de suppléer à l'insuffisance des pluies par des travaux trop importants pour être entrepris par des familles ou des communautés isolées, se rattache un second élément avec avec lequel nous avons aussi fait connaissance dans les autres grands bassins historiques : le remaniement perpétuel du sol par le caprice des eaux. « Une grève de cailloux cédant sur un point ou sur un autre, un tronc d'arbre qu'emporte le courant, suffisent pour que le lit se déplace ; le cours d'eau prend une direction nouvelle, et parfois vers un autre bassin... Les rivières qui descendent de l'avant-chaîne de l'Himalaya sont tellement de niveau les unes avec les autres et avec la plaine, qu'elles se rejoignent par des canaux naturels et artificiels, formant, au milieu des cultures et des forêts, un delta qui se perd, non dans l'Océan, mais dans le désert... La Djamna semble s'être dirigée autrefois vers l'Indus, fertilisant le Radjpoutana occidental... Le Sarasvati, qui se perd maintenant dans les sables, est énuméré dans le Mahabharata comme un des affluents du Gange[223]. »

Aujourd'hui il faut barrer de digues cette rivière tant célébrée par les psalmistes du *Rig-Veda*, afin d'y conserver assez d'eau pour que puissent s'y plonger les pèlerins, accourus de toutes les parties de l'Inde. Les rédacteurs brahmanes du code de Manou se rendaient sans doute bien compte des particularités topographiques de la contrée, lorsqu'ils divisèrent l'Aryavarta, c'est-à-dire le pays entre l'Himalaya et les monts Vindhya, en Madhya-desa (pays central) et en Ouditchia-desa (pays de gauche), ce dernier comprenant la région ondulée, depuis les brèches de l'Indus en amont du Kophès, jusqu'aux sources de la Ganga et de la Tchogra. Les premiers germes de l'influence aryenne ne pénétrèrent que beaucoup plus tard, sous le deuxième Rama, dans le « pays de droite » ou Dakchina-desa, le Dekkan.

Le Madhya-desa comprend deux régions géographiques distinctes : l'une, l'occidentale, s'étend bien loin en amont du confluent de l'Indus et du Satledj, sur le fond d'une ancienne mer, et forme une partie du Radjpoutana et le bas Pandjab de la division actuelle ; tandis que jusqu'au temps des poèmes épiques, les documents sanscrits le représentent comme arrosé par sept rivières (*sapta sindhou*). On en reconnaît sans peine cinq dans l'Indus et le Satledj avec les affluents de celui-ci : le Djilam avec le Tchinab et le Ravi ; la sixième, la célèbre Sarasvati, serait le Gaggar qui, au lieu de se jeter dans la Ganga, coule aujourd'hui vers l'ouest-sud-ouest, mais sans parvenir à rejoindre le Pantchanada, c'est-à-dire l'espèce de Chat-el-Arab par lequel les quatre affluents himalayens versent actuellement leurs eaux à l'Indus. La septième des rivières védiques, la Drichadvati, ne peut être identifiée avec aucun des cours d'eau permanents de l'époque présente : on croit en retrouver les traces dans un ouadi parallèle au Gaggar supérieur. La région orientale du Madhya-desa — le bassin de la Djamna (Yamouna) et du Gange — composée aussi de terrains d'alluvions à faible pente et arrosée de rivières coulant dans la même direction, est un peu plus élevée que l'occidentale ; elle offre l'aspect d'une immense vallée ondulée très légèrement. Entre les bassins de l'Indus et du Gange, le seuil de partage ne dépasse pas 250 mètres d'altitude, c'est-à-dire une vingtaine de mètres à peine au-dessus des eaux moyennes de la Djamna.

C'est la partie occidentale du Madhya-desa qui fut le théâtre de l'histoire aryenne de l'Inde pendant toute la durée des temps védiques.

N° 7. Travaux d'irrigations dans les bassins indo-gangétiques.

Les poètes du *Rig-Veda* n'ont qu'un fleuve, le Sindhou (Indus) ; un seul de leurs hymnes fait mention du Gange. À l'époque brahmanique, au contraire, le rôle sacré passe à la Boura-Ganga,

Léon Metchnikoff

et tout le pays de l'ouest semble confondu dans une même réprobation. Ces deux courants, le courant indo-satledjien et le courant djamno-gangétique, se mêlent longtemps sans se réunir : la différenciation rigoureuse des castes et les privilèges exorbitants des brahmines appartiennent aux siècles de la prédominance gangétique.

Malgré la rareté des documents, malgré les altérations évidentes que ceux-ci ont subies entre les mains des brahmanes de l'époque postérieure, on peut suivre les envahisseurs aryens dans leur marche progressive du nord-ouest vers la Samoudra, vers cette informe région où l'Indus va se perdre dans une mer de boue après avoir frôlé les sables du désert. À mesure qu'ils s'éloignent des heureuses vallées du haut pays, cette superbe confiance en eux-mêmes qui leur inspira leurs plus beaux hymnes s'affaiblit peu à peu ; à la joie de vivre libres sous un ciel clément, au milieu de riches pâturages et de champs fertiles, succède la crainte de manquer de pluie. Le père de famille, et, au besoin, la mère, invoque encore pour son propre compte et n'écoutant que son inspiration, les divinités distributrices des biens, mais le culte se détourne de plus en plus d'Agni et de Soma, les paisibles patrons du foyer, pour importuner Indra, le dieu atmosphérique, et Roudra, le chef souverain des vents (Marouts), qui, à la voix tonnante de l'orage, vont traire les nuées, les « vaches célestes », pour arroser les semailles des Aryas. On affirme encore, il est vrai, que la prière chantée par un *vaïcya* vaut bien celle d'un *deva*, si elle procure la pluie et la richesse, mais on commence à accorder plus de crédit aux chants composés par quelque psalmiste de race, par quelque descendant des *Richi* des temps anciens. Les prêtres ont fait leur apparition ; il y en a même de deux autels : ceux d'Agni et ceux d'Indra, « qui sont les uns aux autres d'irréconciliables ennemis que le *soma* surexcite[224] ».

Les Aryas avaient toujours connu la division de la société en cinq classes, *Pantcha manoucha* : serviteurs, maîtres, guerriers, inspirés et seigneurs[225], mais, aux beaux temps védiques, aucune de ces classes ne dominait les autres. « Dans le combat, nous dit un ancien chant sacré, Agni peut favoriser un Arya obscur et pauvre et le faire triompher. » Mais la division s'accentue à mesure que change le milieu, et, bien avant la fin de l'époque védique, nous voyons déjà le Maître : non point le *Viçpati* électif des temps passés, mais le *des-pote* qui s'impose, « le mâle qui rompt les résistances pudiques de la vierge et libre communauté[226] ». Dans l'Aryavarta, la royauté précéda de plusieurs siècles la constitution de castes et la toute-puissance brahmanique ; le passage suivant du *Mahabharata*[227] nous montre que la conception aryenne de l'autorité ne différait en rien de celle qui s'imposa sur les bords du Nil, du Tigre et de l'Euphrate : « Du roi dépend le devoir,… du roi dépendent les cérémonies des sacrifices ; des sacrifices dépendent tous les dieux ; des dieux la pluie dépend ; de la pluie, les herbes de la terre, et des herbes comestibles dépend le bien physique éternel de l'homme. » Dans nul autre pays peut-être, ce que nous voudrions appeler la genèse psychologique du despotisme n'a été révélée avec la même précision et la même clarté et, chose étrange, lorsque, dans l'Inde, le pouvoir royal a été considérablement amoindri de fait et rabaissé au-dessous de celui des prêtres, cette conception de la royauté s'est à peine modifiée au fond. On lit dans le code de Manou, la clef de voûte pourtant de tout le système brahmanique, que le roi est formé de « particules tirées de l'essence des dieux principaux… Non seulement il surpasse en éclat tous les autres mortels, mais c'est une grande divinité qui réside sous cette forme humaine ». De la comparaison d'un grand nombre de chroniques locales de l'Inde, A. du Bois de Jancigny conclut que les Hindous considéraient leur roi, non comme un homme favorisé des dieux, mais comme un être supérieur divinement inspiré : les dieux sont les auteurs de ses actions. « Le roi était, pour ainsi dire, la royauté personnifiée, qui n'avait besoin que de son nom, et qui pouvait être ornée ou souillée par ses qualités personnelles, mais jamais affaiblie… Les rois ne sont pas plus coupables en exerçant des cruautés, que ne l'est le lion ou le tigre en assouvissant sa rage et sa faim dévorante[228]. » Certains textes du *Mahabharata* donneraient même à penser que les Hindous admiraient la férocité dans un roi, comme nous le faisons pour un chien de garde.

On a souvent comparé au Nil l'Indus qui répand ses eaux sur le désert, et le fertilise en partie par ses crues périodiques. On pourrait dire aussi que le Pandjab est une Égypte en miniature, entourée de quatre ou cinq Mésopotamies. Ce morcellement du territoire empêchait la formation d'une unité politique, tout en favorisant la création des despoties locales, se rattachant chacune à quelque héros légendaire, le Radja Taranjini[229], par exemple, ou le patriarche Kacyapa, qui régularisaient le cours des eaux, jetaient des chaussées gigantesques d'une montagne à l'autre ; ou Vaçou, fondateur du royaume de Magadha, qui perça le mont Kôlàhala pour délivrer la déesse-fleuve Çouktimati. Ces royautés pandjabiennes devaient bien, à l'occasion, se liguer contre quelque ennemi commun, mais, de ces coalitions, l'histoire locale nous offre peu de traces ; le plus souvent les chefs se traitaient les uns les autres en véritables dacyous, et le roi qui soumettait à son pouvoir plusieurs de ses rivaux prenait le titre de *Samradj*. Un despote des Magadha réussit le premier, semble-t-il, à réunir sous son sceptre toutes les tribus de l'Aryavarta occidental, y compris la partie supérieure du Douab djamno-gangétique. La capitale définitive de cet empire, né dans le bassin de l'Indus, fut Hastinapoura.

Les deux grands bassins de l'Aryavarta, on le sait, ne sont séparés par aucune barrière naturelle, si basse soit-elle, et les conditions du problème fondamental de la régularisation des eaux sont à peu près identiques dans les deux pays. Il tombe bien, en moyenne, un peu plus d'eau dans la vallée du Gange, de la Djamna jusqu'à Bénarès, que dans celle de l'Indus, mais la quantité de pluie qu'elle reçoit n'est pas suffisante pour assurer les récoltes : dans les bonnes années, il est vrai, la fertilité du sol y est au moins égale à celle de l'Égypte et de la Mésopotamie ; aussi l'Aryavarta oriental fut-il, de tout temps, une contrée peuplée au maximum, et, par suite, les sécheresses et les famines devaient y être au plus haut degré meurtrières. Un réseau de canaux soigneusement entretenus est indispensable pour maintenir dans leur lit la changeante et capricieuse Djamna avant sa jonction avec le Tchambal, et le Gange en amont de son confluent avec la Djamna.

L'histoire de ce vaste pays ne débute pour nous, à une époque indéterminée, qu'à la fondation de la grande despotie des Tritsou, dont le chef Sonidas est mentionné dans le *Rig-Veda*[230] comme l'adversaire des rois du Pandjab. Les Tritsou, à leur tour, furent éclipsés par les Bharata[231], descendus des hauts plateaux du Tchambal, qui établissent leur capitale à Ayodhia (Oud) sur la Tchogra, au centre même de la vallée du Gange.

L'étendue de l'Aryavarta oriental, la fertilité exubérante de son sol, son moindre morcellement en bassins isolés favorisaient la fondation d'un vaste empire, bien plus que ne le faisaient les conditions naturelles des cinq mésopotamies du Pandjab. Bientôt les rois des Bharata dépassèrent leurs rivaux au point de mépriser le titre honorifique de *Samradj* ; ils prirent celui de *Savadamana* ou de *Tchatravartin*, c'est-à-dire de « dominateurs de la Terre entière, de l'une à l'autre des mers[232] » (du golfe de Bengale au golfe d'Oman) ; et, dans la terminologie brahmanique, l'Inde entière est appelée Bharata-desa (le pays des Bharata).

La civilisation gangétique a-t-elle été plus précoce que son émule occidentale ? On ne saurait l'affirmer ; dans tous les cas, les riches vallées des bords du Gange et de ses grands affluents ont dû atteindre de bonne heure un degré supérieur de culture et de raffinement. Le Pandjab est resté jusqu'à ce jour pauvre en grosses villes, tandis que, dès la plus haute antiquité, on voit surgir dans l'Aryavarta oriental les opulentes cités d'Indraprachta, de Pratichtana, d'Ayodhia, de Varanasi ; Hastinapoura, devenue capitale de l'empire pandjabien de Magadha, avait été, d'après la tradition, fondée par un roi des Bharata.

Donc, à l'aurore des temps historiques, une différence, une seule, mais capitale, entre l'Égypte et l'Inde : sur les bords du Nil règne un seul absolu pharaonique ; dans l'Hindoustan, nous en voyons deux, luttant l'un contre l'autre avec des chances presque égales à première vue. Car, malgré sa supériorité de sol et de climat, le bassin djamno-gangétique a aussi ses désavantages. Enclavé, au nord, dans la région nauséabonde des *teraï*, il est envahi, à l'est, par les miasmes meurtriers qui soufflent des domaines de la terrible Kali ; les serpents les plus venimeux se coulent sous ses herbes luxuriantes[233] ; le tigre royal hante ses jongles ; les tribus sauvages le menacent, au nord, des hauteurs qui dominent le Brahmapoutra, au sud, des collines qui séparent le delta du Gange et le bassin de la Mahanadi. Enfin, « le séjour des Marouts n'est-il pas à l'est de la Yamouna[234] » ? Ces Marouts, c'est-à-dire les vents qui, dans le Pandjab, trayent complaisamment les vaches célestes au-dessus des champs des Aryas, deviennent, dans les pays gangétiques, les terribles cyclones dont un seul a parfois coûté la vie à plus de cent mille hommes. Plus terribles encore ces famines qui emportent en quelques mois plusieurs millions d'Hindous. Dans nul pays plus que dans l'Aryavarla gangétique, l'homme n'a dû se sentir le prisonnier

Léon Metchnikoff

éternel de la nature, maîtresse puissante et généreuse qui, à certains moments, prodigue à ses serviteurs les trésors les plus convoités, mais aussi dont les colères sont puissantes, effroyables. Aucun autre milieu ne fait mieux comprendre que vie et mort, bien et mal sont deux fleurs sur la même tige. Délivrez la vallée du Gange de ses cyclones destructeurs, son climat deviendra partout celui des *teraï* malfaisants ; le tigre « mangeur d'hommes » protège les récoltes contre les myriades de rongeurs qui extermineraient par la famine la foule pâle des indigènes. Au sein de cette indomptable nature, les paisibles herbivores, les insectes, la jongle et les folles herbes sont les fléaux les plus redoutables.

Nous avons vu, par suite de l'évolution du temps, l'absolu pharaonique de l'Égypte se diviser en deux parties distinctes, le temporel et le spirituel, qui ne tardèrent pas à lutter avec acharnement ; mais, sur les bords du Nil, la caste des prêtres ne réussit pas à s'assurer un triomphe durable. Tout autrement dans l'Inde : bien avant la fin de la période védique, l'usage s'était établi, pour les rois comme pour les simples particuliers, de remettre les fonctions sacerdotales du père de famille à des *pourohita*, descendants de quelque illustre poète de l'antiquité, ou à un chantre dont l'hymne[235] avait attiré la protection des dieux dans quelque grave circonstance publique ou privée. La classe des hiérophantes gagnait en influence à mesure que le rituel prenait une forme plus arrêtée et que des cérémonies particulières et complexes, comme *l'Açvameda* ou sacrifice du cheval[236] s'ajoutèrent aux libations de soma qui résumaient l'ancien culte des Aryas. Les souverains n'avaient pas encore abdiqué leurs fonctions sacerdotales, que nous les voyons déjà entourés de *pourohita* nombreux ; mais le zèle des prêtres pour la faveur royale témoigne suffisamment de leur rôle subordonné. « Le roi devant lequel marche le prêtre, seul demeure solidement établi dans sa propre maison ; à lui la terre obéit en tout temps ; devant lui le peuple s'incline…. Le roi qui donne la richesse au prêtre implorant sa protection, ce roi-là conquerra sans résistance les trésors, soit de ses ennemis, soit de ses amis, car les dieux le protégeront[237]. » Mais dans l'Hindoustan, la classe des prêtres, une fois constituée, ne garde pas longtemps, comme en Égypte, cette situation secondaire ; partout où l'occasion s'en présentait, elle se posait en adversaire du pouvoir royal, et l'occasion ne manquait point dans ces contrées du Gange où, malgré les efforts de tant de générations mortes à la tâche, l'homme ne parvenait pas à maîtriser la nature. Bien avant la fin des temps védiques, on voit les *pourohita* lutter à outrance contre les rois soutenus par les Kchatryas. Malheureusement les rares documents parvenus jusqu'à nous ont été mutilés ou défigurés par les brahmanes de la période postérieure, et présentent un fouillis inextricable de contradictions, de mensonges, de réticences pieuses. Dans le *Rig-Veda*, cette lutte se rattache à la rivalité de Vacichta, *pourohita* d'un roi gangétique, et de Viçvamitra[238], que les interpolations brahmaniques cherchent à faire passer aussi pour un personnage sacré, mais qui semble avoir été plutôt un puissant monarque du Pandjab. Ces deux hommes se disputent la possession de *Sabala*, vache mystérieuse qu'il suffit de traire pour obtenir la satisfaction de tous les désirs. Cette vache appartient au prêtre, mais le roi veut se l'approprier, de par son droit absolu de souverain. À la tête de puissantes armées, il attaque son rival ; au seul nom de Vacichta, son possesseur légitime, la vache divine fait sortir, des différentes parties de son corps, des peuplades entières qui détruisent les guerriers de Viçvamitra, et le prêtre se défait des cent fils de son ennemi par le *houmkara*, c'est-à-dire par la simple répétition de la syllabe *houm*, qui a une si grande importance dans les pratiques des fakirs modernes. Le combat ainsi engagé dura plusieurs générations, puisque la *Bhagavata Pourana* en rapporte l'issue à la huitième incarnation de Vichnou, Paraçou Rama, Rama à la Hache, issu, par les femmes, de ce même Viçvamitra, tandis que, par son père, il appartenait à la souche sacrée des *pourohita*. Ce héros, qu'il ne faut pas confondre avec son homonyme du *Ramayana*, Rama Tchandra, neuvième incarnation de Vichnou, extermina vingt et une fois de suite les Kchatryas partisans du pouvoir royal, et fit don de la terre entière aux brahmanes.

Le monde s'aperçut alors que le prêtre n'est pas fait pour le gouverner : les simples vaïcyas, voire même les çoudras infimes, enlevèrent les richesses et les femmes des brahmanes : ce ne fut partout que trouble et confusion ; la Terre consternée supplia le champion de la toute-puissance sacerdotale de rétablir la paix autour de lui. Alors, d'après les *Pourana*, Paraçou Rama transforma les anciennes classes en castes[239], c'est-à-dire qu'il créa la première constitution qu'ait connue le genre humain, le premier pacte par lequel les diverses classes sociales se soumirent a un ordre établi, résultat des luttes sanglantes où se dessécha la sève vitale des populations indo-gangétiques. Dans l'accroissement du pouvoir des prêtres, l'Inde trouvait un contrepoids à la toute-puissance royale ; les castes déshéritées se courbèrent sous ce double joug, espérant perpétuer un équilibre si péniblement acquis, et ne plus voir renaître d'interminables combats.

Arrivée à la limite extrême de la période fluviale des civilisations, la nation hindoue, enfermée dans son milieu sans issue, se résigne à la mort dans l'histoire pour se livrer à l'extase contemplative des fakirs, cette plante éclose spontanément du sol gangétique. De nos jours, le régime rigoureux des castes ne fait loi que dans l'Aryavarta oriental, tandis que sur l'Indus, radjpoute ou kachmirien, on entend encore les derniers échos des traditions védiques et kchatryennes.

CHAPITRE X : L'INDUS ET LE GANGE

CHAPITRE XI : LE HOANG-HO ET LE YANGTSE-KIANG

La littérature historique de la Chine. — Confucius et les « dix mille cérémonies ». — Originalité de la Chine. — Le parallélisme des fleuves chinois. — Le « Fléau des Fils de Han » et les vallées transversales du Yangtse-kiang. — Les Terres jaunes. — Les Cent Familles. — Le monosyllabisme du langage ; l'unité politique et la domination des lettrés. — Yu le Grand. — La conception chinoise du gouvernement.

L'Égypte construit des monuments ; la Chaldée observe les astres ; l'Assyrie guerroie ; l'Inde chante et s'abîme dans la métaphysique. Ainsi apparaît, dès le début, une certaine division du travail chez les Sémites et les Aryens, et c'est de plusieurs nations que naissent les nombreux courants qui se sont réunis dans le vaste fleuve de la civilisation universelle. Il n'en fut pas de même dans l'Asie orientale, pour ces multitudes au teint bistré, aux yeux fendus en amande que, malgré tant de dissemblances d'histoire, de langages, d'aptitudes physiques et intellectuelles, de mœurs et de figure, l'ethnologie confond sous la vague dénomination de race *jaune* ou race *mongole*. Tout ce qu'ont de vie policée ces tribus hétérogènes, Kalmouks des steppes russes et Annamites du Tonkin, Tongouzes de la Sibérie, Mandchous de l'Amour et de l'Oussouri, mariniers du Fokieñ et de Canton, émane d'un seul et même centre de civilisation, la « Terre des Cent Familles ». Et quoiqu'il soit difficile de regarder le Nippon comme une simple annexe de l'Asie continentale, on ne peut cependant méconnaître que si le Japon n'avait eu la fortune d'allumer son flambeau au puissant foyer du Céleste Empire, il serait peut-être resté ce que sont les Philippines avec leurs Tagals et leurs Visayas.

Par son énorme étendue, de la mer Caspienne au golfe de Yeddo et du cap Cambodge au lac Baïkal, le domaine de la civilisation chinoise dépasse celui des plus grands empires d'autrefois : nous ne croyons pas exagérer en évaluant au tiers des humains le nombre des créatures pensantes qui, pour supputer le temps, font usage du cycle binaire sexagénal des Chinois. Or, le « Fils du Ciel » compte parmi ses sujets tous ceux qui acceptent encore le calendrier de

Pékin[240], qu'ils aient reconquis leur indépendance, ou qu'ils soient tombés sous le pouvoir de l'étranger. Pour lui, la qualité de Chinois domine les combinaisons de la politique ou des origines.

Déjà nous avons exprimé notre scepticisme au sujet de l'antiquité fabuleuse que certains auteurs européens et chinois prêtent au Céleste Empire. Des écrivains très sérieux[241] l'ont fait remarquer : plus un livre chinois est moderne, plus les origines des Fils de Han y sont reculées dans le passé. Le *Chi-king*, le recueil classique des poésies nationales et l'un des ouvrages les plus archaïques[242], ne remonte pas au delà de Ouen̄-vang et d'Ou-vang, fondateurs de la dynastie des Tcheou (1122 av. J.-C.) ; le grand Yu n'y est que très vaguement mentionné ; plus tard, le *Chou-king*, le classique des Annales, attribué aussi à Confucius, parle de Yao et de Choun̄, souverains du XXIIIe siècle avant l'ère chrétienne ; puis Sze-ma-tien̄, « l'Hérodote chinois » (1er s. de l'ère chrétienne) invente Hoang-ti[243] dont il place la mort en l'année 2597 avant Jésus-Christ. Pourtant, à l'exception des ouvrages assignés à Confucius, l'historien n'avait guère à sa disposition que de rares généalogies ne pouvant remonter bien haut, puisque l'introduction des noms de famille en Chine date seulement des premiers temps des Tcheou. Ce fut surtout après la vulgarisation du bouddhisme que cette tendance, évidemment hindoue, s'accusa chez les auteurs chinois : ainsi le *I-king*, le Livre des Transformations, spécimen très curieux des concessions faites au spiritualisme par le positivisme confucien, parle déjà de Fou-hi et de Chen̄-noun̄, le Génie agriculteur[244] ; même les vrais mystiques ne s'en tiennent pas là, et bientôt on voit apparaître Pan-kou avec ses 20 000 siècles, et d'autres écrivains taoïstes avec leurs 96,661, voire même leurs 740 millions d'années.

Les lettrés chinois savent très bien la valeur de ces supputations que des savants européens ont la naïveté de discuter encore. Tout ce qui est antérieur au IXe siècle avant Jésus-Christ, est considéré par les écrivains du Céleste Empire comme *ouei-ki*, c'est-à-dire « en dehors de l'histoire », mais on ne doit pas en inférer que toutes les données postérieures à cette date présentent le caractère d'une irrécusable authenticité. Les différentes chronologies qui ont cours parmi les lettrés ne concordent qu'à partir de l'introduction des *nien hao*, ou noms particuliers imposés aux diverses époques d'un règne, système prévalant encore en Chine, et qui, au Japon, survit à l'adoption du calendrier grégorien. Or l'institution des *nien hao* ne remonte pas au delà de l'an 140 avant Jésus-Christ.

La Chine ne possède probablement pas un seul document qui soit antérieur aux trois livres attribués à Confucius et mentionnés plus haut. On prétend, il est vrai, que le *Tao-té-king*, le « Livre de la Voie et de la Vertu », de Lao-tze, est encore plus ancien, mais la chose ne me semble pas croyable, car chez Confucius, et même chez ceux de ses disciples qui sont censés avoir rédigé ses Dialogues, le *Louñ-yu*, la langue et les caractères nous apparaissent encore dans un état trop primitif pour s'être prêtés à la transcription des spéculations métaphysiques du célèbre idéologue. Quant à la fameuse inscription de Yu, qu'un étudiant en vacances aurait découverte gravée sur une pierre dans la province de Hou-nañ, les lettrés la traitent de pastiche grossier et ne lui accordent aucune confiance.

Sans préjuger la question des origines du Céleste Empire, on peut donc affirmer, en se basant sur la chronologie officielle, que la littérature chinoise, loin de rivaliser d'antiquité avec celles de l'Égypte et de la Chaldée, est née après la littérature grecque et fut à peine la contemporaine d'Hérodote. Il y a plus : les originaux des ouvrages classiques, brûlés, dit-on, en l'an 213 avant Jésus-Christ par Chi-hoang-ti, de la dynastie des Tsiñ, auraient été retrouvés plus tard ou même reconstitués par des procédés peu sûrs. Ainsi du *Chou-king*, le plus ancien des livres d'annales de l'Empire. On nous raconte qu'une fillette de neuf ans en récrivit une partie sous la dictée de son grand-père, habitant la province de Tsi, et âgé de quatre-vingt-dix ans ; le vieillard savait par cœur vingt-neuf chapitres du *Chou-king*, mais il n'avait plus de dents et ne pouvait se faire comprendre que de sa petite-fille. Je dois dire ici qu'il n'existe point d'ouvrage chinois dont on puisse s'approprier le sens, si l'on ne voit les caractères écrits, car l'idéographie chinoise s'adresse surtout aux yeux, et la langue écrite diffère essentiellement de la langue parlée. Cette étrange restitution de l'un des principaux documents de l'histoire nationale du Céleste Empire aurait eu lieu sous Oueñ-ti, de la dynastie des Hañ (179 à 157 av. J.-C). On ajoute, il est vrai, que peu d'années plus tard, le prince de Lou, faisant démolir la maison de Confucius, découvrit, dans une cachette du mur, des exemplaires du *Louñ-yu* (Dialogues), du *Hiao-king* (le Livre

Léon Metchnikoff

de la Piété filiale) et du *Chou-king*, complet en cent chapitres. Par malheur, ces ouvrages avaient été copiés en cette écriture dite *Ko-tô* (des têtards), tombée en désuétude avant l'époque confucienne, et que, sous les Hañ, nul ne pouvait plus lire. En collationnant les vingt-neuf premiers chapitres du vieux livre avec ceux que l'enfant avait écrits sous la dictée de son grand-père, on parvint à découvrir la clef de ces caractères, ce qui permit de déchiffrer vingt-neuf chapitres nouveaux ; mais les autres restèrent incompréhensibles et le *Chou-king* fut incomplet. Ainsi, la plus ancienne des histoires de la Chine ne date, du moins sous sa forme actuelle, que du milieu du second siècle avant l'ère chrétienne. « Nous ne pouvons citer, dit Vassilieff[245], un seul ouvrage confucien qui n'ait été retouché au temps des Hañ, si, toutefois la première rédaction datait d'avant cette dynastie. Le *Louñ-yu* a été remanié ; le *Tchoun-tsiñ* reçut des commentaires nouveaux ; le *Chou-king* et le *Li-ki*[246] semblent avoir été composés à cette époque. »

Puis, à une période relativement récente de la suite des temps historiques, les livres classiques de la Chine subirent des altérations ; ils furent peu à peu tellement défigurés par les copistes et les imprimeurs, que, pour en rétablir le sens, on dut les collationner avec ces mêmes ouvrages publiés au Japon. Puis, encore, des écrits sur l'histoire et la géographie ont été « corrigés » ou détruits par des princes régnants, jaloux des succès et de la gloire de leurs prédécesseurs. Enfin, comme ces documents étaient d'origine confucienne, on aura remanié les ouvrages suivant les idées de Confucius. Certes, en fait de littérature historique, il y a peu, il n'y a point de pays au monde qui puisse se vanter d'en posséder d'aussi volumineuse. L'art de l'écriture populaire semble, nous l'avons vu, avoir débuté au Céleste Empire par deux ouvrages, le *Tchouñ-tsiñ* et le *Chou-king*, ayant le caractère d'annales ; depuis vingt siècles, l'historiographie chinoise n'est pas seulement un des engins politiques les plus puissants, elle touche aussi de fort près à la religion. Pourtant, existe-t-il dans l'univers une nation dont les origines et le passé lointain soient cachés sous un plus impénétrable mystère ? Nombre de peuples qui se sont moins préoccupés de leur histoire que les Chinois ont conservé de leurs débuts des traditions vagues, mais authentiques, des réminiscences fragmentaires, mais non travesties avec préméditation, tandis qu'en Chine

CHAPITRE XI : LE HOANG-HO ET LE YANGTSE-KIANG

une réglementation prématurée, un précoce épanouissement philosophique et politique, remontant à la fin du VIe siècle ou au commencement du Ve avant Jésus-Christ, se dresse comme un mur au delà duquel nulle investigation scientifique ne saurait pénétrer. « Le passé de la Chine, dit un homme qui la connaît bien et que je ne me lasse pas de citer[247], n'est pas éclairé pour nous par les événements, mais bien par les idées des Confuciens qui altéraient les faits sans scrupule, car la reconstitution véridique des temps passés était leur moindre souci : ils avaient en vue la création d'une morale pratique et d'un système social et politique pour le présent et l'avenir. » Par un procédé didactique cher aux moralistes de tous les pays, les grands réformateurs de la Chine reportaient leur idéal à cet âge d'or que tous les peuples croient avoir connu, mais dont ils ne conservent que d'incertains souvenirs. À ce point de vue, peu importait à l'auteur que Yao, Chouñ ou tout autre souverain légendaire eût vécu et accompli, ou non, tel ou tel fait, à lui attribué uniquement pour le proposer en exemple aux contemporains. N'était-il pas très sage de s'attacher de préférence à des temps, à des personnes imaginaires dont on pouvait diriger à sa guise les paroles et les actions sans se heurter à quelque fait gênant ? Meng-tse (Mencius) dit expressément que la légende de Chouñ n'est pour lui qu'une invention des « barbares du Sud » ; Confucius avoue ne rien savoir de Yao ou de Chouñ[248]. Cela ne l'empêche pas pourtant de consacrer à ces deux souverains modèles les deux premiers *tiañ* (chapitres du classique des Annales), afin de montrer qu'un bon roi doit être électif, qu'il doit se préoccuper tout particulièrement de l'organisation territoriale des provinces, choisir ses ministres et ses mandataires parmi les plus capables, et quel que soit leur rang... Dans les Dialogues (*Louñ-yu*, XX, § i) il va jusqu'à citer des paroles de ce monarque fabuleux : « Si j'ai quelque tort, faut-il que le mal retombe sur les dix mille pays ?... Les fautes des Cent Familles ne doivent-elles pas peser plutôt sur moi seul ? — Aie soin des poids et des mesures, approfondis les lois, amende tes fonctionnaires quand ils se mettent en faute, et l'administration des quatre points cardinaux marchera comme sur des roues. » Précisément parce que l'un des livres du *Chou-king* (le cinquième) est intitulé *Tcheou-kouañ*, « Aux premiers temps des Tcheou », nous pouvons soupçonner que ni l'auteur ni

Léon Metchnikoff

ses contemporains ne connaissaient rien de cette période, et qu'ici, comme dans les chapitres de Yao et de Chouñ, le Sage donnait un libre cours à son zèle didactique. Plus tard, Mencius nous dit en effet que nul ne saurait parler avec précision des premiers temps de cette dynastie, puisque les princes féodaux avaient détruit tous les documents de l'époque[249]. Ce même livre V du *Chou-king* fut remanié plus tard et devint ce fameux rituel de Tcheou, le *Tcheou-li*, que plusieurs de nos savants prennent encore pour un précieux reliquaire des mœurs et des institutions chinoises du XIIe siècle avant Jésus-Christ.

Les raisons sont nombreuses pour lesquelles il est difficile à un Européen de juger sainement des choses de la Chine. Si le Céleste Empire ne peut disputer la palme de l'ancienneté à l'Égypte ou à la Chaldée, il n'en appartient pas moins à ces civilisations fluviales qui sont les sédimentations primaires de l'histoire. Le royaume des pharaons et l'Assyro-Babylonie ont depuis longtemps passé dans le domaine de l'archéologie, tandis que la Chine est encore pour nous une actualité. Afin de devenir notre contemporaine, elle a sans doute considérablement développé ses institutions anciennes, mais elle ne les a pas reniées. Comme la mère d'Hamlet, elle n'a pas encore usé les souliers qu'elle portait à l'enterrement de son premier seigneur et maître, le grand Koung-fou-tse : nous sommes, à son aspect, saisis d'une certaine surprise, comme celle que produirait la rencontre d'un *brenn* gaulois sur les Champs-Élysées, ou la vue d'un plésiosaure prenant ses ébats au milieu des cygnes du Léman. De savants sinologues, plus chinois que les académiciens de Hañ-liñ, ont accrédité certaines erreurs : ils ne se sont pas rendu compte de la valeur essentiellement relative de la littérature historique du pays des Cent Familles. En voyant, par exemple, le Céleste Empire, à ses meilleurs moments, se rapprocher plus ou moins d'un idéal présenté par les livres prétendus historiques comme ayant été déjà réalisé aux temps légendaires, on a été logiquement amené à croire que la Chine est le pays immuable par excellence. D'autre part, en constatant l'influence tout à fait prédominante du *li*[250]sur la vie chinoise et sur les graves préoccupations des philosophes et des hommes d'État de la Chine, on s'est empressé d'attribuer un formalisme rigidement puéril au peuple qui fut l'unique champion de la civilisation dans l'Asie orientale.

CHAPITRE XI : LE HOANG-HO ET LE YANGTSE-KIANG

Ce dernier préjugé repose sur une erreur d'interprétation. Les *man-li*, les « dix mille cérémonies », ne répondent nullement à nos idées européennes sur l'étiquette et les cérémonies, si du moins on ne veut soutenir que l'étiquette seule nous empêche de marcher à quatre pattes, comme il en prenait envie à Voltaire en lisant Jean-Jacques Rousseau, et que nous ne dévorons pas nos semblables, seulement grâce aux cérémonies. Le *li* est, chez les Chinois, une sorte de religion civique ; il embrasse l'ensemble des innombrables usages qui distinguent l'homme civilisé du barbare. Or, chez les Orientaux, comme dans notre Europe, cette différence ne porte pas uniquement sur les actes graves et solennels, mais sur les occurrences les plus banales de la vie journalière ; l'homme de travail et d'étude se comporte tout autrement que le chasseur des bois ou le cavalier nomade de la steppe. La Chine comprit dès les premiers temps sa mission, qui était de tenir haut le drapeau de la civilisation dans un pays où, de trois vents des cieux, la menaçaient sans cesse les pâtres et les batteurs d'estrade des hauts plateaux, les barbares couverts de peaux de bêtes ou de peaux de poissons, Miao, Lolo, etc., au langage à peine articulé, et tous ces *Si-fañ* (barbares occidentaux), mélange de tribus tibétaines et mongoles ; elle dut donc imposer à ses fils la stricte obéissance du *li* dans tout ce qu'il a de plus élevé, aussi bien que dans toutes les futilités de la vie quotidienne. De peur que ses enfants, héritiers de tant de générations, ne perdent point, par l'effet de l'atavisme, des qualités et des habitudes si péniblement acquises, elle place entre leurs mains, au nombre des plus importants de leurs livres classiques, les bréviaires ou manuels du *li*.

Plus grave est la seconde accusation, celle de l'immutabilité de la Chine, accusation d'autant plus singulière que la littérature confucienne nous montre ce pays précisément sur le seuil d'une des transformations les plus capitales qui se soient produites dans l'histoire d'un peuple. Ici, quelques explications sont nécessaires : on chercherait en vain, dans la biographie de Confucius, telle que l'a donnée Szema-tiañ, le secret de la popularité sans égale du grand Sage chez tous les peuples englobés de gré ou de force dans la civilisation chinoise, et le lecteur serait désappointé qui croirait trouver la clef de l'énigme dans les œuvres mêmes attribuées au Maître, simples recueils comme le classique des Poésies, ou

Léon Metchnikoff

compilations sans idées générales. Aucun de ces écrits, souvent incohérents, toujours secs et dépourvus de forme, n'est marqué au coin d'un génie supérieur. Comparé aux grands prophètes, aux réformateurs des autres nations, Confucius, tel qu'on se le représente d'après les Dialogues attribués à ses élèves et qui dessinent mieux sa personnalité, acquiert certains droits à notre estime par l'absence de toute idée de jonglerie ou de fraude, par son bon sens utilitaire et humanitaire, dédaigneux de toute mystagogie[251]. Mais les Chinois eussent été taillés à rebours de toutes les autres nations historiques, si ces traits de caractère avaient suffi pour lui assigner la première place dans leur panthéon. — Le Sage a été jugé digne des honneurs divins ; son nom est grand dans toute l'extrême Asie, parce qu'il résume une des plus importantes révolutions de l'histoire du Céleste Empire. Par le confucianisme, la Chine est sortie de son état primitif de despotie pharaonique ou fluviale pour inaugurer une nouvelle conception de l'ordre social, une conception humaine et démocratique. S'il eût débuté dans l'histoire avec la constitution que nous voyons aujourd'hui s'affaisser sous le poids des siècles, le « Royaume des Cent Familles » aurait été une négation vivante des lois de l'évolution et du progrès ; mais il n'en fut point ainsi, et, entre la Chine préconfucienne que la littérature historique du Céleste Empire nous a presque entièrement obscurcie, et la Chine classique, celle que les lettrés de l'école de Koung-fou-tse ont façonnée pendant de si longues années de propagande et de luttes, il y a une différence non moins essentielle qu'entre la monarchie égyptienne ou assyrienne et le monde grec, représenté par ses plus belles fédérations démocratiques.

Dans l'état présent de nos connaissances sinologiques, lorsque chaque texte, et, pour ainsi dire, chaque titre d'ouvrage cité exige de longs commentaires, d'interminables réfutations de préjugés sanctionnés par des savants illustres, un volume ne suffirait pas pour tracer un tableau sommaire de cette grande évolution, intéressante par ses analogies comme par ses dissemblances avec le progrès historique de l'Occident.

On a beaucoup écrit sur l'omnipuissance et le caractère quasi-divin du pouvoir impérial en Chine, et nous savons tous que la première conception de l'ordre social y fut essentiellement *pharaonique* basée sur la coercition pure et simple, de droit divin, et symbolisée par la personne du souverain, dans laquelle se dissolvait ou s'absorbait le peuple. « *Ti* (titre usuel de l'empereur) est Dieu, dit J. Legge[252] ; je ne puis expliquer, analytiquement, le caractère idéographique qui sert à figurer ce mot, mais toutes les attributions de *Ti* sont telles que nous ne saurions les rapporter qu'à la Divinité.» Dans la phraséologie du Céleste Empire d'aujourd'hui, l'une des façons les plus communes de désigner le souverain est *Tsień-tse*, Fils du Ciel, et les décrets impériaux sont appelés *cheng siuñ*, instructions sacrées.

En regard de ces vestiges caractéristiques du passé, nous n'avons, pour découvrir le secret du succès incomparable des Confuciens, qu'à citer un paragraphe emprunté, non à Confucius, mais à son plus illustre adepte, Mencius, dont le Maître lui-même n'a jamais égalé la vigueur, la concision dans l'expression des idées et des principes de l'école. Mencius dit : « Le peuple est ce qu'il y a de plus précieux ; puis viennent les génies de la Terre, et, en dernier lieu, le prince.» Ce simple renversement de l'axiome fondamental des despoties primitives, ce peuple qui n'est plus subordonné au prince, marque, dans l'histoire de l'humanité, une phase à laquelle n'arrivèrent jamais les autres grandes monarchies fluviales. Pour équilibrer le despotisme des princes et des prêtres, l'Inde même n'avait su trouver rien de mieux que le despotisme des castes. Ainsi l'histoire ancienne de la Chine, celle qui devrait seule nous occuper dans ces études, finit au point où commence l'histoire écrite, histoire, nous l'avons vu, exclusivement confucienne.

L'esprit de révolte, facteur essentiel du progrès, n'a fait défaut à aucun pays : nous l'avons rencontré sur le Nil aussi bien qu'en Mésopotamie : après de longs siècles d'oppression, il ne pouvait manquer d'apparaître aussi en Chine ; nous en trouvons de nombreuses traces dans les ouvrages de Confucius lui-même : « Celui qui commande aux autres, dit-il au livre I du *Chou-king* (chap. III, § 5), ne doit-il pas toujours trembler ? » Mencius va beaucoup plus loin ; sous plusieurs des gouvernements modernes, il aurait été sans doute condamné pour propagande subversive ; en Chine ses ouvrages furent admis, non sans peine, il est vrai[253], au nombre des *Si-chou*, les quatre livres dont l'étude[254], obligatoire dans les écoles, sert d'introduction à celle des *Wou-king*, les cinq classiques[255] : « Tous les hommes sont égaux, dit-il, pourquoi y a-t-il des grands et des petits ?... Quand les bons mets se préparent à la cuisine, quand les écuries sont pleines de bons chevaux, tandis que le peuple meurt de faim et jonche de ses cadavres les grandes routes, n'est-ce pas comme si on était gouverné par des bêtes féroces qui déchirent les hommes ?... Quand les bêtes se dévorent, l'homme en est dégoûté ; quand le prince, le père du peuple, se réunit aux bêtes féroces, peut-on l'appeler le père de ses sujets ?... Si mon prince n'est pas capable, j'ai le droit de le traiter comme un brigand, etc. »

Quand on compare les philippiques ardentes de Mencius aux écrits incolores du grand Koung-fou-tse, on se demande pourquoi le « Philosophe Rigide[256] » n'occupe que la seconde place dans le panthéon philosophique de l'extrême Orient. Ce n'est point à cause de sa venue relativement tardive, puisque le mouvement révolutionnaire inauguré par l'école confucienne n'aboutit à un système gouvernemental que sous la dynastie des Soung (960-1268 ap. J.-C.)[257]. Dans ce monde méticuleux de la Chine, une semblable préférence ne peut manquer de motifs sérieux : à notre avis, si Mencius exprime bien mieux que Confucius le fonds de révolte commun aux Chinois de son temps et à tous les peuples arrivés à une phase analogue de leur évolution, il lui reste sensiblement inférieur en tout ce qui se rapporte aux caractères spécifiques de la Chine et du confucianisme.

Depuis le ve siècle de l'ère chrétienne[258], le Céleste Empire fut le théâtre d'un mouvement philosophique très intense dont l'école confucienne est loin d'avoir absorbé tous les courants. Les doctrines spiritualistes et mystiques se rattachant plus ou moins à la doctrine de la Voie (*Tao*) de Lao-tse, et aux spéculations transcendantes de l'Inde, paraissent s'être épanouies surtout dans les royaumes de l'Ouest. Par opposition à l'utilitarisme et au civisme confucien, les spiritualistes aboutissaient à un quiétisme allant jusqu'à l'épicuréisme ; souvent ils s'absorbèrent dans la recherche de la pierre philosophale et du breuvage d'immortalité. Mais nombre d'entre eux semblent avoir surpassé leurs adversaires sous le rapport du style et des beautés poétiques. Ces quiétistes[259] ne furent pas sans influence sur les esprits, puisque, pour triompher, le confucianisme dut transiger et adopter certains ouvrages hybrides, le célèbre *I-king*, par exemple, le classique des Transformations,

livre mystique, et le *Tchoun-yung* (Milieu immuable). En raison
même de l'indifférence politique qui constituait le fond de leur
doctrine, les quiétistes ne pouvaient être pour les Confuciens
de bien redoutables rivaux, mais ils n'étaient pas les seuls, car
nombre d'autres sectes philosophiques prirent naissance, dont les
ouvrages sont perdus en grande partie et dont l'existence même
n'est quelquefois constatée que par tel ou tel passage polémique des
auteurs classiques. Ainsi nous lisons dans Mencius : « Aujourd'hui
que les empereurs bons et justes n'apparaissent plus, et que les
princes féodaux se livrent à toutes les exactions, des philosophes
mercenaires nous empoisonnent de leurs doctrines perverses. Le
monde est envahi par les aphorismes de Yang-tchou et de Mo-ti, et
celui qui n'est pas un adepte du premier se range certainement au
nombre des disciples du second. »

Certains commentateurs pensent que sous ces dénominations
de Yang-tchou et de Mo-ti, le Philosophe Rigide range tous les
adversaires de l'école confucienne. Mais Vassilieff nous apprend
qu'il existait à cette époque un sage dont les écrits nous sont
parvenus sous le nom de Mo-tse ; ses doctrines semblent, à première
vue, peu différentes des enseignements confuciens, si ce n'est qu'on
découvre, çà et là, des passages trop idylliques pour être l'œuvre
d'un disciple fidèle de Koung-fou-tse et de Meng-tse. Tel celui-ci,
tiré de la traduction du sinologue russe : « Toutes les querelles, dit
Mo-tse, tous les déboires, tous les maux qui affligent le monde,
proviennent du manque d'amour mutuel… Si l'on considérait le
royaume étranger comme sa propre patrie, il n'y aurait plus de
guerres, plus de rapines ; le fort n'écraserait plus le faible sous le
poids de sa fierté, et l'astucieux ne spéculerait pas sur la naïveté du
simple. »

Passons à ce que Mencius reproche à ces « philosophes mercenaires
empoisonnant le monde de leurs doctrines perverses » : « Yang-
tchou, dit-il, prêche le « pour soi », donc il ne reconnaît pas de
souverain ; Mo-ti veut l'amour commun, donc il ne reconnaît pas la
paternité. Mais vivre sans souverain et sans père serait se ravaler au
niveau des oiseaux et des bêtes !… » Plus loin, il y revient encore :
« Yang-tchou enseigne qu'on ne doit vivre que pour soi et que si,
pour faire du bien à l'univers, il suffisait de sacrifier un seul de ses
cheveux, on devrait quand même s'en abstenir ; Mo-ti pèche par

un excès d'amour sans distinction. Si les doctrines de Yang-tchou et de Mo-ti ne trouvent pas d'opposition — et seules, les doctrines de Koung-fou-tse pourraient présenter un obstacle sérieux à leur extension — le peuple sera induit en erreur, et la vérité, ainsi que l'esprit humanitaire, seront étouffés, les hommes deviendront comme des bêtes prêtes à s'entre-dévorer. C'est ce que je crains, et c'est pourquoi je me fais le champion de la Voie que les vrais sages des temps passés ont enseignée ; je proteste contre Yang-tchou et Mo-ti ; je combats la perversité de leurs doctrines pour que ces faux prophètes n'obtiennent pas de succès. Peu importe que leur enseignement vienne du cœur, puisqu'il nuit à la cause, et qu'il empêche l'organisation du pouvoir. »

Mencius accuse-t-il Yang-tchou d'égoïsme, ou plutôt réprouve-t-il en lui les idées républicaines ? Il est malaisé de le dire. Quant à celui qu'il appelle Mo-ti, que ce soit le Mo-tse de Vassilieff ou tout autre philosophe dont les écrits ont disparu, le doute n'est pas possible. Le passage ci-dessus suffirait à prouver, si le fait n'était pas constaté par plusieurs documents, que l'esprit de révolte avait alors en Chine des champions bien plus hardis que Confucius et Mencius. Ne se contentant plus de blâmer les abus du pouvoir souverain, de maudire les exactions des riches et des puissants, ils demandaient la dissolution de l'État et l'abolition de la propriété et de la famille[260]. Or, à chaque page de ses écrits, Mencius proclame que le seul remède aux maux de la patrie est l'organisation de l'État sur le modèle de la famille, organisation dont le plan avait été tracé par Confucius avec une minutie vraiment chinoise : Meng-tse, du reste, ne se lasse pas de redire que l'honneur d'avoir indiqué cette voie de salut, véritable et unique, appartient entièrement au Maître.

Le qualificatif de « Père du Peuple », appliqué au souverain, se retrouve sous la plume de tout écrivain défendant une despotie qui s'écroule ; mais, pendant la période dont nous parlons ici, la Chine traverse l'heure, unique peut-être dans l'histoire, où cette conception apparaît avec l'attrait de la nouveauté et sous un aspect progressiste et révolutionnaire. Substituer le souverain père, puisant son droit dans les soins intelligents qu'il prend du bien-être de ses sujets, au roi de droit divin, pharaon, ou *ti*, émanation inconsciente des forces cosmiques, voilà qui devait paraître et parut le moyen le plus simple d'humaniser l'ordre social, légué par un passé qui était le produit brutal du Milieu. Une page importante de l'histoire de l'humanité serait restée en blanc, si la Chine n'eût pas consacré vingt siècles de sa vie, à tenter l'expérience, d'abord, puis à se convaincre *post factum*, de son inanité. À plusieurs époques, le Céleste Empire a influé sur les destinées du monde occidental par l'action exercée sur les tribus nomades de cette vaste zone que nous avons plus haut décrite sous le nom de « Territoire des barbaries historiques » ; il nous a donné le ver à soie[261], le thé et d'autres produits utiles ; mais son plus beau titre à une place honorable dans l'histoire universelle, est d'avoir fait, à ses dépens, cette expérience nécessaire. Or le plan de la transformation du despote en père de la nation, avait été élaboré jusqu'aux moindres détails dans les écrits attribués au grand Koung-fou-tse, et aucun de ses corollaires n'y fut oublié : identification de l'impôt foncier avec la rente du sol, abolition des privilèges féodaux, accessibilité de toutes les charges publiques à tous les citoyens, hiérarchie de l'intelligence et du savoir. De l'ensemble des écrits confuciens un Européen moderne ne saurait dégager ce programme que par une analyse minutieuse et complète ; mais les Orientaux semblent le saisir d'instinct : quand les Mandchous publièrent le *Chou-king* en leur langue, ils n'en traduisirent point le titre par « Livre classique des Annales », ce qui serait le sens direct ; mais ils l'intitulèrent « Livre classique du Gouvernement ».

Les deux civilisations occidentales, celle des bords du Nil et celle de la Mésopotamie, une fois parvenues à un certain degré de développement spécifique, se transportent sur les rives des mers intérieures voisines. L'Inde, enfermée dans son bassin sans issue, s'est désintéressée de l'histoire. La Chine seule, tout en élargissant progressivement son domaine, reste fidèle à ses grands fleuves, berceau de son évolution.

Le territoire de la Chine proprement dite, celui des « Dix-huit Provinces », se compose principalement des bassins de trois grandes rivières qui nous frappent par le parallélisme de leur cours : le Hoan-gho[262], la rivière des Perles, et, entre les deux, le Yangtse-kiang avec la puissante ramure de ses affluents, autant de chemins ouverts par la nature, depuis les frontières de la Mongolie jusqu'à la mer tropicale du Tonkin.

Le parallélisme des fleuves, qui domine toute l'histoire de la Chine,

Léon Metchnikoff

se remarque seulement à l'est du méridien de Tchingtou-fou ; le vaste territoire qui s'étend à l'ouest de cette limite, le Kañ-sou extramural avec le pays de Koukou-nor, les vallées perpendiculaires des grands tributaires du haut Yangtse-kiang, le Yuñ-nañ, sont restés pour la Chine bien plus une aire de colonisation et de vasselage qu'une partie intégrante de la Fleur du Milieu. Le Hoang-ho lui-même, tant qu'il s'écarte de cette direction typique pour décrire vers le nord son énorme courbe entre Lañtcheou-fou et Poutcheou, au pied du massif de l'Outaï-chañ, cesse d'être un fleuve chinois et s'égare en pays barbare, dans l'Ordos. Dans toute cette portion perdue de son cours, il est remplacé pour la Chine par son affluent, le Ouei-ho, qui forme la corde de l'arc ordosien du grand fleuve, dans lequel il va se confondre, près de Toung-kouañ, la barrière de l'Orient. Depuis leur jonction jusqu'à Kaï-foung-fou, chef-lieu de la petite colonie juive oubliée dans ces lointaines régions, le fleuve Jaune reste fidèle à l'orientation dominante que le Yangtse maintient depuis le Sze-tchoueñ, et dont la rivière des Perles (Si-kiang) ne s'écarte point depuis sa naissance, dans les montagnes à l'est de la capitale du Yuñ-nañ jusqu'au delta sur une des branches duquel est construite Canton. En aval de Kaïfoung-fou, le Hoang-ho vient heurter le sommet du triangle formé par les montagnes et les collines du Chañ-toung, triangle qui s'élève comme une île au-dessus des plaines d'alluvions s'étendant de Péking à Nañ-king. Ce point est non moins important pour l'hydrologie du fleuve Jaune que pour les destinées de ses riverains ; ses eaux, se répandant sur ces terres basses à pentes indécises, inondent la vaste zone littorale qui sépare, on pourrait presque dire qui réunit, les bouches du Pei-ho et celles du Yangtse-kiang. À travers cette fangeuse région, au milieu du lacis de coulées, de mares et de marigots, un bras principal se forme qui, au hasard de causes multiples, oscille, tantôt vers la mer Jaune, tantôt vers le golfe de Pé-tchili. Il y a une quarantaine d'années, ce bras se dirigeait vers le sud, emportant à la mer les eaux du Hoang-ho ; mais un cataclysme, qui coûta les biens et la vie à des millions d'hommes, l'a rejeté dans le nord, justifiant encore une fois le surnom de « Fléau des Fils de Han » que le Hoang-ho porte dans le langage fleuri du Céleste Empire. Cette nouvelle orientation lui a fait emprunter le lit du Ta-Tsing, « fleuve des grands Tsing » de la dynastie mandchoue, sous laquelle une catastrophe analogue lui assigna la coulière suivie maintenant par le fleuve Jaune ; elle semble coïncider avec le parcours du Hoang-ho au début de l'histoire de la Chine ; le lit abandonné en 1853 marque l'extrême limite de ses aberrations vers le midi. Les archéologues chinois ont dressé de nombreuses cartes de ces déviations du fleuve en aval de Kaifoung-fou et plusieurs de ces cartes ont été reproduites dans le *Mémoire sur la Chine* d'Escayrac de Lauture. L'Anglais Elias Ney avait cru compléter par ses recherches personnelles la série de ces études que les épouvantables bouleversements causés par les crues de 1887 forceront à reprendre : le récent désastre compte aussi ses victimes par centaine de milliers, peut-être par millions.

La zone alluviale que détrempent les eaux du Hoang-ho et de ses affluents confine par le sud à la région des coulées du Yangtse-kiang ; nous y retrouvons, mais en grand, la plupart des caractères du delta nilotique.

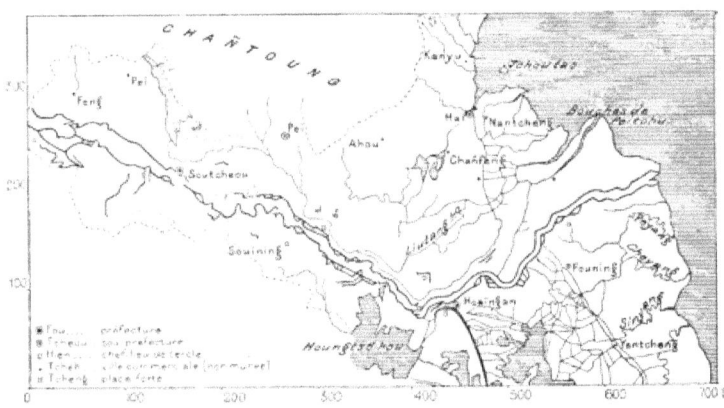

N° 8. — Ancien cours du Hoang-ho, d'après un document chinois (200 Li = 1° de l'Équateur).

Comme les Égyptiens, les Chinois des vallées moyennes des deux grands fleuves n'ont pu arriver à la mer qu'après des labeurs plusieurs fois séculaires, qui convertirent en une contrée populeuse d'énormes étendues de boue, toujours menacées et souvent ravagées

Léon Metchnikoff

par les flots. Le territoire entier du Kiang-nañ est le produit de l'art et de la persévérance des Chinois. Si, au labyrinthe des canaux qui sillonnent en tous sens les provinces d'An-houi et de Tché-kiang, on ajoute les digues construites aux bords des lits changeants du fleuve Jaune, on obtient une somme de travail prodigieuse, même en comparaison de celui que coûtèrent les Pyramides. Mais, pour être plus utilitaires que la plupart des entreprises des pharaons, ces labeurs ne sont peut-être pas plus utiles, puisque, après tant de générations mortes à la peine, on voit encore le Fléau des Fils de Han balayer de siècle en siècle des multitudes innombrables.

On l'a vu, le Hoang-ho doit son nom aux particules de terre jaune, admirablement fertiles, entraînées par ses eaux qui en prennent la couleur, devenue, pour les Chinois, le symbole de la Terre, génératrice de toutes choses, et de l'agriculture, base de l'ordre social et de la souveraineté. Le premier empereur inscrit dans leurs annales s'appelle le « souverain Jaune ».

Cette terre, qui s'étend en Chine sur une superficie plus vaste que celle de la France, ne présente point de stratification : le sol est tout criblé de petits trous verticaux et diversement ramifiés, où Richthofen a reconnu les vides qu'ont laissés les racines des plantes autour desquelles s'était moulée la poussière apportée des déserts de l'Asie centrale par des vents infatigables. Autour de Péking, la terre jaune se montre çà et là sur les promontoires qui dominent le plat pays ; mais, à l'ouest de l'Outaï-chañ, elle recouvre toute la vallée du Ouei-ho, ou, pour mieux dire, toute la région montagneuse qui rattache les chaînes du Tibet à celles du Chañ-si. M. Potanine vient de publier les résultats de ses explorations dans cette région des terres jaunes du nord occidental[263] : « Les couches de grès rouge, dit-il, et de conglomérats qui servent de base au *löss* sont horizontales, et parfois remplacées par le gneiss. Les grès sont si riches en sel que les habitants les exploitent pour l'en retirer par la cuisson ; souvent, dans les endroits dénudés, la roche se recouvre d'efflorescences salines, et les fonds de certaines vallées semblent tapissés de neige. Les lacs salés sont nombreux ; l'eau de plusieurs rivières est saumâtre. La stratification horizontale des grès et des conglomérats détermine les contours du paysage ; la formation dominante est celle des plateaux ; il n'y a point de chaînes de montagnes nettement accusées. Les nombreuses vallées creuses, les ravines qui entaillent le sol dans toutes les directions trompent l'œil du voyageur : en s'engageant dans ces tranchées, il croit cheminer dans une gorge entre deux versants abrupts ; mais ce qu'il prend pour des montagnes, ce sont les parois de la coupure qui pénètre dans le plateau à une profondeur considérable. Des districts de plusieurs dizaines de kilomètres sont hachés par ces excavations parallèles qui, tout en restant fort étroites, descendent quelquefois jusqu'à 2000 pieds, et, non seulement traversent la couche du löss, mais aussi entament le grès sur lequel il repose. Pour connaître le véritable caractère du paysage, il faut gagner les crêtes ou terrasses qui séparent deux galeries ; alors, à perte de vue, on n'aperçoit que ces hachures parallèles, séparées par des tranches de terrain et rappelant les dents d'un peigne gigantesque. Dans les vallées longues et suffisamment arrosées, les villages sont situés au fond, et les champs de labour occupent les hauteurs recouvertes de löss ; mais dans les ravines étroites et dépourvues d'eau, on bâtit sur les terrasses de séparation, et les cultures s'échelonnent sur les talus. Comme l'eau ne se trouve qu'entre le löss et les grès, les habitants ont parfois à descendre de 200 mètres et plus pour s'en approvisionner.

« Tout ce que Richthofen a dit des terres jaunes du Chen-si est exact aussi pour la province de Kañ-sou ; on voit ici ces mêmes galeries étroites, ces mêmes crevasses verticales de plus de 10 mètres d'ouverture, ces mêmes cavernes servant d'habitations, ces mêmes auberges creusées dans le löss. La mobilité, voilà le trait caractéristique des terres jaunes. Comme le vent déplace les sables du désert, de même les eaux souterraines transportent le löss du sommet des terrasses au fond des ravines. Elles commencent par creuser un vide entre le löss et l'assise sous-jacente de grès : le sol s'abaisse, une crevasse circulaire se produit à la surface ; le cylindre circonscrit par cette crevasse, étant miné par l'eau, se désagrège et tombe en fragments qu'entraîne le courant souterrain ; il se forme un puits profond. Toute l'étendue des terres jaunes est littéralement criblée de ces puits ; les bêtes des troupeaux y tombent souvent et leurs gardiens ont beaucoup de peine à les en retirer. Chaque puits, s'élargissant peu à peu dans la direction du courant souterrain, finit par former une ravine allongée qui va rejoindre la ravine maîtresse de la vallée. Les parois à pic de ces galeries s'écroulent à leur tour,

Léon Metchnikoff

et il est dangereux de séjourner, ou même de marcher à proximité des talus. Les éboulements, les cavernes, les crevasses, les failles, les amas de blocs désagrégés, tous les accidents que l'on rencontre à chaque pas, témoignent de la puissance des forces destructives à l'œuvre dans ce pays. Le paysage est monotone : on voit partout les mêmes coupoles aplaties. La teinte uniformément jaune du sol, et le ciel voilé d'une brume de poussière telle que, le matin, le soleil apparaît comme un disque pâle, sans rayonnement, attristent encore plus l'aspect de ces lieux. À peine si quelques prairies verdoyantes se cachent au fond de ravines arrosées par un ruisseau qu'ombragent des bouquets d'arbres.

« Telle fut la contrée que nous traversâmes, de la limite méridionale de l'Ordos à la ville de Ho-tcheou et aux environs des Sañ-tchouañ. Dans le Kañ-sou oriental, le paysage reste sensiblement le même jusqu'à Koung-tchang-fou. Tout le Cheñ-si, toutes les vallées du Ouei-ho sont de même nature. Sous le rapport du climat, comme sous celui des terres jaunes, la vallée du Ouei-ho ne semble guère différer de celle du Hoang-ho en aval de Lañtcheou-fou… L'hiver est caractérisé par l'absence des vents et la faible quantité de sédiments atmosphériques, par le calme de l'air qu'emplit sans cesse la brume… Nulle part de forêts ; mais seulement les arbres que l'homme a plantés[264]. »

Cette nature du sol explique la présence, dans l'eau du fleuve Jaune, de cette énorme quantité d'alluvions que Staunton, un voyageur du siècle passé, évaluait, non sans étonnement, aux deux centièmes du volume des eaux, le quadruple de ce qu'emporte le Gange. Le missionnaire Williamson, en voyant le Hoang-ho saper la base de son estran, comparait l'effet de chaque flot successif du courant à celui d'une faux promenée dans l'herbe d'une prairie : à chaque morsure du fleuve, une lisière de la berge disparaissait dans l'eau[265]. « Mais les érosions des bords, fait observer M. Élisée Reclus[266], ne sont, pour les riverains, que le moindre des dangers. À un certain point de vue, ils ont encore plus à redouter l'apport des alluvions fécondes qui renouvellent leurs campagnes, car ces terres accroissent constamment la hauteur des rivages : peu à peu des levées naturelles bordent tout le parcours du fleuve ; le fond du lit s'exhausse en proportion, et, quand arrivent les crues, quand l'une des rives est rongée ou surmontée par le courant, un bras

CHAPITRE XI : LE HOANG-HO ET LE YANGTSE-KIANG

nouveau se forme et dévaste le pays… Des auteurs chinois, cités par Karl Ritter, affirment que la surface du courant de crue est de onze *tchang* (33 mètres) plus élevée que les campagnes riveraines ! L'exagération est grande, mais il est certain qu'un écart menaçant de niveau se produit pendant les crues ; les habitants sont alors obligés de travailler sans relâche à protéger leurs maisons, leurs récoltes et leur propre existence contre le débordement des eaux. »

Ainsi le fleuve Jaune réunit — en les exagérant, pourrait-on dire — tous les caractères des grands fleuves créateurs de l'histoire. Les procédés naturels ont été différents pour l'Égypte, la Mésopotamie et la Chine, mais les résultats sociologiques obtenus sont les mêmes : ici, nous trouvons encore un de ces milieux qui, tout en récompensant d'une main prodigue les labeurs de l'homme, lui imposent, sous peine d'extermination, une solidarité à outrance, une discipline rigoureuse et permanente, s'étendant aux moindres détails de la vie. J'y note cependant une différence importante : le Nil avait été dompté par des œuvres grandioses s'accomplissant à l'aide de corvées ; en Chine, des conditions strictement analogues ne se retrouvent que dans la région du Kiang-nañ et sur le bas Hoang-ho ; de semblables travaux eussent été manifestement inutiles dans ces « terres jaunes » décrites par Potanine : la nature du sol y suggère, au contraire, le morcellement en *tiañ* ou parcelles circonscrites, entrecoupées de canaux et de rigoles, système préconisé par Meng-tse et qui semble, de temps immémorial[267], avoir été la base même de la constitution sociale et politique de la Chine. L'exploitation de chaque lot par un petit groupe d'agriculteurs ou par une réunion de ces groupes devait favoriser le développement de ce sentiment d'autonomie familiale et rurale si caractéristique des campagnes de la Chine[268], et de ce sentiment de solidarité qu'éveillaient la conformation, la nature du sol. De là cette prédominance, ou, pour mieux dire, cette hypertrophie du principe patriarcal qui marque le début de la période classique ou confucienne de la Chine[269]. Il ne faut point oublier, d'ailleurs, que si le Hoang-ho fut le vrai, peut-être l'unique créateur de la Chine historique, le *kiang*, — le fleuve mâle ou Céleste par opposition au *ho*[270], fleuve de la Terre[271] — offrait un territoire riche et varié sous un ciel clément, et lui ouvrait une porte sur la mer, par les provinces de Fo kieñ et de Canton.

Léon Metchnikoff

On ignore d'où sont venues les « Cent Familles », ces premiers ouvriers de la civilisation dans le bassin des grands fleuves de la Chine. Les Chinois eux-mêmes semblent n'avoir conservé aucun souvenir de leur ancienne patrie. Dans le *Chi-king*, ce recueil d'anciennes poésies populaires dont quelques-unes ont un caractère incontestablement archaïque, je ne trouve que deux *ta ya* ou odes ayant trait aux origines de la nation.

L'ode III, très difficile à traduire, vu l'archaïsme de sa langue et l'état rudimentaire de l'idéographie chinoise d'alors, contient les lignes suivantes : « Le commencement de la naissance des hommes (se rapporte)[272] aux fleuves Kiui et Tsi[273]. Koung-tañ-fou vivait dans les cavernes ; (il n'y avait) ni chambres ni maisons. (Il) longea le bord de la rivière occidentale, arriva au pied de la montagne Ki, rencontra la jeune Kiang et (ils) s'installèrent. La vallée de Tcheou est fertile ; la chicorée et la moutarde (y) sont comme du sucre. Il (y) construisit (sa) maison. Les forêts et les broussailles éclaircies (devinrent) d'un passage facile. Les barbares Kouñ s'enfuirent essoufflés. Quand Yu et Jou (eurent) pacifié le pays, Oueñ-vang[274] aussitôt vint au monde. »

Voici la traduction aussi littérale que possible de l'ode XI :

« À l'origine, (la) Kiang-yañ était seule ; comment (donc) les hommes purent (ils) naître ? Elle marcha sur la trace du doigt du Seigneur-ciel ; elle devint grosse : ce fut Haou-Ki. »

D'après Vassilieff, ce Haou-Ki, auquel on offre des sacrifices semblables à ceux que l'on adresse au *Chang-ti* (le Haut Souverain), et qui est censé avoir enseigné l'agriculture aux hommes, pourrait bien être Yu, le légendaire et régularisateur ou dompteur des fleuves, nommé dans l'ode précédente comme l'un des deux « pacificateurs ».

L'insuffisance des traditions indigènes laisse le champ libre aux hypothèses les plus variées. Inutile de dire qu'on n'a pas manqué de retrouver dans les « Cent Familles », les fameuses dix tribus d'Israël. Des érudits ont découvert, dans le code de Manou, un passage d'après lequel une colonie de Kchatryas aurait été s'établir au delà des monts, dans un pays appelé *Maha Tchin*, le grand Tchin. W. Schlegel pensait et Terrien de la Couperie a prouvé que les ancêtres des Chinois ont dû apprendre les éléments de l'astronomie à la même école que les Chaldéens.

Pourtant, à notre avis, nombre de circonstances paraissent établir que les civilisateurs du Céleste Empire y sont venus à l'état de barbares ; ils ne se seraient donc pas détachés d'un corps de nation déjà civilisé. Fr. Lenormant a démontré que le bronze chinois diffère de celui des autres peuples ; d'après les Chinois eux-mêmes, l'institution de la famille ne date chez eux que de la dynastie des Tcheou : il fut un temps où ils recevaient le feu en tribut des Miao-tse. Mais la preuve la plus péremptoire nous semble fournie par le monosyllabisme chinois : le monosyllabisme, en effet, place cette nation absolument à part de toutes les autres nations historiques, tandis qu'il la rattache à une famille de peuples dont un certain nombre sont restés jusqu'à ce jour incivilisés, tandis que d'autres (Annamites, Siamois, Tibétains), ne se sont approprié que fort tard les progrès de l'Inde et de la Chine. Les Chinois (et c'est la plus grande partie de leur originalité), sont le seul peuple au monde qui ait su se conquérir une place d'honneur dans l'histoire tout en conservant une des formes rudimentaires du langage. Nous ne prétendons pas que la langue chinoise n'ait évolué depuis son origine, ou seulement depuis les temps historiques ; W. Grube[275] a parfaitement raison quand, dans l'histoire de cet idiome, il distingue trois périodes : préclassique, classique et historique ; mais cette évolution n'a d'intérêt que sous la loupe des recherches philologiques. En dépit de ces progrès, la langue du Céleste Empire, considérée comme instrument de la pensée, est restée incontestablement inférieure à celles de tous les autres peuples historiques, parce qu'elle est d'un maniement plus difficile. Depuis longtemps, les Chinois peuvent exprimer les formes les plus délicates, les plus complexes de la pensée, mais ce résultat leur a coûté des siècles d'efforts. Leur richesse lexicologique se composant de 450, tout au plus de 480 monosyllabes, ils ont dû, pour multiplier ces 480 sons, recourir à des complications et à des raffinements excessifs. Le ton ascendant, naturel ou descendant sur lequel ils prononcent un mot, a pour eux une importance phonétique capitale ; mais, en dépit de tous ces soins, ils ne réussissent guère qu'à porter à mille le nombre de leurs mots usuels. Par lui-même, chaque vocable chinois ne dit presque rien à l'oreille, tant il a de significations diverses[276]. De là, cette nécessité d'une écriture idéographique parlant aux yeux.

Léon Metchnikoff

Tous les efforts se portèrent sur l'élaboration d'une langue écrite, académique par sa nature même, et qui fut la cause principale de la prédominance des lettrés.

Jusqu'à ce jour, la Chine ne possède pas de langue parlée nationale, et les habitants de différents quartiers d'une grande ville ne peuvent s'entendre sans l'intermédiaire de la langue écrite. Les plus illettrés des Chinois comprennent si bien l'infériorité de leur idiome, que, pour les mille exigences de la vie journalière, ils se créent un dialecte à part qui s'achemine lentement vers le polysyllabisme et l'agglutination.

La Chine ne fut unifiée sous Tchi-hoangti (de la dynastie des Tsiñ, le « brûleur de livres » et le constructeur de la Grande Muraille), que parce que la langue écrite l'avait été par les lettrés. La gloire de Confucius, nous n'en doutons nullement, est due, en partie, au rôle initiateur qu'il joua dans le grand mouvement académique. Cette scission entre la langue écrite, comprise par tout homme plus ou moins instruit dans l'empire, comme en dehors des limites de la Chine, et la langue parlée, subdivisée à l'infini en dialectes et en patois, entrave le mouvement de transformation du chinois vulgaire ; quant au chinois classique, l'extrême complication de son idéographie pèse sur le développement intellectuel de la nation ; l'écriture et la lecture absorbant tout le temps des études, les connaissances mathématiques et scientifiques sont forcément négligées.

La diversité des idiomes parlés en Chine n'est point la conséquence nécessaire du monosyllabisme et du caractère isolant du chinois, mais il est permis d'en conclure que les éléments constitutifs de la nation y ont été de tout temps variés comme aujourd'hui, peut-être plus encore. Sans compter les Mongols et les peuplades altaïques non encore fondues dans le reste de la population ; sans compter les Fokiénois et les Cantonais, mélangés à tous les degrés d'éléments malais et autres encore mal déterminés, on trouve dans la Chine propre des représentants de toutes les grandes divisions du groupe des peuples à langues monosyllabiques : Tibétains (Si-fañ) Barmans (Lolos), Siamois, (Papé, Miao-tse). L'ethnologie des habitants de cette région n'est pas assez avancée pour qu'on puisse, en connaissance de cause, dire s'ils ont commune origine.

CHAPITRE XI : LE HOANG-HO ET LE YANGTSE-KIANG

Mais si, en Chine, comme dans tous les territoires historiques passés en revue jusqu'ici, il est impossible d'attribuer le rôle d'initiateur de la civilisation à un groupe ethnique déterminé, la part décisive qui revient à ses grands fleuves, au Hoang-ho surtout, dans la création et l'épanouissement du Céleste Empire, n'est pas difficile à constater. Tout ce qui reste aux Chinois de traditions relatives à leurs origines se concentre sur le grand fait d'un déluge, d'un débordement des eaux. Nous lisons, au commencement du livre classique des Annales : « Les eaux épanchées m'effrayent (dit Yao) ; ces eaux épanchées sont le déluge. (Yao) ordonna à Yu de réglementer (les eaux). L'eau coula (désormais) au milieu, ce sont le Hoang-ho, le Kiang et le Hañ. Quand les dangers et les obstacles furent écartés, quand le mal causé par les bêtes et les oiseaux fut amoindri, les hommes s'établirent sur la terre pacifiée. » Meng-tse, à son tour, nous donne une description autrement vive et détaillée de ce débordement des fleuves. Si, dans le livre de Confucius dont il ne faut pas perdre de vue le caractère didactique, Yu apparaît comme un personnage secondaire, exécuteur modeste des ordres d'un souverain imaginaire, l'intention est aisée à deviner : le premier devoir d'un monarque, père de ses sujets, n'est-il pas de choisir parmi les humbles l'homme le plus propre à la tâche qu'on lui confie ? Confucius, d'ailleurs, ne tarde pas à réhabiliter ce héros de l'humiliation temporaire, car il l'élève au rang d'empereur, fondateur de la dynastie des Hia. Cette exaltation de Yu, il est vrai, fournit au philosophe l'occasion d'insister à nouveau sur son thème favori, électivité du pouvoir souverain ; cependant, de l'avis unanime des connaisseurs en littérature chinoise[277], ce troisième livre du *Chou-king*, le *Yu-koung*, rôle ou registre des taxes dressé par Yu, est celui de tous les ouvrages classiques de la Chine dont l'authenticité soulève le moins de doute[278]. On sait que le *Yu koung* raconte avec certains détails comment du haut de la montagne de l'Oreille de l'Ours, *Hioung-eur-Chañ*, Yu, après avoir dompté les eaux débordées, après les avoir enfermées dans les lits du Hoang-ho, du Yangtse-kiang et du Hañ-kiang, et rendu ainsi la terre habitable, procéda à l'organisation de l'État, qu'il divisa en neuf provinces dont il fit graver les cartes sur des vases de bronze ; comment il institua la tenure du sol et taxa les habitants de chaque province en raison de la fertilité du territoire, etc.

Léon Metchnikoff

L'étude de ce curieux document a permis à Richthofen de dresser une carte de la marche probable de la colonisation et de la civilisation chinoise dans les temps anciens. Cette marche est conforme à celle que nous pouvons induire de la nature des lieux : groupées au cœur des « Terres Jaunes » au confluent du Hoang-ho et du Ouei-ho, les Cent Familles sont arrêtées, à l'ouest et au nord par les nomades et par le peu de ressources que le pays offre à la culture ; à l'est, par le Fleuve, si difficile à dompter. La mer les repoussant de son littoral encore inhabitable, elles se dirigent vers le Yangtse en prenant surtout les vallées du Hañ et le Kialing. Divers auteurs placent au VIIIᵉ s. avant Jésus-Christ l'établissement de la domination chinoise sur le Hañ et le Kiang[279] ; elle doit être plus ancienne dans le Szetchouen, dont la situation géographique explique si bien le caractère guerrier que revêt momentanément le peuple pacifique des Chinois sous la royauté des Tsiñ, futurs créateurs de l'unité politique de l'empire. Au temps de Meng-tse, les « barbares tatoués » occupent encore le midi, mais la civilisation ne tardera pas à y pénétrer par les vallées des affluents sud-orientaux. Cette nécessité de conquérir successivement trois bassins fluviaux, de reprendre à trois fois, sous des latitudes différentes, la période initiale de son évolution, explique les retards, les recommencements perpétuels, les redites et les contradictions que l'on signale à chaque page de l'histoire du Céleste Empire. Mais aussi, nul peuple n'a resserré autant que les Chinois les liens qui rattachent la formation des États au courant des fleuves : dans leur idéographie expressive, l'*Eau qui coule* figure le GOUVERNEMENT.

La Chine nous a conduits aux extrêmes limites de l'Ancien Continent, et, après y avoir vu à l'œuvre les peuples les plus divers, blancs, noirs ou jaunes, nous avons pu nous convaincre que sur cette masse innombrable des « appelés », les seuls « élus » ont été, toujours et partout, invariablement, les riverains de quelque grand fleuve « à catastrophes ». Chacune des quatre grandes monarchies de l'antiquité nous a apparu comme un corollaire du système hydrologique du pays qui lui a servi de berceau, et l'histoire, dans tout l'Ancien Monde, a été une corvée imposée à une partie du genre humain par certaines particularités orographiques du Milieu.

Je suis loin cependant d'en conclure à une sorte de fatalisme potamique. Car si, dans l'immense zone que nous venons de parcourir et qui a toujours été la zone par excellence de la civilisation et du progrès, le Milieu s'est trouvé être invariablement le vrai créateur de l'histoire, le Fleuve n'a eu d'importance à nos yeux que parce que, en Égypte et en Chine, dans l'Inde ou en Mésopotamie, il a été comme une synthèse vivante des conditions géographiques les plus multiples. Tel a été le cours normal des choses ; mais nous ne devons pas perdre de vue que, seule, la loi générale n'admet point d'exception, tandis que toute évolution normale est sujette à des déviations, à des accidents nombreux, et que jamais un phénomène naturel ne se présente avec la simplicité et la monotonie d'une expérience de physique faite méthodiquement dans un laboratoire. L'exemple éloquent des quatre grandes civilisations antiques me semble suffisant pour démontrer que jamais, dans aucun pays du monde, un épanouissement historique important ne saurait se produire dans un milieu qui ne condamne point ses occupants à cette solidarité à outrance que nous avons vu brutalement imposée partout sur les bords de nos Grands Fleuves historiques ; mais il est possible de concevoir un milieu qui possède cette qualité première, rigoureusement requise par l'histoire, sans que pour cela il soit baigné par un fleuve ou par un système de fleuves.

Je ne connais point, dans l'Ancien Monde, ne fût-ce qu'un exemple unique de ces milieux exceptionnels ; et si, dans les deux Amériques, nous voyons la civilisation fuir les bords des grands fleuves, ce fait par lui-même ne constitue pas encore un de ces écarts dont je viens de parler, puisque ni le Mississipi ni l'Amazone, bordés jadis de marécages et de fausses rivières qui les rendaient inabordables, ne possèdent les propriétés d'un Nil ou d'un Hoang-ho.

Les régions peuplées de l'Amérique où se sont rencontrés des phénomènes analogues à ceux des grands fleuves de l'Ancien Monde sont les plateaux lacustres de l'Anahuac et de la Bolivie, où de vastes mers intérieures au niveau changeant, tantôt diminuées par les sécheresses, tantôt gonflées par les pluies, ne pouvaient devenir des agents de civilisation que grâce au labeur solidaire de toutes les populations riveraines. Mais les civilisations locales qui se sont produites sur ces hauteurs se trouvaient condamnées à rester

Léon Metchnikoff

en dehors du grand domaine de l'histoire par leur isolement dans les bassins circulaires, sur les plateaux du Mexique et du Pérou, limités soit par des plages arides, soit par des forêts vierges. La nature américaine parle un langage qu'il faut déchiffrer autrement que celui de l'Ancien Monde, mais elle n'en commande pas moins aux peuples « la solidarité ou la mort ».

NOTES

1.	Avec les géographes arabes de son temps, Colomb croyait à un méridien initial du globe, celui d'Azin, la « ville sainte » d'Oudjeïn, où se trouvait un observatoire fameux ; mais il se figurait ce méridien, passant à la fois par le mont Mérou, c'est-à-dire le plus haut pic de l'Himalaya, et par Lanka, ou la « Resplendissante », c'est-à-dire Ceylan, comme beaucoup plus éloigné des Canaries qu'il ne l'est en réalité, et prolongeait l'Ancien Monde à plus de 100 degrés à l'est de sa position réelle. Il en déduisait que, en se dirigeant vers l'ouest, la distance de Gibraltar à l'Inde ne pouvait dépasser en longueur la route orientale suivie par les Vénitiens. (voir O. Peschel, Zeitalters der Entdeckungen.)

2.	Statique des Civilisations.

3.	Voir P. Mougeolle, les Problèmes de l'Histoire.

4.	Livraison d'avril 1886 de la Revue philosophique, publiée par M. Ribot.

5.	Pour plus de détails, voir mon article de la Contemporary Review de Londres, septembre 1886, Evolution and Revolution.

6.	Principes de Sociologie, trad. E. Cazolles et J. Gerschel, t. II ch. II.

7.	Les botanistes et les zoologistes ne sont pas encore tombés d'accord sur la nomenclature et le nombre des degrés qu'il est utile de distinguer. Nous nous contenterons de quatre termes de la série : 1° cellule ou plastide ; 2° organes et tissus ; 3° bion ; 4° dème. — Cf. M. Cattaneo : Le colonie lineari e la morfologia dei molluschi.

8.	Voir Contemporary Review, septembre 1886.

9.	Pas un sociologiste de l'école soi-disant évolutionniste n'a manqué de se prévaloir, entre les prétentions des femmes à l'égalité avec les hommes, de ces différences naturelles existant entre les sexes et, nous dit-on, d'autant plus accusées que les races sont plus parfaites. Le fait n'est exact cependant que si l'un compare les Européens à certaines races de l'Asie sud-orientale et à quelques peuplades mélanésiennes. En Afrique, au contraire, les différences secondaires entre les sexes, ampleur du bassin, développement des parties charnues et graisseuses, richesse du buste, cambrure des reins, etc., sont plus accusées que chez les blancs. On sait que les dames européennes ont dû recourir à la tournure artificielle pour se donner cet aspect de stéatopygie que les femmes bushmen ont naturellement. En général, la différence de taille entre les deux sexes semble s'atténuer considérablement avec la civilisation.

10.   Principes de Sociologie, t. II. Ce qui n'empêche pas l'illustre évolutionniste d'accepter la différenciation comme un critérium universel du progrès, en le mitigeant toutefois, par l'intégration, con corrélatif : cela lui permet de maintenir un mouvement de bascule entre l'une et l'autre loi : mais on tient peu de compte sur le continent de cette manière de voir chère à l'esprit anglais.

11.   P. Mougeolle, les Problèmes de l'Histoire.

12.   M. Kessner, professeur de zoologie à Saint-Pétersbourg, a, dans un mémoire publié il y a plusieurs années et que je connais seulement par des comptes rendus de journaux, émis l'opinion que la coopération doit être admise dans la science à titre de principe autonome et spécifique comme celui de la lutte pour l'existence, ce dernier ne suffisant point à l'explication de certains phénomènes avec lesquels botanistes et zoologistes ont à compter.

13.   Le caractère psychologique des unions sexuelles chez certains animaux a été très bien mis en évidence par M. A. Espinas, dans un remarquable travail sur les Sociétés animales.

14.   « La société berbère », Revue des Deux Mondes, 1873.

15.   Nous trouvons un touchant exemple de la bienveillance des Kabyles, dans les Croquis algériens de M. Ch. Jourdan. Lors de la grande famine de 1818, plus de 10 000 Arabes vinrent chercher refuge dans les montagnes du Djurdjura. Cette troupe de moribonds fut tout entière secourue, hébergée tant que dura le fléau. Et cependant, une haine séculaire sépare les deux races !

16.   A. Pomel, Des races indigènes de l'Algérie.

17.   Les Kabaïles du Djurjura.

18.   « En assistant à une djemda, il est très difficile de dire qui sont

Léon Metchnikoff

les pauvres et qui sont les riches. » E. Renan, art. cité.

19.   Pour n'en citer que quelques exemples, pris, un peu au hasard, sous les latitudes les plus variées :

Dans les terres glaciales, au témoignage de Hall, « les Innuïts (Esquimaux) ne se soumettent à aucun pouvoir humain, et ne supportent aucun contrôle… Ils sont nés libres dans leurs sauvages solitudes… Ils y rôdent, n'écoutant que leur volonté, et nul ne saurait les en empêcher. » Cf. l'admirable ouvrage d'Élie Reclus, les Primitifs.

Krachéninnikoff, dans ses ouvrages si connus, et Khlébnikoff, dans un curieux mémoire, disent des Koloches et des Aléoutes à peu près la même chose que Hall des Innuïts du Groenland.

Dans la zone torride, sans compter les Imochagh ou Touareg du Sahara, comparez ce que dit Werner Munzinger (Ostafrikanische Studien) des Barea, Bazen et Kounama du Soudan oriental ; pour la Guinée, B. Schwarz : Kamerun : Reise in die Hinterlande der deutschen Kolonie. Je trouve aussi, dans le Journal des missions évangéliques, 1871, IV, ce curieux passage relatif aux nègres de la Guinée : « Le roi d'Onitcha ne peut sortir qu'une fois par an… Quand il sort pour se montrer au peuple, c'est pour danser. » Voilà, certes, un despote qui n'est pas bien terrible !

Dans la zone tempérée : « Le gouvernement des Indiens de la Californie est paternel. Quant aux ordonnances émanées d'une volonté humaine, l'usage n'en est pas connu, je doute même que le verbe commander existe dans leur langue. La puissance des chefs se borne in peu près à la persuasion, à l'autorité que donne la vertu. » R. P. Joset, Ann. de la Prop. de la Foi, 1846, p. 51.

Ces exemples, que je pourrais multiplier, suffiront pour nous convaincre que, ni les chaleurs énervantes des tropiques, ni les rigueurs du climat boréal, n'empêchent l'homme d'être libre.

20.   Si le progrès historique est, comme ils le soutiennent, parallèle à la différenciation ; si le pays le plus civilisé est celui où « l'extrême richesse coudoie avec le plus d'insolence l'extrême misère », la liberté ne serait se trouver dans nos institutions qu'en raison inverse du progrès ; car il est peu probable que l'extrême misère se laisse coudoyer avec insolence si un pouvoir coercitif suffisant ne l'empêche de se révolter. On s'aperçoit d'ailleurs, qu'en Angleterre même, depuis quelques années, « l'extrême richesse ne coudoie plus l'extrême misère » avec la désinvolture du temps où Malthus régnait en souverain maître dans le domaine des conceptions

sociologiques. Elle lui fait, au contraire, certaines avances, et c'est précisément le spectacle de ces concessions, coupables au point de vue de la différenciation, qui inspire à Herbert Spencer son éloquent plaidoyer : l'Individu contre l'État, traduit récemment en français.

21. Les castes n'apparaissent dans l'Inde qu'au temps du code brahmanique de Manou, et ne furent entièrement organisées qu'après une longue période de guerres et de luttes intestines.

22. Voir Duruy, Histoire des Romains, t. V.

23. Ueber den Census zur Zeit der Geburl Jesu Christi.

24. Histoire naturelle des Îles Canaries.

25. Le Caire, Bagdad et le cours supérieur de l'Indus se trouvent sous l'isotherme de 22°.

26. Statique des civilisations. Paris, 1883.

27. M. P. Mougeolle propose de diviser l'histoire en périodes consécutives et progressives caractérisées par la situation de plus en plus septentrionale des grandes capitales :

PREMIÈRE PÉRIODE

Thèbes	25° 43'	Our	30° 64'		
Memphis	30°	Suse	32°		
Méroé	17°	Babylone	32° 30'		
		Ninive	36° 16'		
Moyenne	21° 14' lat. N	Moyenne	32° 57' lat. N		

DEUXIÈME PÉRIODE

Tyr	33° 16'	Carthage	37° 36'	Cordoue	37° 52'
Athènes	37° 58'	Rome	41° 54'	Tolède	39° 53'
Byzance	41°	Florence	43° 47'		
Moyenne	37° 24'	Moyenne	41° 6'	Moyenne	38° 52'

TROISIÈME PÉRIODE

Paris	48° 50'	Vienne	48° 13'
Londres	51° 31	Berlin	52° 31'
Moyenne	50° 10'	Moyenne	50° 22

QUATRIÈME PÉRIODE

Stockholm	59° 21'	Saint-Pétersbourg	60°

Léon Metchnikoff

28.   On peut s'ajouter qu'aux États-Unis, la courbe de la civilisation s'infléchit vers les tropiques avec celles des isothermes.

29.   Nouvelle Géographie universelle, t. XII.

30.   Voir L. Metchnikoff, Empire japonais.

31.   Élie Reclus, les Primitifs.

32.   L'ouvrage de M. Ratzel, paru en 1883 sous le titre d'Anthropogéographie, semble avoir acquis à ce mot le droit de cité dans le langage scientifique.

33.   Il est mort en Russie, en avril 1888.

34.   La « Grande Coutume » du Dahomey a été souvent décrite. Les lettres de MM. J. Poirier et N. Beaudouin, missionnaires français à Porto Novo (Adjaché) (Annales de la Propagation de la Foi, t. XLVIII, 1876), contiennent de curieux détails sur des massacres analogues chez les populations de la côte de Bénin. Voir la lettre plus récente (17 mai 1880) de M. J. Zimmermann, Annales, t. LIII (1881).

On lit dans le n° de mai 1881 de l'Afrique explorée et civilisée, de Genève : « À Bekwaï, le roi a dû jurer à son peuple qu'il abolirait les sacrifices humains… ».

J'ai cru devoir préciser les dates, car souvent, pour foncer encore la couleur, les vulgarisateurs des connaissances ethnographiques s'appuient sur des documents anciens, au lieu de présenter l'état actuel de la question.

35.   De la classification des races humaines. Voir les Comptes rendus sténographiés du Congrès anthropologique de Paris, juillet 1878.

36.   La Sociologie d'après l'Ethnographie.

37.   Le Dr Livingstone et M. Winwood Reade ne sont pas de cet avis : ils croient retrouver le vrai type ancien égyptien chez les nègres des lacs Bangueolo et Moëro Okuta. – Voir le Dernier Journal du Dr Livingstone, t. I.

38.   Ces objections sont justes : seulement elles ne s'adressent pas à la théorie géographique du milieu, mais aux abus que certains auteurs en ont fait en exagérant l'importance sociologique des degrés de latitude et des lignes isothermes. M. P. Mougeolle, je l'ai déjà fait remarquer, a péché, sous ce rapport, bien plus que son illustre prédécesseur Th. Buckle.

39.   Bibliothèque des Sciences contemporaines, publiée par M. Reinwald.

40.   Ch. Letourneau, ouv. cité.

NOTES

41.   La plus ancienne des civilisations de la Chaldée, celle qui paraît avoir été la plus puissante, n'était certainement ni sémitique, ni aryenne. Nous y reviendrons plus tard.

42.   Cf. l'extrait des mémoires de l'Égyptien Binch, réfugié chez les nomades Sati du pays de Tennou, sous Amen-em-hat Ier, Histoire ancienne de l'Orient.

43.   R. Hartmann, Die Nigritier, t. I.

44.   Les difficultés inhérentes à la matière sont bénévolement augmentées par l'obstination mise à conserver, dans la nomenclature ethnologique, les termes empruntés au Xe chapitre de la Genèse. Des savants sérieux parlent encore d'un groupe khamitique, embrassant d'un côté des négroïdes et des populations plus noires que la moyenne des nègres, et, de l'autre, les Libyens ou Berbères blancs aux cheveux blonds et aux bleus. Les Kouchites noirs, aux cheveux crépus, sont regardés comme des proto-Sémites, c'est-à-dire des congénères d'un des grands rameaux de la race blanche. — D'ailleurs, en épousant les haines politiques et religieuses des Juifs Yahvistes (Jéhovistes) pour leurs frères du littoral, adorateurs d'Astarté et du bel Adonis, l'ethnologie moderne classe encore les Hébreux et les Phéniciens dans des groupes distincts et passablement éloignés : ceux-là seraient des Sémites et ceux-ci des Khamites, en dépit de leurs ressemblances physiques et du voisinage de leur habitat, en dépit de l'étroite parente de leurs idiomes.

45.   Histoire ancienne de l'Orient jusqu'aux guerres médiques.

46.   Plutarque, Sur Isis et Osiris.

47.   G. Maspéro, Histoire ancienne des peuples de l'Orient.

48.   J. Oppert tient les Soumirs pour Touraniens ; les Anglais et Fr. Lenormant considèrent les Soumirs comme Kouchites et voient des Touraniens dans les Accads. Tous sont d'accord sur la présence de ces deux éléments en Mésopotamie depuis les temps les plus reculés. Cf. aussi M. Hamy, Bull. de la soc. d'anthropologie de Paris,1873, p. 34-36.

49.   G. Maspéro. Fr. Lenormant, ouvrages cités.

50.   Essai sur le Véda.

51.   E. Burnouf, ouv. cité. Quatrefages, Matériaux pour servir à l'histoire de l'Homme.

52.   Kulturgeschichte der Menschheit in ihrem organischen Aufbau.

53.   Venhandlungen des Geselschaft für Erdkunde zu Berlin, VII,

1881.

54.   Avec cette différence que tout marchand de simples sait définir convenablement le pavot, et que pas un des anthropologistes n'est encore parvenu à définir une race humaine.

55.   Histoire, livre II, Euterpe.

56.   C'est aussi à ce point de vue que paraît se placer Lippert dans son remarquable Essai (mentionné plus haut) d'une classification nouvelle des familles humaines.

57.   Uomo delinquente.

58.   Alfred Russell Wallace, The Land Nationalisation.

59.   Le Monde des Coquins.

60.   Le Crime et la Folie ; Pathologie de l'Esprit, tous deux traduits en français.

61.   Déjà à New-York, en 1872, des études analogues sur les Jukes, criminels de profession, ont été publiées par des agents du Comité de surveillance des prisons. – Cf. The nether side of New-York, Edw. Crapscy, 1872 ; The Jukes, a study in crime, pauperism, disease and heredity, R. L. Dugdale.

62.   Cf. les intéressants travaux du Dr Lombroso lui-même sur la pellagre, en rapport avec l'usage de la farine de maïs avariée.

63.   Ce lac, le Kapikeren-denizi ou Akis-tchaï, est à 29 mètres au-dessus du niveau de la mer.

64.   G. Marsh, Man and Nature, or Physical Géography as modified by human action.

65.   Nouvelle Géographie Universelle, t. IX.

66.   Élisée Reclus, ouvrage cité.

67.   M. Venukoff a publié, dans la livraison d'août 1886 de la Revue de Géographie de M. Ludovic Drapeyron, d'importantes recherches sur l'assèchement des lacs de l'Asie intérieure.

68.   Revue Scientifique du 26 juillet 1879.

69.   M. P. Mougeolle – Statique des Civilisations – a récemment proposé, mais sous une forme différente, une explication, presque analogue, au fond, de la marche du progrès de la zone torride vers le cercle polaire.

70.   Ména, le fondateur de la monarchie égyptienne, vivait, d'après

NOTES

Manéthon, 5000 ans avant l'ère chrétienne ; Brugsch a cru devoir réduire ce chiffre à 4500 ans ; Lepsius à 3600. Mariette assigne la date 1000 ou 1500 aux plus anciennes des statues et des inscriptions révélées par les fouilles faites sous sa direction surtout, mais aussi sous celle de ses devanciers. À lui revient l'honneur d'avoir découvert le plus archaïque des monuments égyptiens, ce temple qui marque le passage de l'époque mégalithique à l'age architectural. — Voir le prochain chapitre.

71.   Principles of Geology.

72.   D'après une communication de M. J. Oppert à l'Académie des inscriptions, les Égyptiens observaient déjà les astres plus de 11 500 ans avant l'ère chrétienne.

73.   Fr. Lenormant, ouv. cité ; G. Perrot et Ch. Chipiez, Histoire de l'art dans l'antiquité, t. I.

74.   Isotherme de Delhi.

75.   Qui d'ailleurs est inadmissible. Voir la remarquable étude de M. Vassilieff dans l'Histoire des littératures anciennes, publiée (en russe) par M. V. Korsch.

76.   Klima und Pflanzenselt in der Zeit.

77.   Annales du Bureau des longitudes, 1834.

78.   Des climats, et de l'influence qu'exercent les sols boisés et non boisés.

79.   Edgar Quinet, Introduction à la Philosophie de l'Histoire de l'Humanité.

80.   Il se peut que les marais, tout en étant fort étendus, fussent cependant moins insalubres, grâce à une canalisation plus habile : les travaux du chemin de fer qui franchit les maremme ont mis à jour les restes d'importants travaux hydrauliques antérieurs à la conquête romaine. On ne saurait d'ailleurs s'expliquer l'existence, dans une région empestée, d'une ville aussi prospère que fut Populonia. Au beau temps des républiques toscanes, Massa Maribran était regardée comme un « sanatoire » ; elle fut à son tour atteinte par la malaria : depuis un quart de siècle son climat s'améliore avec les cultures.

81.   G. Marsh, Man and Nature.

82.   Élisée Reclus, Nouvelle Géographie Universelle, t. I.

83.   Comment, par exemple, ne pas reconnaître, dans la mythologie osiriaque égyptienne, un certain fonds commun avec celles de la Syrie et

Léon Metchnikoff

de la Mésopotamie ?

84.   G. Maspero, Histoire ancienne des peuples de l'Orient.

85.   M. E. Hamy croit que ces civilisations chaldéennes appartenaient à la branche finno-ougrienne de la race jaune ou mongole. – Voir le chapitre Races. Voir aussi Terrien de la Couperie, On the settling of the cardinal points, as an illustration of the Chaldean-Babylonian culture, borrowed by the early Chinese.

86.   Si-Vang-Mou, ce qu'on peut prendre aussi pour un nom propre rendu significatif par les caractères idéographiques dont on s'est servi pour le figurer.

87.   Vassilieff, ouv. cité.

88.   Cf. Christian Lassen, Indische Alterthumskunde, Bd. I.

89.   Aux quatre régions susnommées, on pourrait en joindre une cinquième, celle de l'Oxus et du Yaxarie, sur laquelle nous reviendrons plus tard.

90.   Telle est d'ailleurs l'opinion la plus accréditée et qui semblerait appuyer l'hypothèse d'après laquelle les civilisateurs de la vallée du Nil ne seraient pas des Éthiopiens, « les plus vertueux des hommes » (Hérodote), mais des immigrés de l'Asie voisine, venant se greffer sur une souche d'indigènes, Libyens, nègres et negroïdes. Cependant l'ancienne Égypte est restée longtemps sans connaître les animaux domestiques de l'Asie, — cheval, brebis, chameau, — tandis que le bœuf et le chien, originaires de l'Afrique, figurent sur les plus anciens monuments des dynasties memphites et jouent un rôle considérable dans les plus anciennes mythologies égyptiennes. (Cf. Piétremont, les Chevaux dans les temps historiques, etc.) — D'après J. Lippert, les Égyptiens auraient été proches parents des Phéniciens, des Pouns ou Rouges, originairement établis dans le pays des Somal. La distinction que, d'après le Xe chapitre de la Genèse, l'on fait entre les Phéniciens et les Sémites de la Palestine, se trouverait ainsi justice ; reste à expliquer comment, et à quelle occasion, les Phéniciens empruntèrent la langue des Hébreux dont la civilisation est chronologiquement postérieure à la leur. Les influences chananéennes sont nombreuses et manifestes à toutes les époques de l'histoire des Beni-Israël, mais les influences hébraïques sur la Phénicie nous semblent très discutables. – Cf. Perrot et Chipiez, ouv. cité, t. IV.

91.   Hik signifie « chef ou roi », en ancien égyptien ; chous « pillard ou brigand ». De cette appellation, dont la valeur ethnologique

n'est nullement déterminée, les auteurs classiques ont fait Hycsos. Les Hébreux de Joseph étaient au nombre de ces nomades dont les migrations durèrent plusieurs siècles. Tous les savants modernes ne considèrent pas ces envahisseurs de l'Égypte comme de purs Sémites ; on suppose que ces bandes étaient fortement mélangées d'éléments touraniens.

92.   Il ne faudrait pourtant pas s'exagérer ce caractère de la civilisation nilotique. Si, d'un côté, M. Ch. Lenormant soutient catégoriquement « l'Égypte memphite, avec son développement précoce de civilisation matérielle, a été un phénomène isolé, vivant exclusivement sur lui-même, sans expansion antérieure… », d'un autre, M. J. Dümichen (Welt-Geschichte in Einzel-Darstellungen, de W. Oncken) est moins affirmatif : « À aucune époque, les anciens Égyptiens ne se sont isolés de l'étranger comme on l'a souvent prétendu. Déjà, sous l'ancien empire, avant la XVIIIe dynastie, et même sous Toutmosis et les Ramsides, de 100 à 17000 av. J.-C., il y eut un commerce actif, par terre et par mer, des habitants de la vallée du Nil avec les peuples policés de l'étranger… Je ne saurais admettre non plus, d'une manière aussi absolue, que l'Égypte ancienne soit restée, pendant des milliers d'années, vierge de toute influence étrangère sous le rapport des sciences et des arts. »

93.   Fr. Lenormant, ouv. cité.

94.   Winwood Reade, The Martyrdom of Man.

95.   Sur Isis et Osiris, traduction française du M. V. Détoland.

96.   D'après M. d'Avezac (les Iles africaines), Ténérife serait la dernière des colonnes d'Hercule. Strabon dit que les Phéniciens connaissaient déjà les îles Fortunées. Le périple du Carthaginois Hannon fait mention de l'île des Parfums, d'où s'écoulaient vers la mer des courants embrasés et que dominait le Theon Ochema, le Char des dieux (pic de Teyde ?). Le nom de Junonia, donné à l'île de Ténérife par Ptolémée, fait présumer qu'elle avait été consacrée à la Carthaginoise Tanith, identifiée par les Romains avec Junon. Mais le Theon Ochema de Hannon pourrait se rapporter aussi au pic de Kameroun, et, dans le périple carthaginois, il est formellement question de gorilles ou de chimpanzés, singes anthropomorphes qui ne se rencontrent pas au nord du golfe de Guinée.

97.   Kart, ville, hadacht, nouvelle, dont les Grecs firent Carchedon, et les Romains Carthage. Telle est l'étymologie admise. Il ne me paraît cependant pas impossible que ce nom vienne de Karl-Kedeshot, ville de la Prostituée sainte, c'est-à-dire de Tanith.

Léon Metchnikoff

98.   En jugeant d'après les restes, assez peu nombreux, de l'art phénicien, on a affirmé que les villes de Syrie devaient tout à l'Assyro-Babylonie et que les influences égyptiennes étaient à peu près nulles en Phénicie. (Cl. Perrot et Chipiez, Histoire de l'art dans l'antiquité.) Mais l'œuvre immortelle des navigateurs phéniciens, l'invention de l'alphabet, ne fut qu'une adaptation de l'écriture de l'Égypte à la transcription des sons des langues étrangères. De plus, les fédérations phéniciennes n'apparaissent sur la scène de l'histoire que lorsqu'elles y sont, pour ainsi dire, amenées de force par la conquête égyptienne. D'ailleurs, le rôle historique des Phéniciens était nécessairement subordonné à l'existence de civilisations raffinées et de puissants États dans le voisinage de la mer Intérieure. En leur qualité de pirates, il leur fallait des villes riches et populeuses à piller : celle de négociants exigeait des consommateurs capables d'apprécier leurs marchandises. — En thèse générale, je serais porté à croire que les influences égyptiennes ont été transmises aux Hellènes et aux Italiotes sur par les Phéniciens, tandis que celle de l'Assyro-Babylonie pénétraient dans les deux Grèces par l'Asie Mineure (les Hittites), aussi bien que par la Mediterranée.

99.   On est surpris de voir le nombre de villes qui, en Espagne, rapportent leur origine à Hercule, le Melkart tyrien. En jugeant d'après ces traditions, on doit reconnaître que la colonisation phénicienne ne s'en est pas tenue au littoral et aux régions minières du sud, mais qu'elle a pénétré au cœur même de la presqu'île Ibérienne.

100.   Voir Draper, les Conflits de la Science et de la Religion et Duruy, Histoire des Romains, t. IV et suiv.

101.   G. Maspero, Fr. Lenormant, ouv. cités.

102.   Babylone et la Chaldée.

103.   Perrot et Chipiez, ouv. cité, t. II.

104.   Élisée Reclus, Nouvelle Géographie universelle, t. IX.

105.   Layard, Discoveries in the Ruins of Nineveh and Babylon, J. Menant, ouv. cité.

106.   Cf. E. Havet, Le Christianisme et ses origines. Il me semble pourtant que l'auteur de cet excellent ouvrage exagère encore l'apport du peuple juif à la religion chrétienne et ne fait pas ressortir sous son vrai jour son origine méditerranéenne. Diverses sectes gnostiques, qu'on croit postérieures au christianisme, seraient plutôt de curieux restes de ce mysticisme méditerranéen auquel, de tous les peuples de l'empire, les

NOTES

Juifs palestiniens semblent seuls avoir résisté jusque vers le Ier siècle de l'ère vulgaire ; avec Philon d'Alexandrie, leurs congénères et les prosélytes des pays étrangers se laissaient entraîner par le courant. La prédication des apôtres ne fut qu'une série de tentatives des hellénisants pour amener à leurs idées la synagogue de Jérusalem qui y resta réfractaire jusqu'à la fin. Chreiste, traduction grecque d'Oun-ouphr, surnom de Sérapis : Krystos des Alexandrins et le Christ des Évangiles, se confondent à tel point qu'il serait impossible de démêler la part légitime de chacun dans la grande fermentation des origines chrétiennes. L'empereur Hadrien, dans sa fameuse lettre datée d'Alexandrie, dit formellement que les adorateurs du Sérapis y sont appelés chreistiens.

107.   Das Mittelmeer, Leipzig, 1859.

108.   Le savant auteur, à mon avis, apprécie mal le rôle de l'Inde et de la Chine dans l'histoire collective de l'humanité. Nous verrons plus tard que l'Inde présente l'exemple d'une grande civilisation avortée par suite des conditions défavorables de son milieu géographique ; la Chine, au contraire, certainement plus arriérée que l'Europe occidentale, n'en a pas moins franchi, depuis des siècles, la barre qui sépare la période primaire de l'histoire de sa phase secondaire ou méditerranéenne ; elle se trouve, aujourd'hui, au seuil de la période océanique. Cette loi des « trois milieux » a une portée autrement universelle que ne le supposait l'éminent écrivain.

109.   On verra plus tard pourquoi les civilisations iranienne et palestinienne ne sont pas mentionnées séparément dans cet aperçu sommaire.

110.   G. Maspero, ouv. cité.

111.   Date présumée de la fondation de Carthage.

112.   Les périodes géologiques aussi deviennent de plus en plus courtes à mesure que nous nous éloignons des temps primaires.

113.   Les auteurs classiques regardaient l'Égypte comme faisant partie de l'Asie, mais ils n'attribuaient à celle-ci ni les limites, ni l'étendue que lui assigne la nomenclature moderne.

114.   Élisée Reclus, ouv. cité, t. IX.

115.   Winwood Reade, The Martyrdom of Man.

116.   Hommel, Die Vorsemitischen Culturen in Ægypten und Vorderasien. — ouv. cité.

Léon Metchnikoff

117.   Ces noms, pour la plupart, ne sont que des sobriquets injurieux d'invention chinoise et sans valeur ethnographique.

118.   Le temple archaïque découvert par M. Mariette, et le sphinx de Giseh.

119.   Les travaux hydrauliques de Yu (bassin du moyen Hoang-ho), relatés dans le Chou-King, liv. II, chap. I et II, auraient eu lieu dans la 61e année du règne de Yao, c'est-à-dire, d'après le Li-taö-Ki-sze, en l'an 2297 avant Jésus-Christ.

120.   Cf. Mémoire sur le Périple d'Hanmon, par Aug. Mer, capitaine de vaisseau.

121.   Proceedings of the R. Geographical Society, 1882.

122.   Vassiliev, ouv. cité. – Terrien de la Couperie.

123.   On the study and value of chinese botanical works.

124.   F. de Richthofen, China, t. I.

125.   Il marque surtout une date importante dans l'histoire des races, puisque, depuis Cyrus, les Aryens acquirent une grande prépondérance dans le monde occidental ; pourtant, durant plusieurs siècles, les Sémites leur disputèrent encore la suprématie.

126.   Cf. Élisée Reclus, Nouvelle Géographie universelle, t. IX.

127.   Si-Yu est le nom administratif chinois de l'Asie centrale.

128.   Tian-Chan-Pé-lou et Tian-Chan-Nan-lou. Nos sinologues traduisent aussi par « route » le mot tao qui signifie « voie », « méthode », et par extension, une grande circonscription administrative, dans ce sens de « canal par lequel le pouvoir central atteint jusqu'aux provinces les plus éloignées ». Mais tao a une signification beaucoup plus large que lou, qui, dans les dictionnaires idéographiques, se classe sous le radical « pied » et exprime une allusion bien plus directe à l'acte de marcher.

129.   D'après un récent travail de M. de Tillo, la longueur du cours des huit principaux fleuves du globe serait :

Mississippi-Missouri	6 600	Kilomètres.
Nil (des sources du Kaghéra)	5 920	»
Amazone-Ucayali	5 500	»
Yangtsé-kiang (Ta-kiang)	5 090	»
Yenissei-Selenga	4 750	»
Amour	4 700	»

NOTES

| Congo | 4 640 | » |
| Mackenzie | 4 615 | » |

Parmi les grands fleuves historiques qui ne sont pas compris dans ce tableau, le Hoang-ho seul a un développement supérieur à 1 000 kilomètres ; mais, d'après Prjevalsky, son tracé sur nos cartes serait défectueux, le très long coude qu'on lui fait faire dans le pays des Ordos étant exagéré. L'Indus n'a pas 3 000 kilomètres, moins de la moitié du Mississippi-Missouri, et l'Euphrate, depuis les sources du Mouradtchaï, ne dépasse pas 2800 kilomètres. À l'exception du Nil et du Yangtsé-kiang, tous les fleuves historiques sont inférieurs, comme longueur de parcours, au Congo et aux géants des deux Amériques.

130.   Fr. Lenormant, Histoire ancienne, etc.

131.   Papyrus Sellier, II, pl. XI, 1, 6.

132.   On a pu reconstituer avec quelque précision l'itinéraire de deux de ces pombeirosqui, vers 1806, c'est-à-dire presque un demi-siècle avant le grand voyage de Livingstone, ont traversé l'Afrique, de l'Atlantique aux bouches du Zambèse, ou du moins jusqu'à Tété, en faisant un grand détour vers le nord, afin de visiter la résidence de Mouata Yambo.

133.   Lucain, dans sa Pharsale, fait dire à Jules César : « Je renoncerais à la guerre civile, s'il m'était donné de connaître où le Nil prend ses origines. »

134.   Il place les sources du Nil par 10 ou 12e de latitude australe, qui est exagéré, mais, dans l'état actuel de l'exploration des affluents du Victoria-Nyanza, on ne saurait, au juste, dire de combien il se trompe. David Livingstone, jusqu'à sa mort, avait adopté l'hypothèse de Ptolémée, puisqu'il cherchait ces naissants dans la région du lac Bangouéolo.

135.   Burton affirme cependant que « Pays de la Lune », se traduirait en bantou par Ou-mouézi, et que la particule de relation nya serait de trop. Mais mouézi signifie aussi « voleur » (probablement celui qui travaille au clair de la lune, de nuit et non de jour). « Pays des Voleurs » serait donc le sens littéral d'Ou-nya-mouézi, la particulier de relation étant ici de rigueur. (Voir Lake Regions of Central Africa).

136.   Ou peut-être le M'voutan Nzighé, le lac Albert qui, effectivement, appartient au bassin du Nil ; mais la description de Ptolémée est trop peu précise pour que l'on puisse avoir quelque certitude à ce sujet. Le géographe ne connaissait ces lacs que par Marin de Tyr, qui, lui-même, avait dû en apprendre l'existence de la bouche d'un certain Diogène ayant

visité l'Afrique centrale vers l'an 100 avant Jésus-Christ.

137.   Cf. H. Stanley, Comment j'ai retrouvé Livingstone.

138.   Sans doute une innovation des temps saïtes : anciennement le pharaon seul passait pour connaître le mystère du Nil, et c'était l'un de ses principaux titres à la vénération du peuple.

139.   D'après le professeur Lauth, Krophi serait la transcription grecque de l'égyptien Ker-Hapi (le gouffre du Nil el Mophu, celle de Mou-Hapi (l'eau du Nil). Je cite, d'après J. Dumichen, dans W. Oncken's Weltgeschichte in Einzelndarslettungen, dont la première livraison (histoire de l'Égypte) contient d'intéressants détails sur l'idée que les anciens Égyptiens se faisaient de la « Tête du Nil ».

140.   Peut-être l'intention d'imiter le grand Alexandre qui s'intéressait vivement à ce problème, entrait-elle pour beaucoup dans cette passion des césars depuis Jules.

141.   D'Arnaud et Sabatier, à la tête d'une expédition envoyée par le gouvernement égyptien, furent les premiers Européens qui, en 1841, parvinrent à remonter le fleuve jusqu'à Gondokoro, en amont des « embarras ».

142.   Élisée Reclus, ouv. cit.. t. X.

143.   Russegger ne se trompait pas de tout point quand il prenait le Sobat pour le vrai Nil Blanc : en premier lieu, c'est après avoir reçu cette rivière, que le fleuve principal prend la couleur crayeuse qui lui a valu son nom : ensuite, dans ses périodes de crue, le Sobat charrie plus d'eau que le Nil : par contre, il a ses baisses, pendant lesquelles il ne conserve pas assez de fond pour porter des embarcations, même très modestes. Le négrier maltais Andrea de Bono, fut retenu plusieurs mois prisonnier du Sobat par un de ces brusques retraits des eaux.

144.   Albuquerque avait demandé au roi de Portugal des ouvriers pour creuser un canal qui relierait le Mareb, affluent de l'Atbara, à Barka, pour faire dévier le Nil vers la mer Rouge ; plus récemment, Théodoros d'Abyssinie eut le même projet, dans l'idée de se venger du khédive en affamant son peuple. (Beke, Sources of the Nile.)

145.   The martyrdom of Man.

146.   La transcription de cet hymne, date de la XIIe dynastie, mais la composition peut être plus ancienne encore.

147.   L'Égypte memphite et la Thébaïde, symbolisées par la double

couronne mentionnée plus loin.

148.   Papyrus Sellier, trad. G. Maspero.

149.   Fr. Lenormant, W. Reade, ouv. cités. Ce dernier auteur me semble exagérer le rôle qu'ont pu jouer les années désastreuses dans l'histoire de la vallée du Nil.

150.   Cependant cette conception du chaos, boue féconde renfermant les germes de toutes les choses et de tous les êtres, pourrait être aussi originaire de la Chaldée. (Cf. le chapitre suivant.)

151.   Fr. Lenormant, ouv. cité.

152.   Ouv. cité, t. X.

153.   Histoire universelle. — Les Égyptes, t. I.

154.   G. Maspero ; Fr. Lenormant, ouv. cités.

155.   Fr. Lenormant, ouv. cité, t. III, p. 25 (texte et gravure).

156.   Traduction de G. Maspero.

157.   Ch. et Fr. Lenormant ; A. Mariette.

158.   Jusqu'au temps d'Hérodote la haine des prêtres poursuivait la mémoire de certains pharaons : Cheops, Cheprem, et plus particulièrement, Achthoés. Cf. Fr. Lenormant, G. Maspero.

159.   La statue du prêtre Ra-Nefer et celle du haut fonctionnaire Ti ont la même robe flottante, nouée autour des reins, et ramenée devant en un tablier roide, de forme triangulaire. Fr. Lenormant, ouv. cité.

160.   Élisée Reclus, ouv. cité, t. IX.

161.   Au nord de l'Anti-Caucase, des températures de — 33° sont fréquentes ; en hiver, à Erzeroum, l'extrême du froid n'est que de — 25°. Des deux côtés des montagnes, les chaleurs estivales oscillent entre 42° et 45°.

162.   A. de Candolle, Origines des plantes cultivées.

163.   Suivant Oliver S. John.

164.   Perrot et Chipiez, ouv. cité, t. IV.

165.   I, CXCIII.

166.   Strabon, Géographie, XVI, i, 1-3.

167.   A. de Candolle, ouv. cité.

168.   Layard, Niniveh and its remains, t. I.

169.   Marius Fontane, les Asiatiques.

Léon Metchnikoff

170.   Piètrement, les Chevaux dans les temps préhistoriques.

171.   The five great Monarchies of the ancient eastern world.

172.   Le chap. X, v. 22, de la Genèse, auquel j'emprunte ces mots, et dont le témoignage s'accorde, d'ailleurs, sur ce point, avec le § 2 du fragment I de Bérose (Ch. Muller, dans la Bibliothèque gréco-latine de Didot, t. II), mentionne en premier lieu, parmi les fils de Sem, cet Élam dont il sera question plus loin.

173.   Perrot et Chipiez, ouv. cité, t. II.

174.   Perrot et Chipiez, ouv. cité.

175.   Histoire ancienne de l'Orient.

176.   G. Maspero, Histoire ancienne de l'Orient.

177.   On sait qu'Hérodote applique à tort le nom d'Assyrie à la partie et babylonienne et chaldéenne de la Mésopotamie.

178.   1. Essai sur la propagation de l'alphabet phénicien, t. I.

179.   Sir Robert Ker Porter, Travels, t. II.

180.   Joachim Menant, Inscription de Hamourabi, roi de Babylone.

181.   Cf. la confession d'Ainen-em-hat III à son fils, chap. préc.

182.   Exposition du Système du Monde, app. sur l'Histoire de l'Astronomie..

183.   G. Maspero, Perrot et Chipiez, ouv. cités.

184.   Cf. Loftus, Chaldæa and Susiana.

185.   Hérodote, V, 54, et les auteurs classiques des temps postérieurs attribuent la fondation de Suse à Memnon, probablement l'Oumam, l'un des six dieux principaux de la mythologie élamite. — Cf. Fr. Lenormant, De la magie chez les Chaldêens.

186.   « Cet État n'a joué dans l'ensemble qu'un rôle assez médiocre : il ne fut jamais qu'une forme secondaire et comme un rameau détaché de l'art chaldéen. » Perrot et Chipiez. Histoire de l'Art dans l'antiquité, t. II.

187.   Genèse, chap. xiv, 11, 12.

188.   Il ne faut pas la confondre avec la Babylone ressuscilée comme ville maritime sous le règne de Nabuchodonosor 1er. (Voir le chapitre des Grandes Divisions de l'Histoire.)

189.   Fr. Kaulen, Assyrien und Babylonien.

190.   Sar-Youkin, littéralement « Vrai Roi », a été le nom propre de

NOTES

plusieurs souverains assyriens.

191.   Perrot et Chipiez, ouv, cité.

192.   Pour la plupart traduits par G. Smith, si prématurément enlevé à la science.

193.   Le Prohète Nahum, chap. iii, v. I. Les citations qui suivent sont empruntées à d'autres versets de ce même chapitre.

194.   J. Oppert, Histoire d'Assyrie et de Chaldée ; — du même. le Peuple des Mèdes.

195.   D'après Wheeler, History of India, t. I, les plus anciens monuments du pays seraient les ruines attribuées au roi Açoka, le Constantin du bouddhisme. Ferguson, dans son History of Architecture, dit formellement que les Hindous ont appris des Grecs de la Bactriane l'art des grandes constructions. Cf. Tree and Serpent worship, et Lecture on Indian architecture du même auteur. — Mme Manning, dans son Ancient and Mediæval India, t. I, affirme que les premiers architectes de l'Inde furent les artistes grecs qu'Alexandre y laissa, vers l'an 326 avant Jésus-Christ.

196.   Rájendalála Mitra, Antiquities of Orissa. Cf. aussi the Indo-Aryans, t. I. du même auteur.

197.   Les Pourana, livres historiques de l'Hindoustan, sont tous d'une époque relativement moderne.

198.   Ce nom de Manou, imposé au premier code brahmanique de l'Inde, indiquerait qu'on n'en attribuait pas la rédaction à un personnage déterminé. Manou, en effet, signifie le « Mesureur », l'« Homme ». N'était le respect de la nomenclature établie, il serait peut-être préférable île traduire Manava dharma sastra par « Règles de la Justice humaine ». Déjà, dans le langage védique, Manava, Manoucha est employé dans le sens de « humanité » en général ; Dharma est la règle de la justice et de la sagesse.

199.   Celles de Kapila, Patandjali, Djaïmini, Vyaça, Gautama, Kanada.

200.   a et b Max Müller. Essais de Mythologie comparée.

201.   Je dois dire cependant que le bouddhisme n'a point, à l'égard des castes, ces ménagements que l'on rencontre si souvent dans saint Paul, par exemple, envers l'esclavage. La religion de Çakya Mouni affirme hautement que les hommes sont égaux et que les castes sont une iniquité : à ce dogme surtout il doit ses succès en Chine et en Mongolie.

Léon Metchnikoff

202.   C'est le chiffre donné par Mégasthène qui n'avait vu cependant qu'une faible partie de l'Inde.

203.   « Mieux vaut être assis que debout, et couché qu'assis. Mieux vaut être mort que vivant ! » dicton des plus populaires chez les bouddhistes. Le but suprême de leurs aspirations, le nirvana, tend à l'anéantissement de toute action, de tout désir, de tout l'être, en un mot.

204.   L'hymne 89 du Rig-Veda, X, appelé Pouroucha-Soukhta : on le croit contemporain des Brahmana et des Oupanichad. Cf. Em. Burnouf, Bhagawata Pwana, t. I (préface) ; S. Roth, Brahma und die Brahmanen, dans Zeitschrift der Deutschen Morgenländischen Gesellschaft, t. I, 1878.

205.   Le nom neutre brahmàn, avec l'accent tonique, est employé dans le Rig-Veda avec le sens de « prière », de « ce qui est révélé. » On y rencontre aussi le mot brahmân, avec l'accent sur la dernière syllabe : il signifie l'homme qui dit des prières à haute voix, mais n'a pas encore l'acception de prêtre de naissance ou de caste. (Max Millier, Essais sur l'Histoire des Religions, traduits par G. Harris.)

206.   L'Inde védique.

207.   Hymnes du Rig-Veda.

208.   Cf. Birdwood, the Industrial arts of India. « Je suis ouvrier, mon père est médecin, ma mère meunière : nos fonctions sont diverses et nous désirons le gain comme les vaches de l'orge. » Hymne au Soma, cité par Girard de Rialle dans ses Études védiques.

209.   Déjà, dans le liv. I du Rig-Veda. — L'hymne IV du livre II célèbre Indra qui détruit quatre-vingt-dix-neuf villes des Dacyous, réservant la centième à son protégé, l'Aryen Divo-dasa.

210.   Rig-Veda.

211.   Marius Fontaine, ouv. cité.

212.   Les hymnes du Rig-Veda ne sont pas rigoureusement classés par ordre chronologique ; mais, en général, les premiers livres ont un caractère beaucoup plus archaïque que les derniers.

213.   Cette racine s'est conservée dans le slave vés (village) et dans le lithuanien viespati (roi, souverain).

214.   Ch. Lassen ; Max Millier ; Hunter, Annals of rural Bengal. À Ceylan, daça s'emploie encore aujourd'hui dans le sens de « vilain », « esclave ».

215.   L'Arya était fier de son nez régulier. Il honorait Indra du

NOTES

qualificatif de sousipra » au beau nez. ».

216. Ch. Lassen, ouv. cité.

217. Cf. Ém. Burnouf, Essai sur le Véda ; A. Maury, la Terre et l'Homme ; de Quatrefages, Matériaux pour servir à l'histoire de l'Homme, cinquième année, p. 357 à 369. — Cf. sur les castes la belle page de Max Müller dans ses Essais.

218. Reproduit par J. Muir : Original sanscrit texts, etc. Part. 1, the Mythical and legendary account of Caste.

219. On naît selon la chair une première fois ; une seconde fois selon l'esprit, par la soumission au régime brahmanique.

220. Kali-kata, dont les Anglais ont fail Calcutta, « séjour de la déesse de la Mort », est un nom qui, à bon droit, pourrait s'étendre à tout le delta gangétique.

221. Élisée Reclus, ouv. cité, t. VIII.

222. Élisée Reclus, ouv. cité, t. VIII ; cf. aussi Bob. B. Bucklcy, Irrigation works India.

223. Élisée Reclus, ouv. cité.

224. Texte védique.

225. Cette division doit être antérieure à l'émigration aryenne, puisqu'elle se retrouve intégralement chez les Iraniens. À l'ouest du Souleïman-dagh, voici comme se classaient les Pantcha manoucha : les Mages (brahmanes), les Arizantes(Kchatryas), les Buxos (Vaïcyas), les Struchates (pasteurs), et, tout au bout, les Paraïtaka, qui, comme les Tchandala de l'Inde, étaient regardés comme vivant en dehors de l'humanité.

226. Rig-Veda.

227. Adi Parva, 1720, 1721.

228. A. du Bois de Jancigny, Histoire de l'Inde ancienne et moderne.

229. Ce nom signifie « Torrent royal ».

230. Cf. tout ce qui s'y rapporte à la lutte entre Visvamitra et Vacichta, le pourohita du roi des Tritsou.

231. D'après le Ramayana, le fondateur de l'empire des Bharata fut un frère puîné de Rama-Tchandra, de la dynastie lunaire, neuvième incarnation de Vichnou.

232. Chr. Lassen, Indische Allerthumskunde.

Léon Metchnikoff

233.   Le cobra (Naja tripudians), le Daboia Russellii. Jos. Fayrer évalue à 200 000 le nombre des victimes connues des serpents dans la décade de 1871 à 1880. L'année 1880 seulement nous donne le chiffre officiel de 18 610 morts.

234.   Texte védique.

235.   « Un hymne par lequel on avait invoqué les dieux au commencement d'une bataille et qui avait assuré au roi la victoire sur ses ennemis, était considéré comme un talisman infaillible et devenait le chant de guerre de la tribu tout entière. » (Max Müller, Essais.)

236.   Il se peut que ce sacrifice, symbolique des holocaustes humains, fût pratiqué dès la plus haute antiquité par quelques tribus aryennes ; les autres ne la connurent que plus tard.

237.   Rig-Veda, IV, I. 8.

238.   D'après Chr. Lassen, Indische Allerthumskunde, Viçvamitra était roi de Kanyakouldja, ville des Magadha. Certains documents brahmaniques reconnaissent son origine royale ou guerrière, mais prétendent qu'il s'était acquis les privilèges de la nature brahmanique par des pratiques d'un ascétisme au-dessus de toute description.

239.   Ém. Burnouf ; Chr. Lassen, ouv. cités.

240.   On distingue en chinois deux sortes de terminaison en n ; dans l'intérêt de la nomenclature géographique et historique, il me semble important d'en tenir compte : il est d'usage de représenter par ng, une fin de mot qui se prononce comme celle du français « crâne ». La prononciation de l'autre est absolument identique à celle du gnfrançais dans « montagne ; » il me parait plus simple de la rendre par ñ espagnol : ainsi Pékin se prononce Pékine, et chañ, montagne, chagne.

241.   D'Escayrac de Lauture, Mémoire sur la Chine ; Vassilieff, Esquisse d'une histoire de la Littérature chinoise (en russe).

242.   Vassilieff, ouv. cité ; W. Grube, Sprachwissenschaffliche Stellung des Chinesichen. Seul, en fait d'ancienneté, le Tchouñ-tsin, chronique du royaume de Lou, qu'on rapporte même à Confucius, pourrait lui disputer la palme.

243.   L' « empereur Jaune ». Hoang-ti, nom propre, s'écrit autrement que Hoang-ti, « l'auguste empereur », désignation du souverain en usage dans la Chine et le Japon. Mais cette homophonie de jaune et d'auguste mérite d'être signalée.

NOTES

244.   Chez les Taoïstes (prétendus disciples de Lao-tse), comme chez les bouddhistes, le mysticisme chinois a certainement une teinte hindoue. A. Jardot (Révolutions et migrations des peuples de la haute Asie) le remarque très bien, sous le rapport chronologique traditionnel, les Chinois ne fournissent pas d'autres calculs que les Hindous ; mais il semble ignorer que ces calculs sont postérieurs à l'ère chrétienne, et souvent de dix à douze siècles.

245.   Ouv. cité.

246.   Le Li-ki est l'un des trois rituels ou manuels classiques du li (cérémonies). Les deux autres sont le Tcheou-li (rituel de la dynastie des Tcheou), et le I-li (rituel réformé).

247.   Vassilieff, ouv. cité.

248.   Pour les ouvrages attribués à Confucius et à Mencius, cf. la belle traduction anglaise, Chinese classics, etc. de J. Legge, dont il existe une édition populaire.

249.   Ces perpétuelles disparitions de documents et de livres chez les Chinois rappellent les prétentions de certaines peuplades Lolo, d'après lesquelles leurs ancêtres ont eu aussi des livres, mais « le chien les a mangés ».

250.   Très improprement traduit par « les cérémonies ».

251.   Interrogé sur la mort par un jeune homme, le Sage répondit: « Tu songes déjà à mourir et tu n'as pas encore appris à vivre ! » À un disciple anxieux des choses d'outre-tombe : « Il est déjà, dit-il, si difficile de connaître ce monde que nous voyons et où nous vivons, comment pouvons-nous connaître cet au-delà dont nul ne nous a rapporté de nouvelles ! »

252.   Confucianism in relation to Christianity.

253.   L'empereur Hoang-wou, de la dynastie des Ming, ordonna, dit-on, d'exclure du programme classique les œuvres de Mencius. Les lettrés vinrent en masse protester contre ce décret. L'empereur, irrité, condamna d'avance à mort le premier qui oserait manifester son mécontentement. Alors arriva le ministre d'État avec protestation signée de sa main, et cercueil pour son corps après l'exécution. Hoang-vou révoqua le décret.

254.   Les trois autres sont : le Louñ-yu, Dialogues ; le Ta-hiao. Grande Doctrine, et le Tchoung-yung, Milieu immuable, ouvrage fortement empreint d'idées taoïstes. La Grande Doctrine et le Milieu immuable sont

des extraits du livre classique appelé Li-ki.

255.   Le I-king, classique des Transformations ; le Tchouñ-tsiñ, Chronique du royaume de Lou ; le Chi-king, classique dos Poésies ; le Chou-king, classique des Annales ; le Li-ki.

256.   C'est la traduction du nom de Meng-tse ; les œuvres groupées sous cette appellation ont un caractère beaucoup plus personnel que tous les autres ouvrages classiques : cependant il n'est pas certain que Meng-tse doive être considéré comme un nom propre.

257.   Il n'est nullement démontré que Confucius et Mencius aient réellement vécu aux temps que leur assigne la chronologie officielle.

258.   D'après la chronologie officielle.

259.   On cite, parmi ceux-là, Hoai-nañ, personnage issu de la dynastie impériale des Hañ. Il vivait au milieu d'artistes, d'astrologues et de magiciens, et était passionné pour la musique. Les extraits suivants donneront quelque idée du fond de ses doctrines : « La joie et la colère sont des détournements de la Voie ; le chagrin, les remords sont un vice du cœur ; les passions sont une dépravation de la nature… L'homme vrai est celui dont la nature se conforme à la Voie. Ce qui existe est pour lui sans importance ; le vrai et le vide (faux) pour lui sont égaux… S'il ne tient pas au ciel, son esprit est sans inquiétude ; s'il ne se soucie pas des choses, son cœur n'a pas d'erreur ; si la vie et la mort lui sont indifférentes, ses pensées ne seront pas oppressées. » (Vassilieff, ouv. cité.)

260.   Le Mo-tse de Vassilieff semble avoir été un représentant de ces doctrines, mais considérablement mitigées dans le sens du confucianisme.

261.   Les premières « graines » de ver à soie furent apportées en Europe sous Justinien par deux moines qui avaient accompagné l'ambassade envoyée de Constantinople en Chine (530 ap. J.-C).

262.   Hoang-ho signifie litéralement « fleuve Jaune », et ce nom s'applique très bien à ses eaux, chargées de ce löss, de cette « terre jaune », étudiée par M. de Richthofen. Mais l'épithète de « fleuve Bleu » n'est donnée au Yangtse-kiang que par égard à certaines notions fondamentales de la cosmogonie et de la philosophie naturelle des Chinois. Yang, le principe mâle, actif, éthéré, lumineux, est un équivalent ou une attribution du ciel (tian) ; Yin, le principe femelle, est passif, opaque, et, par excellence, terrestre. Le Hoang-ho est le fleuve de la Terre (ti) ; le Yangtse, la progéniture du principe mâle, est de la nature du ciel. Or, d'après le rituel officiel que l'on prétend déjà fixé à l'époque de la dynastie des Tcheou

NOTES

(le Tcheou li), tout ce qui se rapporte au culte de la Terre est marqué de la couleur jaune ; le bleu est symbolique du ciel. Les premiers mots que les enfants chinois apprennent à lire dans le fameux Livre des Mille Caractères sont : « Le bleu est la couleur du ciel, le jaune est la couleur de la terre. » La première de ces propositions serait admise dans toutes les parties du monde, là même où le ciel est le plus souvent gris. Mais cette intime connexion du jaune et du terrestre dans l'ancienne cosmogonie chinoise, nous semble la preuve éclatante que, dans le bassin du Hoang-ho moyen, les immenses étendues du löss ont été le vrai berceau de l'histoire et de la civilisation chinoise. Le yang du Yangtse-kiang n'est pas ou n'est plus figuré dans l'écriture chinoise par le signe du principe mâle, mais par un homophone. La traduction de ce nom par « progéniture du principe mâle » pourrait donc être contestée, car la valeur des mots chinois est fixée bien plus par le signe de l'écriture que par le son ; mais il est certain, que, dans leurs idées cosmogoniques, le fleuve Bleu est un fleuve céleste, yang, tandis que le fleuve Jaune est un fleuve terrestre, yin.

263.   Izvestiya (Bulletins) de la Société russe de Géographie, t. XXIII, liv. 3, 1887.

264.   Guppy, Nature (angl.). 23 septembre 1880.

265.   Journey in North-China, etc.

266.   Nouvelle Géographie universelle, t. VII.

267.   Le témoignage des livres est confirmé à cet égard par l'analyse des signes idéographiques : souvent mieux que le langage lui-même, ces signes ont conservé le moule des anciennes conceptions.

268.   Cf. Simon, la Cité chinoise.

269.   La fin de cette période me semble être cette insurrection des Taïping qui ne put être domptée que par l'intervention des Européens et des Américains de Changhaï, et par la fameuse ever victorious army, sorte de légion étrangère organisée par Gordon. La dynastie mandchoue règne encore, mais elle ne saurait longtemps résister au courant de réorganisation qui a déjà importé, en Chine, les inventions de l'Occident d'abord, et, par suite, un levain de ses mœurs et de ses institutions. Certes, ce grand mouvement en est encore à ses débuts, mais, on ne peut le nier, les idylles confuciennes du général Tchen-ki-tong dans la Revue des Deux Mondes ne produisent plus sur beaucoup de ses compatriotes que l'impression de contes d'enfant.

270.   Il est difficile à un Européen de saisir la nuance entre kiang, et

ho qui signifient également « fleuve ».

271.   Dans toutes les mythologies, le Ciel-père est plus jeune que la Terre-mère.

272.   Nous mettons entre parenthèses les mots qui ne se trouvent pas dans l'original.

273.   Ces noms de fleuves nous sont inconnus, comme aussi celui de la montagne Ki.

274.   De la dynastie des Tcheou.

275.   Sprachwissenschaftliche Stellung des Chinesischen.

276.   Dans le dictionnaire anglo-chinois de Wells Williams, j'ai compté plus de 190 groupes de mots qui se prononcent i. Gravité, extérieur imposant, homme sérieux, magistrat, etc., forment un groupe unique figuré par un seul caractère d'écriture.

277.   Richthofen, China, t. I ; Vassilieff, ouv. cité.

278.   Authenticité relative, il est vrai, car l'ouvrage a été certainement remanié par les Confuciens pour les besoins de leur cause ; mais le Yu-koung n'a pas été inventé de toutes pièces : il reflète les traditions d'un passé lointain, et ses indications topographiques sont d'une précision remarquable.

279.   Au temps de la première décadence des Tcheou, 780-770.

NOTES

ISBN : 978-1539807629

www.ingramcontent.com/pod-product-compliance
Lightning Source LLC
Chambersburg PA
CBHW061435180526
45170CB00004B/1422